国家出版基金项目

“十三五”国家重点图书出版规划项目

中国水电关键技术丛书

水电工程地质信息一体化

中国电建集团成都勘测设计研究院有限公司

张世殊　王刚　刘仕勇　石伟明　等 著

中国水利水电出版社

www.waterpub.com.cn

·北京·

内 容 提 要

本书系国家出版基金项目《中国水电关键技术丛书》之一，是作者近20年水电工程地质信息化探索和实践经验的系统总结，经院士专家鉴定，专著成果在地质工程勘察方面达到了国际领先水平。

全书共8章，在分析水电工程地质生产信息化现状和存在问题的基础上，详细阐述了水电工程地质信息一体化的内涵及发展趋势、生产特点及数据流转特征、信息一体化的制约因素及关键技术问题、数据中心的架构及接口设计、基于数据中心的水电工程地质信息一体化方案、水电工程地质信息一体化系统的研制与开发过程，介绍了信息一体化在国内外多个水电和岩土工程中的实际应用方法和典型案例成果。全书图文并茂，要点突出，切合水电工程地质生产实际，可操作性强，对信息化生产和软件开发均有较强的指导作用。

本书可作为水电、水利、交通、国防等领域的工程技术人员、科研人员和高等院校相关专业师生的参考用书。

图书在版编目（CIP）数据

水电工程地质信息一体化 / 张世殊等著. -- 北京 : 中国水利水电出版社, 2020.10
（中国水电关键技术丛书）
ISBN 978-7-5170-9198-1

Ⅰ. ①水… Ⅱ. ①张… Ⅲ. ①水利水电工程－工程地质－信息化－研究 Ⅳ. ①P642-39

中国版本图书馆CIP数据核字(2020)第227344号

书　　名	中国水电关键技术丛书 **水电工程地质信息一体化** SHUIDIAN GONGCHENG DIZHI XINXI YITIHUA
作　　者	中国电建集团成都勘测设计研究院有限公司 张世殊　王刚　刘仕勇　石伟明　等 著
出版发行	中国水利水电出版社 （北京市海淀区玉渊潭南路1号D座　100038） 网址：www.waterpub.com.cn E-mail：sales@waterpub.com.cn 电话：（010）68367658（营销中心）
经　　售	北京科水图书销售中心（零售） 电话：（010）88383994、63202643、68545874 全国各地新华书店和相关出版物销售网点
排　　版	中国水利水电出版社微机排版中心
印　　刷	北京印匠彩色印刷有限公司
规　　格	184mm×260mm　16开本　13.5印张　329千字
版　　次	2020年10月第1版　2020年10月第1次印刷
定　　价	**120.00**元

《中国水电关键技术丛书》编撰委员会

编委会办公室

《中国水电关键技术丛书》组织单位

中国大坝工程学会
中国水力发电工程学会
水电水利规划设计总院
中国水利水电出版社

《水电工程地质信息一体化》编委会

主　　编：张世殊

副 主 编：王　刚　刘仕勇

编写人员：石伟明　田华兵　吉　云　韩　帅

审 稿 人：郝元麟　余　挺　王寿根

丛书序

历经70年发展，特别是改革开放40年，中国水电建设取得了举世瞩目的伟大成就，一批世界级的高坝大库在中国建成投产，水电工程技术取得新的突破和进展。在推动世界水电工程技术发展的历程中，世界各国都作出了自己的贡献，而中国，成为继欧美发达国家之后，21世纪世界水电工程技术的主要推动者和引领者。

截至2018年年底，中国水库大坝总数达9.8万座，水库总库容约9000亿m^3，水电装机容量达350GW。中国是世界上大坝数量最多、也是高坝数量最多的国家：60m以上的高坝近1000座，100m以上的高坝223座，200m以上的特高坝23座；千万千瓦级的特大型水电站4座，其中，三峡水电站装机容量22500MW，为世界第一大水电站。中国水电开发始终以促进国民经济发展和满足社会需求为动力，以战略规划和科技创新为引领，以科技成果工程化促进工程建设，突破了工程建设与管理中的一系列难题，实现了安全发展和绿色发展。中国水电工程在大江大河治理、防洪减灾、兴利惠民、促进国家经济社会发展方面发挥了不可替代的重要作用。

总结中国水电发展的成功经验，我认为，最为重要也是特别值得借鉴的有以下几个方面：一是需求导向与目标导向相结合，始终服务国家和区域经济社会的发展；二是科学规划河流梯级格局，合理利用水资源和水能资源；三是建立健全水电投资开发和建设管理体制，加快水电开发进程；四是依托重大工程，持续开展科学技术攻关，破解工程建设难题，降低工程风险；五是在妥善安置移民和保护生态的前提下，统筹兼顾各方利益，实现共商共建共享。

在水利部原任领导汪恕诚、张基尧的关心支持下，2016年，中国大坝工程学会、中国水力发电工程学会、水电水利规划设计总院、中国水利水电出版社联合发起编撰出版《中国水电关键技术丛书》，得到水电行业的积极响应，数百位工程实践经验丰富的学科带头人和专业技术负责人等水电科技工作者，基于自身专业研究成果和工程实践经验，精心选题，着手编撰水电工程技术成果总结。为高质量地完成编撰任务，参加丛书编撰的作者，投入极大热情，倾注大量心血，反复推敲打磨，精益求精，终使丛书各卷得以陆续出版，实属不易，难能可贵。

21世纪初叶，中国的水电开发成为推动世界水电快速发展的重要力量，形成了中国特色的水电工程技术，这是编撰丛书的缘由。丛书回顾了中国水电工程建设近30年所取得的成就，总结了大量科学研究成果和工程实践经验，基本概括了当前水电工程建设的最新技术发展。丛书具有以下特点：一是技术总结系统，既有历史视角的比较，又有国际视野的检视，体现了科学知识体系化的特征；二是内容丰富、翔实、实用，涉及专业多，原理、方法、技术路径和工程措施一应俱全；三是富于创新引导，对同一重大关键技术难题，存在多种可能的解决方案，并非唯一，要依据具体工程情况和面临的条件进行技术路径选择，深入论证，择优取舍；四是工程案例丰富，结合中国大型水电工程设计建设，给出了详细的技术参数，具有很强的参考价值；五是中国特色突出，贯彻科学发展观和新发展理念，总结了中国水电工程技术的最新理论和工程实践成果。

与世界上大多数发展中国家一样，中国面临着人口持续增长、经济社会发展不平衡和人民追求美好生活的迫切要求，而受全球气候变化和极端天气的影响，水资源短缺、自然灾害频发和能源电力供需的矛盾还将加剧。面对这一严峻形势，无论是从中国的发展来看，还是从全球的发展来看，修坝筑库、开发水电都将不可或缺，这是实现经济社会可持续发展的必然选择。

中国水电工程技术既是中国的，也是世界的。我相信，丛书的出版，为中国水电工作者，也为世界上的专家同仁，开启了一扇深入了解中国水电工程技术发展的窗口；通过分享工程技术与管理的先进成果，后发国家借鉴和吸取先行国家的经验与教训，可避免少走弯路，加快水电开发进程，降低开发成本，实现战略赶超。从这个意义上讲，丛书的出版不仅能为当前和未来中国水电工程建设提供非常有价值的参考，也将为世界上发展中国家的河流开发建设提供重要启示和借鉴。

作为中国水电事业的建设者、奋斗者，见证了中国水电事业的蓬勃发展，我为中国水电工程的技术进步而骄傲，也为丛书的出版而高兴。希望丛书的出版还能够为加强工程技术国际交流与合作，推动“一带一路”沿线国家基础设施建设，促进水电工程技术取得新进展发挥积极作用。衷心感谢为此作出贡献的中国水电科技工作者，以及丛书的撰稿、审稿和编辑人员。

中国工程院院士

2019年10月

丛书前言

水电是全球公认并为世界大多数国家大力开发利用的清洁能源。水库大坝和水电开发在防范洪涝干旱灾害、开发利用水资源和水能资源、保护生态环境、促进人类文明进步和经济社会发展等方面起到了无可替代的重要作用。在中国，发展水电是调整能源结构、优化资源配置、发展低碳经济、节能减排和保护生态的关键措施。新中国成立后，特别是改革开放以来，中国水电建设迅猛发展，技术日新月异，已从水电小国、弱国，发展成为世界水电大国和强国，中国水电已经完成从“融入”到“引领”的历史性转变。

迄今，中国水电事业走过了70年的艰辛和辉煌历程，水电工程建设从“独立自主、自力更生”到“改革开放、引进吸收”，从“计划经济、国家投资”到“市场经济、企业投资”，从“水电安置性移民”到“水电开发性移民”，一系列改革开放政策和科学技术创新，极大地促进了中国水电事业的发展。不仅在高坝大库建设、大型水电站开发，而且在水电站运行管理、流域梯级联合调度等方面都取得了突破性进展，这些进步使中国水电工程建设和运行管理技术水平达到了一个新的高度。有鉴于此，中国大坝工程学会、中国水力发电工程学会、水电水利规划设计总院和中国水利水电出版社联合组织策划出版了《中国水电关键技术丛书》，力图总结提炼中国水电建设的先进技术、原创成果，打造立足水电科技前沿、传播水电高端知识、反映水电科技实力的精品力作，为开发建设和谐水电、助力推进中国水电“走出去”提供支撑和保障。

为切实做好丛书的编撰工作，2015年9月，四家组织策划单位成立了“丛书编撰工作启动筹备组”，经反复讨论与修改，征求行业各方面意见，草拟了丛书编撰工作大纲。2016年2月，《中国水电关键技术丛书》编撰委员会成立，水利部原部长、时任中国大坝协会（现为中国大坝工程学会）理事长汪恕诚，国务院南水北调工程建设委员会办公室原主任、时任中国水力发电工程学会理事长张基尧担任编委会主任，中国电力建设集团有限公司总工程师周建平、水电水利规划设计总院院长郑声安担任丛书主编。各分册编撰工作实行分册主编负责制。来自水电行业100余家企业、科研院所及高等院校等单位的500多位专家学者参与了丛书的编撰和审阅工作，丛书作者队伍和校审专家聚集了国内水电及相关专业最强撰稿阵容。这是当今新时代赋予水电工作者的一项重要历史使命，功在当代、利惠千秋。

丛书紧扣大坝建设和水电开发实际，以全新角度总结了中国水电工程技术及其管理创新的最新研究和实践成果。工程技术方面的内容涵盖河流开发规划，水库泥沙治理，工程地质勘测，高心墙土石坝、高面板堆石坝、混凝土重力坝、碾压混凝土坝建设，高坝水力学及泄洪消能，滑坡及高边坡治理，地质灾害防治，水工隧洞及大型地下洞室施工，深厚覆盖层地基处理，水电工程安全高效绿色施工，大型水轮发电机组制造安装，岩土工程数值分析等内容；管理创新方面的内容涵盖水电发展战略、生态环境保护、水库移民安置、水电建设管理、水电站运行管理、水电站群联合优化调度、国际河流开发、大坝安全管理、流域梯级安全管理和风险防控等内容。

丛书遵循的编撰原则为：一是科学性原则，即系统、科学地总结中国水电关键技术和管理创新成果，体现中国当前水电工程技术水平；二是权威性原则，即结构严谨，数据翔实，发挥各编写单位技术优势，遵照国家和行业标准，内容反映中国水电建设领域最具先进性和代表性的新技术、新工艺、新理念和新方法等，做到理论与实践相结合。

丛书分别入选“十三五”国家重点图书出版规划项目和国家出版基金项目，首批包括50余种。丛书是个开放性平台，随着中国水电工程技术的进步，一些成熟的关键技术专著也将陆续纳入丛书的出版范围。丛书的出版必将为中国水电工程技术及其管理创新的继续发展和长足进步提供理论与技术借鉴，也将为进一步攻克水电工程建设技术难题、开发绿色和谐水电提供技术支撑和保障。同时，在“一带一路”倡议下，丛书也必将切实为提升中国水电的国际影响力和竞争力，加快中国水电技术、标准、装备的国际化发挥重要作用。

在丛书编写过程中，得到了水利水电行业规划、设计、施工、科研、教学及业主等有关单位的大力支持和帮助，各分册编写人员反复讨论书稿内容，仔细核对相关数据，字斟句酌，殚精竭虑，付出了极大的心血，克服了诸多困难。在此，谨向所有关心、支持和参与编撰工作的领导、专家、科研人员和编辑出版人员表示诚挚的感谢，并诚恳欢迎广大读者给予批评指正。

《中国水电关键技术丛书》编撰委员会

2019年10月

前言

当前，云计算、物联网、大数据等信息技术蓬勃发展，信息技术呈现出网络化、移动化、智慧化的新特点。传统的水电工程地质专业，经过了地质数据库、三维建模、野外数字化采集、地质灾害预警管理平台等专业化信息系统的研究后，也进入了信息化时代。然而由于地质体的复杂性、地质认识的渐进性、地质信息化发展的阶段性，在信息化历程中往往各自为政，目前地勘专业内各信息化系统在信息的互联互通上尚存在信息孤岛，彼此之间的信息交换不够畅通。云计算、大数据背景下的地质专业内的协同及水电设计跨专业的协同都急需将各方面、各阶段的地质信息糅合在一起统一分析与应用，因此研究水电工程地质生产全过程信息一体化的解决方案势在必行。

自2000年以来，中国电建集团成都勘测设计研究院有限公司联合天津大学、成都理工大学、北京科技大学、Itasca（武汉）咨询有限公司等高校及科研机构，开展了“3S技术在工程地质调查中的应用研究”“工程地质三维设计系统集成应用研究”“工程地质野外数字测绘编录系统”“水电工程地质信息一体化”等多个科技项目研究，并已取得了丰硕的研究成果。本书正是在此基础上，系统地总结了水电工程地质生产全过程信息一体化及三维协同设计的平台架构、信息化模式、方法等内容。

本书由多位长期从事水电工程地质勘察工作的同志合作编写。全书共分8章：第1章阐述了国内外三维地质建模现状及水电行业地质信息化应用现状；第2章论述了水电工程地质信息一体化关键问题及相关技术；第3章论述了水电工程地质信息一体化方案的选择，分析了信息化生产条件下的流程和工作接口，提出了基于地勘数据中心的一体化总体解决方案；第4章基于一体化解决方案，具体描述了水电工程地质一体化系统的模块组成及基础功能；第5章具体介绍了现场数据采集模块，包括三维实景填图、勘探及施工地质编录、基于三维影像的现场快速分析等应用；第6章阐述了一体化系统在水电工程地质信息管理方面的功能，包括系统字典、坐标统一等工程管理基础设置，勘探布置、原始资料管理、附件管理等地质基础资料管理，现场地质资料、试验资料的分析、统计，三维部件、二维图件管理；第7章阐述了地质信息在一体化系统中的全流程应用过程，包括三维解析、多专业协同、生产全过程管控、查询及报表功能；第8章结合6个具体案例讲解了一体化系统在水电工程地质生产中的具体应用。第1章、第2章由张世殊、王刚、田华兵编写；第3章由刘仕勇、石伟明、吉云编写；第4章由石伟明、刘仕勇、田华兵编写；第5章由王刚、韩帅编写；第6章由刘仕勇、田华兵编写；第7章由石伟明、吉云编写；第8章由刘仕勇、石伟明编写。全书由张世殊主编，全书统稿、文字和插图处理由石伟明、刘仕勇负责。

本书编写过程中得到了中国电建集团成都勘测设计研究院有限公司科技信息档案部、勘测设计分公司、水环境与城建工程分公司等相关单位和人员的大力支持和帮助，在此表示衷心感谢！

限于作者水平，本书不妥或错误之处恳请读者批评指正！

编者

2020年3月

目录

第 1 章

水电工程地质信息化现状

1.1 国内外三维地质建模现状

数字化、信息化的变革已经席卷各行各业，对于工程地质勘察这种基于大量信息开展工作的专业（行业），数字化、信息化技术的广泛、深入应用显得尤为重要。随着计算机软硬件技术的发展，致力于解决地质信息存储管理、成果图形展示以及三维分析设计的软件层出不穷。

在国外，地质建模已经发展了几十年，数十款软件在地质相关行业广泛应用，作为地质研究成果提交三维地质模型早已是约定俗成的事。但也有一个明显的特点，这些软件的研发具有明显的行业针对性，大多服务于石油、矿山行业，且行业数据集成度高。

国内地质专业引入三维地质建模技术比较早的仍然是石油勘探开发行业，三维地质建模技术逐渐成为地质可视化的一个热点。到目前，国内石油行业的三维可视化应用已经相当普及，通过 Petrel、RMS、GOCAD、FastTracker 等系统实现了从数据分析统计、三维地质建模、数值模拟到储量计算、油藏整体评价等环节的集成应用。类似地，在大型矿山勘探开发中，Surpac、Micromine 等软件涵盖了从勘探布置、品位分析、矿体建模到开采评价、开采运输方案设计的主要流程。

同时，国内针对石油矿山以及地矿调查的三维软件也在蓬勃发展，GASOR、GMSS 等在石油行业得到广泛应用；中地数码的 MapGIS、北大超维创想（Creatar）系列、北京超图的 SuperMap、北京东方泰坦科技的 TITAN、武汉地大坤迪公司的 GeoView 等软件的基本思路都是基于 GIS 理念研发，在国土地调、城市市政、水利地灾、地矿地勘等行业作为三维成果展示被推广应用。但总体来说，国内三维地质信息研究还处于探索、发展阶段，在理论研究、产品功能、研发投入上都没有达到国外地学软件的高度。

深入对比分析国内外这些地质软件，主线都是三维建模，即便有集成的数据库，也是围绕三维建模，为其提供数据输入或前处理做准备，更没有形成可应用于水电行业全过程信息化设计的系统平台。

1.2 水电行业地质信息化应用现状

总体来说，国外对三维地质建模和数据集成研究起步早，理论体系完整，技术方法成熟，软件种类繁多，应用深入广泛。但其关注点不在水电行业，没有现成可用的、集成水电工程地质信息的三维地质系统。

近年来，一方面国内各高校对三维建模技术的研究逐渐增多，但也没有形成较为成熟的通用建模基础平台，更没有出现专门针对水电工程地质工作特点进行研发的理论体系和系统平台；另一方面，水电行业随着三维协同设计的不断深入和 BIM 应用的需求，在实际工作中对信息生产的需求也日益显现，而目前专业数据如何成为可用的信息、信息如何在不同平台间流动、如何对信息做到系统管理并实现价值最大化，已成为专业信息化生产过程中迫切需要解决的问题，随着国家创新战略的要求，水电工程地质生产与生产管理的信息化也是必由之路。

梳理总结国内水电工程地质从三维地质建模发展历程到信息化生产的提出，可以大致划分为以下几个阶段。

1. 三维地质建模探索阶段

2006年以前可划为探索阶段。为了直观展示地质体及其交切关系，在局部区域对关注的地形、地质对象进行专题性建模，重点在地质体的三维可视化。成都院与成都理工大学、河海大学在国家“九五”攻关专题“工程地质综合分析技术的开发和应用”项目的合作，2000年成都院购买GemCom进行三维地质研究，都属于这一时期的重要探索。应用软件主要是AutoCAD、Civil3D等，自主研发软件的功能也基本处于这一水平，该阶段基本没有考虑过三维系统的地质信息集成。

2. 三维地质建模生产推广阶段

北京院2002年在AutoCAD平台上针对三维地质建模方面进行二次开发，探索能够应用于实际生产过程的建模工具。

华东院2005年与武汉地大坤迪公司合作，以提供数据元特征和工作流程为主，在GeoView基础上集成数据库管理和专用建模工作，形成GeoEngine系统。其后在2010年左右全面转向到与MicroStation集成，形成GeoStation系统。

成都院2006年开始研究供设计人员使用的三维工具，选择GOCAD作为基础平台，从二次开发扩展的GOCAD水电模块开始，逐渐迈开步伐深入研究全生命周期应用的地质三维设计系统解决方案。

从成都院、华东院等单位的导航项目应用开始，水电工程的三维地质建模得到大规模推广，而其他各大设计院也相继跟进。

这期间，产生了两种构建三维地质模型的基本思路：一种是二维分析、三维可视化建模，其代表性应用软件有CATIA、AutoCAD、Civil3D、GeoView、MicroStation等；另一种是基于DSI光滑插值技术的GOCAD建模方式，利用一种动态算法引入地质工程师的宏观趋势判断，能够适应水电工程地质渐进明细的特点。近年来，随着DSI算法优势的被了解和GOCAD系统的普及，它现在已经逐渐成为水电行业三维建模的主流。

为了提高建模效率，该阶段各大设计院根据各自不同的理念进行了二次开发，形成了GeoStation、Hydro GOCAD等系统。

随着应用面的普及和应用深度的增加，无论是出于减少重复工作、降低建模门槛考虑，还是为了提高协作程度、增加前端数据处理效率，都提出了为三维建模工作配套相应地勘资料数据库的需求。这方面的成果主要有华东院的GeoEngine数据库以及成都院的GHW数据库、G3D综合处理软件等，但数据库的功能定位都是为三维建模提供数据。

3. 三维地质建模与数据集成应用探索阶段

2009年年初，成都院与Itasca公司合作研发GeoIV数据库系统，其目标是把GOCAD与数据库紧密结合，把基础资料和三维模型均纳入数据库管理。

2009 年年底，成都院集众多地质专家于一堂，对“工程地质三维”进行了深入的研讨。首次提出了“以水电水利工程行业规程规范为标准、水电水利工程地质数据库为基础、三维地质模型为平台、分析计算模块为辅助，将水电水利工程地质专业设计全程置于三维环境下进行，形成的地质产品是能动态满足水电水利工程三维协同设计需要的水电水利工程三维地质设计系统”这一理念，开始超越三维地质建模范畴，站在全局高度思考地质信息化问题。

经过深入分析，原有 GeoIV 数据库系统以钻孔数据库为基础，堆叠拼合地表地质测绘、平洞、坑槽井等其他手段逐步拓展形成大数据平台的技术路线，不能达到水电工程地质三维设计系统这一理念的要求。成都院毅然舍弃了已完成了大半的 GeoIV 数据库系统，开始重新设计数据库结构，并于 2013 年开始信息系统的验证性开发。

与此同时，各大设计院相继开始探索、研究内外业一体化的三维设计系统。成都院也将信息集成应用推进到更加广阔、深入的方向，其核心是架构良好的地勘数据库系统，以此支撑地质工作各阶段、各环节的信息流转。

4. 全生命周期信息关联-流转的水电工程地质信息化设计（GIM）

数据不再是围绕某个特殊环节，而是在专业产品全生命周期内流转，在流转过程中因为处理、再生而产生关联。全设计过程流转-关联的信息成为大数据，还可以产生更多的应用，服务于管理、数字化移交等需求。

该阶段开始真正从单个设计环节的信息化，走向全过程的信息化设计。

2014 年研发成果上线，并逐步发挥出它在地质专业信息化设计中的强大作用。

第 2 章

水电工程地质信息一体化关键问题

随着计算机和网络技术的发展，信息化已在水电行业逐渐普及开来。信息化的发展极大地推动了水电行业的进步。数据库技术、GIS 技术、水电工程地质三维建模技术，以及近几年兴起的 BIM 技术已渐渐成为行业的主流。然而，信息化的不断发展也不可避免地带来了一系列问题，其中最为严重的就是“信息孤岛”现象。信息孤岛是指在一个单位的各个部门之间由于种种原因造成部门与部门之间完全孤立，各种信息无法或者无法顺畅地在部门与部门之间流动。这一问题严重阻碍了水电工程地质信息化的进一步发展。而解决这一问题的唯一方式，就是实现水电工程地质全过程信息一体化。

水电工程地质全过程信息一体化的核心思想是要统一生产各环节的信息存储、交换标准，建立通用信息流转模式，将信息传递到各应用平台。不过，要实现这一过程并非易事，目前的地质全过程信息一体化的发展陷入了瓶颈。瓶颈的产生主要是因为地质信息过于复杂，不同地质信息间存在着各种交叉映射关系；同时，当前数据采集技术的局限性也在很大程度上限制了信息一体化的发展。因此，如何攻克这些问题，便成了进一步深化地质全过程信息一体化的关键。

2.1 地质信息化与信息孤岛

2.1.1 地质信息化

1. 地质信息化定义

信息反映客观世界中各种事物的特征和变化，通过某些形式表达并借助某种载体进行有用知识的传播，可以脱离它所反映的事物被存储和传播，但必须依附于某种载体而存在。信息化在各行各业有着不同的解读，核心是利用信息化技术，如现代通信、网络、数据库技术等，实现信息的高度共享和高度应用，从而实现资源利用的最大化，一般有信息获取、信息传递、信息处理、信息再生、信息利用五个过程。

水电工程地质工作涉及面广，周期长，地质信息包括研究区地质体的特性以及研究过程相关信息，如测绘、勘探、试验、监测等初始信息，统计、计算、空间分析等过程信息，地质体空间展布、物理力学参数、地质评价、报告、图纸等成果信息，参加人员、设校审记录等生产管理信息。

地质工作的核心任务是查明工程区地质背景、地质条件，监控施工期、运行期地质体的变化趋势，评价工程对地质体的影响以及地质环境对工程的影响。从信息化的角度来看，地质信息化是以信息化技术为基础，将地质信息与地质人员调查、评价过程充分结合起来，地质信息能在生产的各环节、各方面充分地流动起来，充分地被利用起来，实现信息的最大化利用，提高勘察效率，降低勘察成本。

2. 地质信息化过程

地质信息化符合信息化的一般规律，也包含信息化的5个基本过程，但结合到生产的现状其每个过程又有具体的含义。

（1）地质信息的获取，即地质体基础地质特性和工程地质特性的获取，是通过遥感、勘探、试验、监测等手段采集，并经过地质工程师识别为具有地质含义的地质信息，在信息化的背景下这些信息需要直接采集或转换为计算机可识别和传递的计算机信息。

（2）地质信息的存储，是对初始信息、过程信息、成果信息、生产管理信息等按照规程规范、生产管理标准的要求进行整理和存储。实时信息的处理过程，利用数据库技术来实现，由于地质信息及生产流程的复杂性，其数据结构的设计是地质信息存储的关键。

（3）地质信息的交换，即生产过程中不同环节间、上下游专业间的地质信息传递，在云计算、大数据背景下，地质专业内的协同、水电设计跨专业的协同对地质信息的交换都提出了更高的要求，重点是建立统一的信息交换标准和直接互联互通的交换模式。

（4）地质信息的分析及再生，是地质信息的深加工过程，也是地质工作的重心，如地质单因素分析、工程岩组的划分等，综合分析（如岩级初判），结合建筑物的边界、参数、模式等分析，地质界面的空间分析（三维建模）。这些分析成果既是成果同时也再生为新的地质信息。

（5）地质信息的利用，对于地质专业内部应用而言，即是地质信息的分析与再生；对于跨专业的应用则是为其他信息系统提供地质信息，如结构设计、施工组织、运营维护、员工培训、管理考核系统等。

2.1.2　信息孤岛

所谓信息孤岛，是指在一个单位的各个部门之间由于种种原因造成部门与部门之间完全孤立，各种信息无法或者无法顺畅地在部门与部门之间流动，这样就会形成信息孤岛。在整个信息技术产业飞速发展过程中，企业的IT应用也伴随着技术的发展而前进。但与企业的其他变革明显不同的是，IT应用的变化速度更快，也就是说，企业进行的每一次局部的IT应用改进都可能与以前的应用不配套，也可能与以后的“更高级”的应用不兼容。因此，从产业发展的角度来看，信息孤岛的产生有着一定的必然性。

水电工程地质工作突出的特征就是周期性较长，整个过程还十分复杂，流程与环节较多，囊括内业外业相关的多个环节。不同的阶段会形成多个方面的信息，隶属不同的机构与部门。但是，当前很多部门之间缺乏及时、高效的沟通，尚未构建畅通的信息共享渠道，使水电工程地质的信息资源分散性太大，“信息孤岛”现象较为普遍。

2.2　地质信息化与信息一体化

2.2.1　地质信息一体化

地质信息一体化是从地质信息存续和流转的过程来谈全过程，从不同的视角有不同的全过程理解，包括信息化的全过程、生产的全过程、专业协同的全过程、水电项目的全生命周期内的地质信息化。

在地质信息化发展过程中，由于需求及现实技术的限制，生产各环节信息化程度发展先后不一，程度不均，各环节信息化并未进行统一的、协调的策划，各环节的信息存在结构不一致、信息量不对等、信息流通不畅的问题，地质全过程信息一体化是指统一生产内部各环节信息存储、交换标准，建立通用信息流转模式，标准化的地质信息能像“血液”一样沿着通用信息流转“血管”，通畅地流动在各应用平台“组织”间。

2.2.2 地质全过程信息化

地质全过程信息化是指利用信息化技术实现地质信息的获取、存储、交换、分析及再生、利用这五个信息化的典型过程。

落实到水电工程地质生产，地质全过程信息化则是指采用信息化手段实现从地质调查到地质评价的全过程，包括现场编录测绘，相关专业、行业资料收集，过程中的统计、分析、计算，地质专题评价、综合评价，成果提交全过程。

水电设计是一个多专业协同的生产过程，从协同的角度看，地质全过程信息化还包括协同的全过程，包括与上游的勘探、测绘、试验、监测专业协同，专业内的分工协作，与下游的水工、施工、移民等专业协同。

从地质信息存续周期来看，水电项目的存在周期内都有地质信息的存在，乃至于项目废止后地质信息仍存在，可为其他项目提供参考和依据，因此地质全过程信息化也是指在水电项目整个生命周期内工程地质生产的信息化。

2.2.3 地质全过程信息一体化

在地质信息化发展过程中，由于需求及现实技术的限制，生产各环节信息化程度发展先后不一，程度不均，各环节间未形成一体化应用。

20世纪90年代，由于计算机的普及和数据库技术的成熟，水电工程地质行业开始进行地质原始资料数据库的研究，其重点在于解决原始资料的保存及统计、查询等，受当时技术及应用环境限制，前端数字化采集、三维空间分析基本未涉及。对于地质体空间特性的分析主要是二维的，与原始资料库的地质信息管理是割裂的。

进入2000年以后，地质三维建模技术逐渐兴起，由于三维建模技术研究多是依据已有三维软件进行的，非几何地质信息的融合处于一种配角地位，要么是利用三维软件本身的数据管理功能完成，要么是添加一个为建模使用的配套数据库，其核心是三维建模，是几何表达，未充分考虑或难以实现融合几何、非几何地质信息的融合数据的广泛应用。

2010年以后，“云移大物智”应用逐渐深入各行各业，地质行业在现场数据采集、地质数据库建设、三维空间分析、多专业协同设计等方面已取得深入的研究成果，依托大数据的滑坡智能监测、流域地质灾害预警等地质专题信息化应用也崭露头角，地质信息量猛增，打通信息化系统间的信息流通障碍，实现不同系统间地质信息直接互联互通的需求愈来愈迫切。

地质全过程信息一体化从信息化发展的现状和趋势来看，需要统一生产内部各环节信息存储、交换标准，建立通用信息流转模式，将信息传递到各应用平台。其实现方式可以有多种，但要满足“云移大物智”环境下信息的高效利用，采用文件级的交换标准和应用平台间点对点的数据交换显然难以满足地质信息化生产对信息的需求。比较理想的模式是地质全过程信息的储存集于一个数据中心（云中心），统一一个前端交换平台，各应用系统通过前端交换平台与数据中心进行地质分析和数据交换，各应用系统既消费信息又提供信息。

2.3　信息一体化中的关键问题

2.3.1　地质资料复杂性对信息化的制约

地质勘察是地质信息的收集、整理和分析利用的过程，是地质信息不断融合蜕变的过程；资料采集是通过测绘与勘探由点到线、面、体的不断扩展过程，也是一个资料累积的过程；分析是基于地质规律解析、建立、完善地质模型，是一个逐步明晰的过程；通过多种手段的岩土试验得到岩土体物理力学特性，是一个分析归纳的过程；最终结合工程分析地质体几何与地质属性（含物理力学特性）达到工程地质评价和岩土利用的目的。

地质信息来自测绘、钻探、洞探、物探、坑、井、槽、遥感等勘察手段所取得的数据，是一种多源数据，这些数据由于采集方式的不同有纸质的、图像的、电子的，其中电子的又有多种不同格式，因此地质信息又是一种异构数据。

地质体的基本地质属性一般分为地形地貌、地层岩性、风化卸荷、构造、水文地质，每个勘探对象根据其所在部位的天然条件，都可能存在其中的一种或多种属性，在勘探对象或地质体的信息表达中又具有多属性的特征。

在地质勘察过程中原始资料、过程资料、成果乃至不同阶段的资料均同时存在，或者同一条地质信息，它既是一个分析的成果，同时又是另一个分析的原材料，地质信息具有多时态特性。

地质信息经历了从地质测绘、勘探、试验获取的原始资料，蜕变为地层岩性、地质构造、物理地质现象、水文地质、地应力等基础地质信息，融合为岩级（类）、岩土体物理力学等工程地质信息的过程，在这个过程中由于认识的渐进性，地质数据不断继承、扩展形成新的地质数据，同一地质数据可能既是一个过程的结果，同时又是另一个过程的来源；为了满足生产，质量控制又伴随地质信息的所有演变过程。因此，一个地质信息单元中复合了勘探手段、基础地质、工程地质、地质分析演变过程、质量控制过程等信息，地质信息具有复合特征。

地质信息相对地质体而言是有限的、离散的，其采集手段、应用环境不同，有着多种互相交叉的分类体系，这使得地质信息单元承载的信息存在多对多的立体交叉映射关系。随着分析的加深、生产流程信息的融入，地质信息不断继承、扩展、再生，这些立体交叉映射关系会给信息系统的逻辑关系、技术实现带来极大的障碍。

地质信息具有多源异构、多模态、多时态、复合等特征，同时地质信息间存在立体交叉映射关系，是一种极其复杂的信息形式。

由于原始地质信息的多源异构特性，现场采集数字化率一直较低，依托仪器采集的信息，因存储格式不同，难以通用。数据采集作为信息化的源头，现场采集数字化率低下，存储格式不通用，对于地质全过程信息化的制约是明显的。

2.3.2 地质信息一体化的瓶颈问题及其解决思路

1. 瓶颈问题

（1）复合地质信息统一表达问题。地质的研究对象是客观存在的，认识是一个渐进的过程。为了使过程中所有有效数据一起成为建模、分析系统可利用的、可靠的、一致的信息，必须解决复合地质信息归一化问题。国内外学者结合不同工程领域的地质分析目的，对复杂地质数据的处理与分析开展了大量研究。Wu 等（2005）提出了逐步细化方法来处理稀疏、采样不足的多种来源地质数据耦合问题；钟登华等（2006）从点、面、体 3 个层次来表达地质空间图形及其相关信息，并建立了综合地质信息数据库；Zhang 等（2009）提出了结点-层数据模型来管理组织不同实体类型的复杂地质数据；崔莹（2011）针对区域矿产资源潜力预测问题，考虑地质空间数据的不确定性，采用数据挖掘方法对多源地质空间信息进行分析，并开发了相应的原型系统；Ballagh 等（2011）综合分析了采用虚拟地球如 Google Earth 来查看、查询和下载地质信息的方法和存在的问题；Zhu 等（2014）也应用 Google Earth 开发相应的程序直接可视化管理大量的钻孔数据。

如何保证原始数据、过程数据、成果数据、校审数据的完整记录，如何能够在不同平台间快捷、准确地交换地质信息都是复合地质信息的归一化需要解决的问题。

（2）地质分析过程追溯问题。地质勘察的任务是研究、反映工程区域的地质条件并分析其与工程的相互制约关系，其主要研究对象是在漫长的地质历史发展过程中天然形成的地质体，是特定的原生建造与后期地质作用的改造相叠加的综合产物，几何特征、属性特征极端复杂，且地质体通常位于地表以下，地质工作者不可能直接全面地观察到地质对象的各种特征，而只能通过抽样式的勘探、试验手段获得地质对象的部分特征信息，并通过对这些信息的分析、解释来推断出整个地质对象的特征。

地质勘察中获取的地质资料总是有限的、离散的，由于进度、经费、客观地形地质条件的限制，通过地表露头点、坑槽探、钻孔、试验等不同方式获得的地质数据不可能非常充分，也难以保证数据间具有明显的规律性。

地质勘察中的第一手资料是有限的、离散的，存在多解性，因此地质认识具有不确定性，这也导致地质工程师在分析过程中必然要做出多种假设，然后反复验证，实际生产过程中体现在随勘探不断加深，认识不断修正，分析判断结果就越来越逼近现实，呈现出渐进性特征。

有了全过程可追溯，地质分析就不需要每次从头开始，可有效提高分析过程效率，也可有效控制产品质量，但如何实现各环节、各对象的全过程可追溯，如何在追溯过程中保证属性信息、几何信息及其关联信息的同步尚需进一步研究。

（3）全信息交换的协同设计问题。地质勘察涉及地质、测绘、勘探、试验等专业，涉及野外数据采集、室内分析等工作，在分析评价中涉及统计、计算、三维解析等过程，在成果应用上有向下游设计专业提供地质资料，有地质专业的扩展应用等。这都要求地质信息能够在多专业间、内外业间、地质分析各环节间完全流转起来，实现专业内、专业间的协同。

目前很多协同还是一种基于文件的非实时协同，在三维协同上主要还停留在三维几何特征的协同，属性信息在协同中信息损失严重，或根本没有属性信息的协同。在机械领域，早已发展起 STEP 等标准格式，解决异构 CAD/CAE 软件间的数据交换，除了交换三维模型外还包括模型相关的属性信息。

目前地勘信息化协同设计方面尚未有数据交换标准或数据共享接口标准，因此无论是专业内的还是跨专业的协同，尚需要从数据交换标准做起，解决几何、属性同步协同，实现全信息交换的协同设计。

2. 解决思路

（1）面向对象的地质信息单元研究。从地质数据的特征分析可以发现，地质信息相对地质体而言是有限的、离散的，其采集手段、应用环境不同，有着多种互相交叉的分类体系，这使得地质信息单元承载的信息存在多对多的立体交叉映射关系，随着分析的加深、生产流程信息的融入，地质信息不断继承、扩展、再生，这些立体交叉映射关系会给信息系统的逻辑关系、技术实现带来极大的障碍。

从地质信息应用的基本需求出发，以基本地质属性为纲，对地质信息从基础地质、工程属性、空间特征、过程管理四个维度进行了切分，将地质信息单元抽象为面向对象的地质对象及地质对象族，每一地质信息单元具有统一的地质含义和流程管理行为，其特性可继承、扩展，不但解决了地质信息多对多的立体交叉映射问题，更可有利于地质信息继承、扩展、再生以及进行基于信息交换的跨平台实时协同。

（2）基于信息流转的地质信息化工作流程研究。基于信息流转的地质信息化工作流程研究，以生产流程为主线，记录地勘生产过程中的多源信息，进行数字化三维设计，形成以中心数据库为数据中心，存储和管理基础资料、过程信息、成果，并为数据访问和交换提供基础服务的解决方案，地质信息能够在多专业间、内外业间、地质分析各环节间完全流转起来，生产过程信息可追溯。

基础数据采用面向对象的地质信息单元逐层细化分解保存；分析过程则记录了重要的分析阶段中的某个固化认识；结果不仅包含了三维模型，也包括了与项目相关的所有地质原始调查结果、分析结果等；基础数据、过程数据、成果数据相关的校审行为均记录入库，实现了地质信息可逆向全程追溯。

信息流转方面，依据地质实际生产流程及地质信息的流转特征，重构了信息化生产流程，在信息流动各环节设计了信息交换的双向机制，让信息按地质专业生产的要求流动起来。基于数据中心的信息高度整合，加快了数据的流转和使用效率，提高了地质人员的分析效率，同时这个流程符合专业人员思维习惯，使得地质空间解析真正上升到了三维高度。

（3）跨平台实时协同设计技术研究。在专业生产过程中各种专业应用软件具有不同的适用领域和优势，不可能奢望一个平台能解决所有设计需求，因此需要根据不同的需求采用专业的软件，这就要求地质信息在不同的软件间流转起来。这种交换可以通过文件转换的方式完成，但这是非实时的，难以满足信息一体化的需求，而实时数据交换最大的障碍是不同软件有不同的数据体系，难以直接实时对接，因此跨平台实时协同设计的核心在于研究数据结构的标准化、数据接口的标准化。

跨平台实时协同设计技术研究在面向对象的地质信息单元研究基础上，将地质信息单元分层分类，形成地勘 BIM 数据表示和交换标准；在基于信息流转的地质信息化工作流程研究基础上利用数据中心将地勘全过程的几何信息、属性信息集中存储，形成地勘信息唯一数据源，基于地勘 BIM 数据表示和交换标准形成通用地质 COM 接口，按需为多种软件提供数据交换服务，实现跨平台的实时协同设计。

2.4 地质信息化手段与方法

地质测绘、钻探、山地工程等所获取的数据是水电水利工程地质信息处理的数据源，是工程地质信息处理流程的起点。这些数据包括搜集到的早期勘察数据和现阶段地质勘察获取的状态数据，不但具有多来源、大数量、多种类、多层次、多维和多应用主题等特点，而且还具有可采集性、可存储性、可管理性、可复制性、可共享性等可信息化的特征。这个过程可以划分为勘察数据获取、勘察数据整理与管理、勘察图件制作、地质体空间分析、勘察成果编制、管理与查询等环节。每个环节都可以对应一种或数种信息技术，如数据的存储与管理可以用数据库技术来实现，勘察图件的制作可以用计算机辅助设计技术或 GIS 技术来实现，地质体空间分析可以用三维建模与空间分析技术来实现，勘察成果的编制可以通过数据库中资料的组合来生成，成果的查询检索可以通过数据库和网络技术来实现。

2.4.1 数据库和网络技术

数据库技术是通过研究数据库的结构、存储、设计、管理以及应用的基本理论和实现方法，并利用这些理论来实现对数据库中的数据进行处理、分析和理解的技术。地质信息化管理的核心是建立地质数据库，而数据库结构和功能设计以水电工程地质工作实际需要为出发点，既要体现工程需要，又要考虑实际工作流程的应用方便。

数据库技术研究和管理的对象是数据，所以数据库技术所涉及的具体内容主要包括：通过对数据的统一组织和管理，按照指定的结构建立相应的数据库和数据仓库；利用数据库管理系统和数据挖掘系统设计出能够实现对数据库中的数据进行添加、修改、删除、处理、分析、理解、报表和打印等多种功能的数据管理和数据挖掘应用系统；利用应用管理系统最终实现对数据的处理、分析和理解。

地质信息管理系统的基本功能需要包括对地质、勘探、物探和试验等资料的管理，并可以对不同工程、不同阶段、不同工程部位的对象进行查询和统计。同时，为了保证数据的保密性，有时需要设计用户权限。地质信息管理系统的重点是如何设计对各个地质对象进行分类分级，以涵盖工程地质所涉及的庞杂的信息。数据库技术是信息系统的一个核心技术，它研究如何组织和存储数据，如何高效地获取和处理数据，是通过研究数据库的结构、存储、设计、管理以及应用的基本理论和实现方法，并利用这些理论来实现对数据库中的数据进行处理、分析和理解的技术，即数据库技术是研究、管理和应用数据库的一门软件科学。

由于野外环境复杂，系统需结合网络技术，考虑C/S模式。Client/Server结构（C/S结构）是大家熟知的客户机和服务器结构。它是软件系统体系结构，通过它可以充分利用两端硬件环境的优势，将任务合理分配到Client端和Server端来实现，降低了系统的通信开销。目前大多数应用软件系统都是Client/Server形式的两层结构，由于现在的软件应用系统正在向分布式的Web应用发展，Web和Client/Server应用都可以进行同样的业务处理，应用不同的模块共享逻辑组件，因此，内部的和外部的用户都可以访问新的和现有的应用系统，通过现有应用系统中的逻辑可以扩展出新的应用系统。

2.4.2　GIS技术

地理信息系统（Geographic Information System，GIS）是利用计算机存储、处理地理信息的一种技术与工具，是一种在计算机软、硬件支持下，把各种资源信息和环境参数按空间分布或地理坐标，以一定格式和分类编码输入、处理、存储、输出，能够满足应用需要的人-机交互信息系统。1963年，加拿大测量学家R. F. Tomlinson首先提出GIS的概念，并建立了加拿大地理信息系统（CGIS），这是世界上第一个具有实用意义的地理信息系统，主要服务于自然资源的规划。随着社会应用需求的不断增加，GIS已经广泛地应用于城市规划、土地管理、能源、交通等各行业中。但是，传统的GIS多是基于二维平面地图的资源数据展示，其所内含的信息不能良好地反映三维世界所表达的真实信息。事实上，GIS所表达的现实空间应是一个三维的几何空间。相对于二维GIS，三维GIS不仅能表达空间对象间的平面关系，还能描述和表达它们之间的垂向关系，其所展示的信息更丰富，表现方式更具有真实感。

20世纪80年代末期，国外许多学者逐渐将研究重点放在了三维GIS与实景化技术上。Kavouras和Masry于1987年开发了第一个三维GIS系统，用于辅助矿产资源的评估和开采，其仅具备一些简单的空间分析能力。1994年，Breuning、Bode和Cremers将三维GIS的几何操作嵌入到面向对象数据库管理系统中，解决了许多空间查询问题，这为三维实景化技术奠定了数据基础。国外许多商用GIS系统也加入了三维GIS模块，如ArcGIS、Titan3D、Skyline等，这些三维GIS模块能在实时三维环境下，提供相应的地形分析和实时三维飞行浏览。

与此同时，国内对三维GIS系统的研究也逐渐开展起来。朱英浩等（2000）开发了城市三维可视化GIS系统，成为国内第一个与三维实景技术相结合的三维GIS应用系统。杨必胜、李清泉等（2000）提出了一种分层组合模型方法构造建筑物模型，并结合三维实景技术，应用于城市三维可视化系统中，对三维城市模型中的地形和建筑物进行整体三维动态显示和操作。常歌等（2001）研究开发了数字城市景观系统，利用已有的立体测图地物数据、数字高程模型数据，结合其他地勘资料，获取城市的三维景观信息并实现了一体化建模。朱庆等（2006）将层次细节技术（Level of Detail，LOD）引入三维实景平台中，设计了一个典型仿唐木构建筑群的虚拟展示。联合虚拟现实技术（VR）的三维GIS技术也逐渐应用于我国众多“数字城市”及重点区域规划研究中。国内的商用GIS厂商也紧随三维技术潮流，积极开发了一系列三维GIS产品，如武汉中地数码集团的MapGIS、北京超图软件股份有限公司的SuperMap等。

总体来说，GIS的发展趋势从二维走向三维，从二维平面平台走向三维实景平台，与空间关系数据库、模型渲染、LOD、VR等技术不断融合发展，应用范围从矿产调查、城市规划等领域逐渐扩展至工程勘察、地质勘探等领域，发展前景广阔。但是，GIS与三维实景技术的研究和应用离不开具体行业的具体需求，应根据行业的特点，合理发挥GIS和三维实景平台的优势，服务于行业本身。

国外对于地质编录技术的研究和应用起步较早、发展迅速，且与工程业界联系紧密，涌现出一系列非常具有竞争力的软件，如ArcGIS、Autodesk、Bentley、CATIA、GOCAD等。借助这些以空间数据和属性数据管理、查询和分析功能著称的工程软件，国外许多机构已建立起地质勘察信息软件，逐步形成了以GIS技术为基础、工程信息管理为核心、工程项目管理为主线的集成系统，具备了多源数据集中管理、数据可视化、查询分析以及专题资料输出等功能。

国内在这方面的研究起步较晚，但凭借庞大的基础设施建设需求，以及信息化、数字化浪潮的兴起，工程地质编录和三维建模的研究应用发展迅速，对具体工程的需求实现方式研究得更为透彻。

面向地质编录方面，吴冲龙（1998）针对地矿调查的信息化需求，开发了地质矿产点源信息系统。该系统集地质数据管理、处理和地矿资源预测评价为一体，同时提供开放接口供使用者二次开发。河海大学（2002）针对现行水电工程地质编录方法的不足，设计开发了基于普通量测相机的地质编录信息系统，其综合了近景摄影测量技术、数字影像技术和GIS技术，实现了地质编录数据的采集、地质要素的提取和地质信息的管理。中国电建集团成都勘测设计研究院开发设计了水电工程地质信息管理系统GeoSmart，面向水电工程地质勘测数据实现编录、处理、存储、成果输出等地质数据处理流程的一体化。

2.4.3 水电工程地质三维建模分析技术

水电工程地质三维建模是实现地质数据具体表达的主要手段。由于水电工程区域的地质构造复杂、信息量大、分析要求高，选择合适且实用的三维数据结构是建立三维地质模型的关键。目前表达三维实体的数据结构主要包括基于曲面表示和基于体元表示的两类结构，前者在表达空间对象的边界、可视化和几何变换等方面具有明显的优势，而后者则能很好地表达空间对象的内部信息。考虑到水电水利工程主要关注地质条件、地质构造环境对工程设计和施工的影响，而非地质体内部的微观属性，同时可视化技术尚不成熟，因此，以非均匀有理B样条结构为主，结合不规则三角网模型和边界表示结构的3种面表示的NURBS-TIN-Brep混合数据结构是当前最可行最有效的解决方案。通过这种混合数据结构，可以定义点、曲线、NURBS曲线、NURBS曲面、三角形、Mesh和Brep实体的7种基本几何元素，以有效表达地质对象的几何形态和拓扑空间关系。

水电水利工程地质三维建模方法的核心是分类建模。因为所研究的地质空间对象包含大量复杂不规则的地表地形、地层、覆盖层、褶皱构造、断层、侵入体、层间层内错动带、节理以及深裂缝等，众多的地质信息使得地质体在人们眼中显得杂乱无章，故难以对其获得清楚的理解与认识。基于面向对象技术采用分类的思想，将实际工程中可能遇到的地质对象的几何形态特征和属性特征进行认真分析，特征相似的对象可归为一个大类，形成相应的层次结构关系，从而有利于三维地质模型的构建。根据对各类工程地质对象的特征分析和相应建模方法的不同，可将工程地质建模对象分成五个大类：地形类、地层类、断层类、界限类和人工对象类。基于上述分类建模的思想，充分考虑各地质对象和人工对象之间的空间关系，采用三维几何对象的任意布尔切割算法，可完整地构建研究区域内工程地质的三维统一几何模型。其主要流程为：①建立地层几何模型；②建立地质几何模型；③构建统一的工程地质模型。

需要注意的是，在整个建模过程中，需要随时对模型进行可靠性检查。检查内容主要有四个方面：①模型对象的几何性检查，即检查构造过程中地质对象在几何结构及拓扑关系上是否正确；②地质结构的合理性检查，即检查或验证所拟合的地质结构面或体的整体趋势是否合理；③验证原始数据（钻孔、平洞等）是否被保留，所形成的面是否与原始数据点相一致；④利用后期获得的勘探资料对重构模型的局部进行有效的检查与检验。

2.4.4 BIM技术

BIM是建筑信息模型（Building Information Modeling）的英文缩写，其将建筑工程项目的基本信息，如空间位置、构件尺寸和配筋信息等作为基础数据，通过三维虚拟仿真软件用一个三维模型集中体现，实现图纸设计、施工管理、设备管理等。

BIM的优势有以下几点：

（1）可视化。不同于传统模式的抽象和平面，BIM让水电水利工程能直观地从模型上真实完整地呈现，所见即所得，便于工程各参与方理解，使沟通更顺畅，管理更清晰。

（2）协同性。宏观协同，工程各方全部基于同一个模型进行沟通与改进，专业之间、部门之间、工序之间的信息传递准确率大大提升。

（3）参数化。基于BIM的参数化设计，当某一处设计有变动时，全局能随之联动，快速调整。

（4）模拟性。可以预先精确计算工程量和所需的人力物力投入，使资金安排更加合理。

（5）优化性。BIM可以有效优化设计。以往受计算能力的限制，工程仿真分析是依据概化模型进行的，计算精确度不高；随着计算能力的提升，基于BIM真实模型的工程分析计算将更精确。

（6）信息完备性。据统计，传统工程从规划到拆除的全生命期中，信息至少传递7次，这一过程中，信息的失真将造成质量和安全隐患。BIM将项目工程全阶段、全要素的所有信息集成到一个模型中，不但形成可利用的工程大数据，而且能使工程全生命期的可追溯信息连续递增，真正实现设计、施工和运维的信息一体化集成，提高管理和决策的能力。

（7）可出图性。BIM模型制成后，通过模型剖切可直接获得图纸。

BIM落实到水电工程地质，其核心就是地质信息的流转和应用，水电水利工程地质勘测数据种类多，获取手段不一，记录格式、坐标、描述的精细程度差异大。水电工程地质 BIM 软件应以生产流程为主线，基本地质条件为纲目，汇总各种勘测手段中的多源数据，围绕五大地质因素，按地质属性进行分类，并与工程勘察阶段、数据获取手段及空间位置等众多因素关联，使得地质数据变成“真正的数据信息”在生产过程中流动起来，形成既深度关联又相对独立的数据中心。围绕数据中心按不同需求构建分析应用系统，最终形成一体化的水电工程地质信息平台。

第 3 章

水电工程地质信息一体化方案

一体化有多种模式，最理想的是将所有工作均放到同一个软件中完成，不存在信息转换和信息损失问题，然而由于需求的多样，应用范围的不同，要开发这样一个软件难度和成本是极高的，甚至是根本难以实现的，因此本书讨论的一体化是多个软件协同形成的一体化。

3.1 全过程一体化模式

3.1.1 基于模型的一体化

最常见的是基于格式转换的一体化，不同软件平台通过共同的文件格式或开发接口交换成果，形成一体化设计。如 Autodesk 公司的 Map3D 、Civil3D、Revit、Plant3D、Inventor 等软件，提供了从 GIS、土木工程、电气设计、工厂、机械制造一整套 BIM 解决方案。

这种方式的优势在于有国际大公司提供成套软件并完成接口的开发，但它仍然没有摆脱一个根本问题，就是所有信息均保存在各个应用软件内，以图形数据为架构核心，按各自软件的数据组织格式存储，软件间的信息通过接口或格式转换进行有限的交换。

其缺点在于：

（1）模型所能承载的信息量总是有限的，转换时存在信息丢失。

（2）实时性差，协同程度有限。

（3）数据源不唯一，易发生引用版本错误，难以追踪地质分析过程。

3.1.2 基于信息的一体化

另一种一体化方式是采用类似 IGES、STEP 等通用数据交换标准，信息统一存储，不同的软件只是一体化中的不同应用模块。地质产品在它的生命周期内规定了唯一的描述和计算机可处理的信息表达形式，这种形式独立于任何特定的计算机系统，并能保证在多种应用和不同系统中的一致性，允许采用不同的实现技术，便于产品数据的存取、传输和归档。

其优势明显：

（1）可使用现有成熟专业软件，切换同类软件置换成本低。

（2）信息始终存储在数据中心，数据源唯一。

（3）应用软件二次开发工作量少，仅需要开发与数据中心的接口，便可实现与接入中心的其他软件交流，置换软件容易。

（4）数字化协同设计方案拆解为按应用模块实施，可分步实现，按专业逐步累积，逐渐完善整体协同流程。

(5) 通过接口服务中的角色管理，对应用平台中的可见对象进行调控，各得所需，协同难度低，实时性强。

其难点在于：地勘信息化涉及原始资料采集、资料管理、地质统计分析、空间形态分析、成果移交等环节，在应用上有稳定性分析计算，地质灾害监测、预警，地质分析专家系统等大型信息化系统，要构建适用于各环节、各系统的数据标准难度极大。

3.1.3 信息一体化基本思路

经过多年的探索，选择基于信息标准的一体化在架构上更灵活、更有利于企业的长远发展。将地质全过程信息储存集于一个数据中心（云中心），建立标准交换接口，各应用软件通过标准交换接口与数据中心进行地质分析和数据交换，各应用软件既消费信息又提供信息，数据的组织以地质对象为核心，将图形数据作为地质对象众多属性的一种进行管理。

整个模式分为三层：数据中心、数据交换层、应用平台。

地质信息与应用软件分离，不再依赖具体应用软件存在，各应用软件所需数据均从数据中心来，分析成果均存储于数据中心中，各应用软件之间不需要产生直接的数据交换，避免了点对点的数据交换，所有应用软件信息共享，实现了地质信息的最大化利用。

通过归纳整理水电工程勘察与分析工作流程及信息流转，建立统一的信息交换机制，为所有应用软件提供数据服务。

3.2 流程及接口分析

3.2.1 勘察与分析工作流程

水电工程地质的生产过程是一个对资料进行收集、整理、分析并形成成果的数据应用过程，这个过程由遵循客观条件的不同生产流程组成，这些流程在生产过程中由大到小，总体上形成层级式嵌套循环的动态流转。水电工程地质信息化则是利用计算机技术按流程需求对地质资料及相关信息进行有效组织、管理和应用。

3.2.1.1 项目生命周期

生产流程中的第一层级是项目周期，从立项开始，经规划、预可研、可研、施工、运维等不同阶段，从而构成项目全生命周期发展过程。该过程对某一项目是直线的、向前发展的，但对不同项目而言是相对的、可借鉴的，且不同项目间的信息流转方式是相同的、可重复的，项目生命周期如图3.2-1所示。

图中所示“相关方应用”包括下游专业应用、施工单位应用、移交业主、其他相关的社会应用（如工程区附近地质灾害、政府相关计划、应急预案、紧急事件处理等应用）。

而对于非水电工程也具有共通性，基本上所有的工程设计都具有阶段性，而各设计阶段又是相对独立的。

3.2.1.2 设计阶段流程

第二层级是设计阶段周期，呈螺旋上升式循环，由与设计阶段周期类同的工作环节构

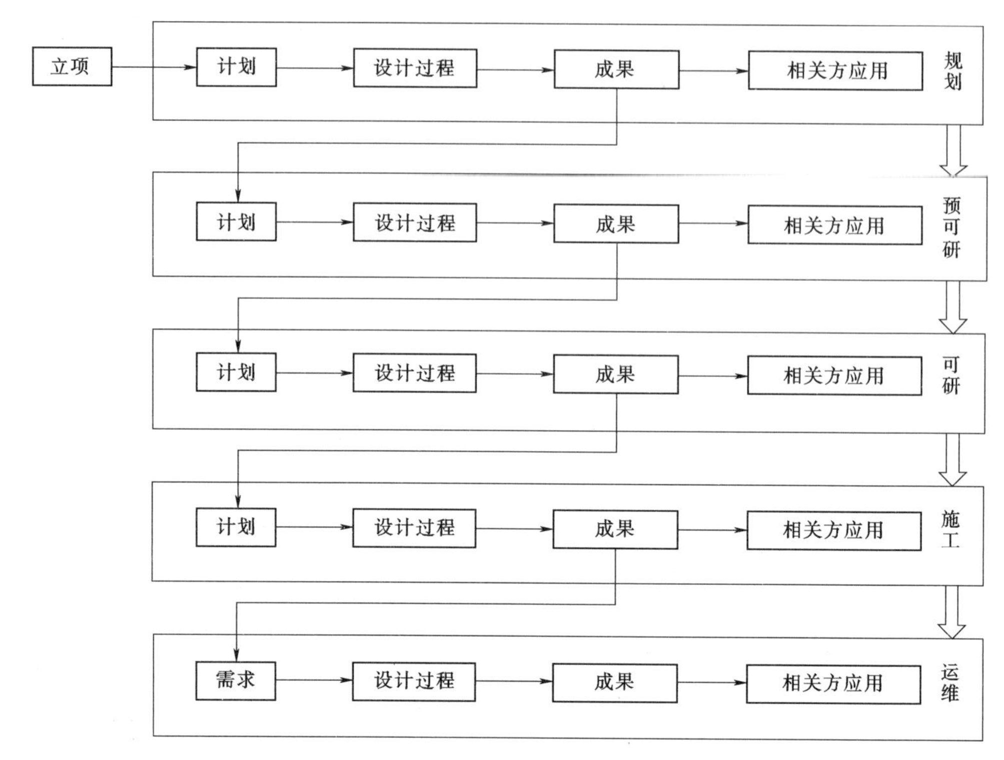

图 3.2-1 项目生命周期

成，从阶段确定开始，经资料采集、资料分析、成果输出、资料补充、再分析、阶段成果输出等不同的信息数据处理过程，从而构成一个设计阶段的完整循环。对于不同的设计阶段来说，要查明的或表达的工程问题或许不同，但每个设计阶段的工作流程是相近的、共通的，因此信息流转的方式也是相近的。

3.2.1.3 阶段内流程

第三层级是阶段内不同环节中的内循环流程，是构成水电工程地质设计工作的主体过程。在不同的信息处理或应用环节其流程各不相同。

总体来说，阶段内各环节是信息本身的处理应用过程的宏观划分，不论在什么样的设计阶段，该过程都可划分为采集、分析、应用三大环节，信息数据总是由一个环节传递至另一个环节，其处理的基本架构上具有较强的共通性，该层级循环流程可分为以下类别。

(1) 资料采集环节内的循环流程。资料采集包括现场资料采集和已有资料收集，手段包括采集、记录、整理。该循环中需要包含再采集和修改。

(2) 资料分析循环流程。资料分析就是资料的应用过程，过程中既有信息消费，又有信息再生。在利用原始资料分析的同时，又生成了新的分析结果，这些结果又是进行下一次分析的依据。该流程包括资料筛选、单项分析、综合分析、输出或保存，该循环中包括再分析，是逐步深入的过程。

(3) 成果输出循环流程。该流程既是更高层级的应用再生的循环过程，也是对下游专业和相关各方的信息服务过程。对于本专业而言，前一次输出的成果是下一次分析的依据，是阶段周期中承上启下的衔接环节；而对于下游专业和其他相关方（施工单位、业主以及其他的资料需求方）而言，是一种不间断的服务过程。该循环具有多层特性，它涵盖了项目间类比应用层级，阶段周期间、阶段周期内以及阶段各环节间分析过程中的再生和再应用。该流程包括成果组装、审核、数字化传输等过程。

3.2.1.4　资料处理或应用流程

第四层级是具体的信息处理或应用循环流程，是一种事务性流程，是信息的具体产生、消费和再生层级，针对不同的信息处理应用需求分门别类地进行，有相对独立的处理方式。

分布在不同的阶段周期或不同的环节，有不同的子流程，这些子流程均具有渐进明细、逐步深化的循环过程。

1. 资料采集的子流程

该类子流程是信息的主要产生流程。根据资料的来源，又分为：

（1）已有资料收集和录入，包括上游专业资料交互。其中，接收或收集过程属系统外环节，收集到的可以是字段化或表格化等可结构化资料，也可以是影像等非结构化资料；可以是数字化资料，也可以是非数字化资料。接收到的资料的电子格式有较大的差异，因此，该子流程中的接收环节，需要针对不同的情况进行专门的处理，其中包括格式转换、标准统一等更低一层级的处理；另一种情况是人工进行录入和整理，使之标准化。不论是哪种方式，都包括收集或接收、录入、审核、存档。

（2）地质测绘资料采集。该类采集包括野外记录、现场认定、室内录入、审核等。地质测绘现场采集子流程如图3.2-2所示。

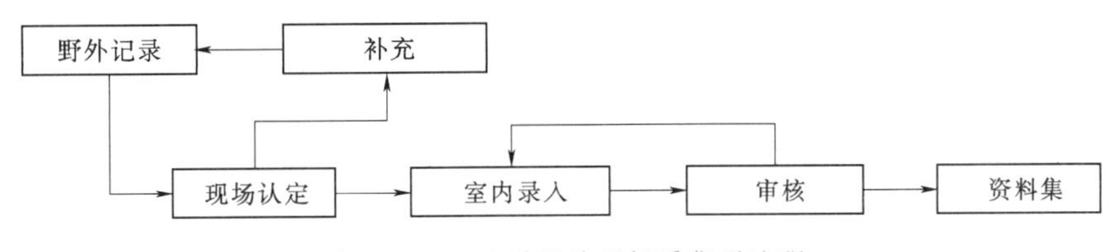

图3.2-2　地质测绘现场采集子流程

（3）勘探资料采集。该类采集包括数轴式采集和展示图采集两种子流程。数轴式采集是将长宽比很大的资料采集区域概化为简单的数轴，以此作为其空间定位的方式进行资料采集；展示图采集是将长宽比相对较小或需要局部细化的资料采集区域的空间定位扁平化为二维的平面处理方式进行定位的资料采集。这两种方式的不同点在于坐标处理方式不同。

钻探采集和洞、坑、井、槽等原始资料的宏观分段等属于数轴式采集，洞、坑、井、槽、施工编录等原始资料的细节描述资料的采集属于多维坐标式采集。资料采集包括现场采集、现场认定、室内录入、审核等。勘探资料现场采集子流程如图3.2-3所示。

（4）测试资料采集。测试资料采集是指水文地质测试、物探测试、标贯、触探、RQD等现场指标类资料的采集。

测试资料采集可分为专门的测试资料接收或采集和附加测试成果的采集。其中，专门的测试资料采集需要有专门的采集系统和相应的硬件，将之标准化后，利用前文所述的资料

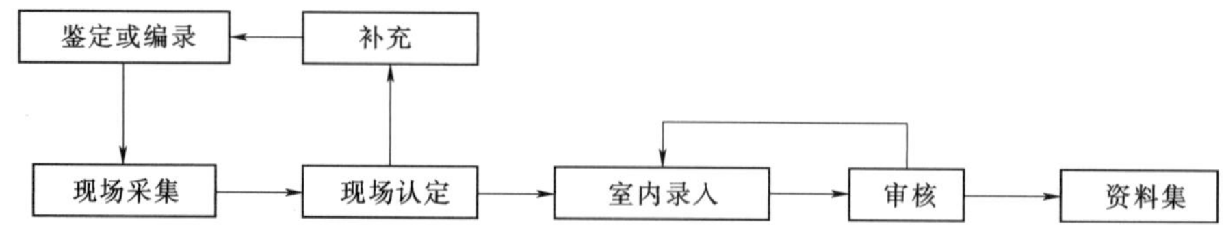

图 3.2-3 勘探资料现场采集子流程

收集系统形成统一数据源中的测试成果部分。

附加测试是指附着于实物勘探工作之中的测试手段，如钻孔综合测井、声波、震波、抽压水测试等，包括收集或采集、标准化、导入、审核等过程。测试成果采集子流程如图 3.2-4 所示。

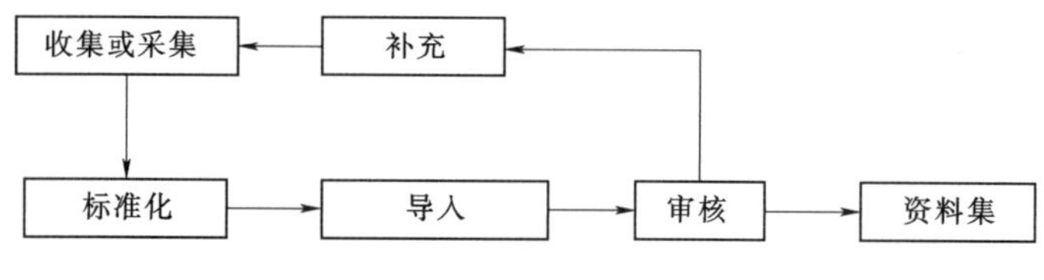

图 3.2-4 测试成果采集子流程

（5）试验采集。该类资料采集包含现场描述和室内成果采集两部分。

现场描述子流程包括现场描述、现场审核、形成送样单等过程。试验现场描述子流程如图 3.2-5 所示。

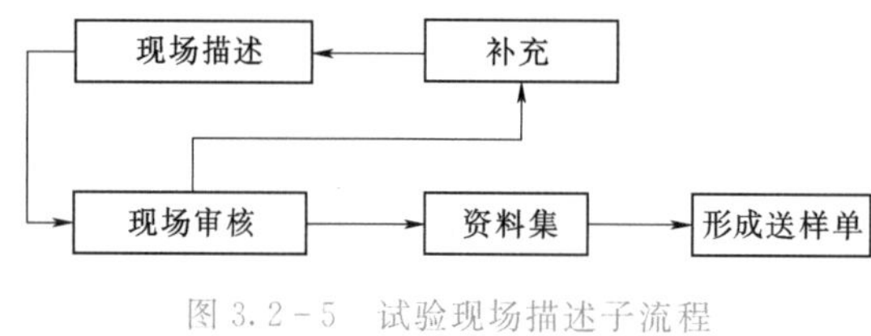

图 3.2-5 试验现场描述子流程

室内成果采集包括成果收集或接收、分类、标准化、导入或录入、审核等过程。试验成果采集子流程如图 3.2-6 所示。

（6）特殊地质资料采集。该类资料采集是指地滑类、泥石流、潜在不稳定体等特殊地质现象或成因类型的资料采集。这类资料在采集过程中，即属于一般地质条件的资料收集，分散于通常的资料采集中，又有其特定的收集要求。因此，作为特殊情况有专门的流程，包括现场采集（含一般描述和特殊描述）、现场认定、录入、归类汇总、审核等过程，特殊地质资料采集子流程如图 3.2-7 所示。

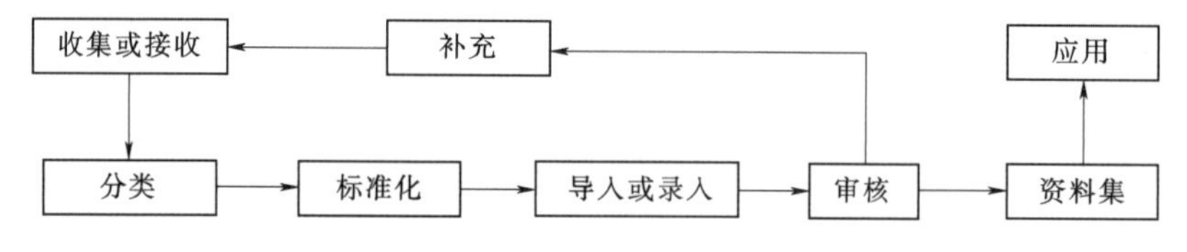

图 3.2-6 试验成果采集子流程

注：在本节中，多次提到现场采集与室内录入，这是在软硬件条件不具备的情况下所采用的方式。若采用标准化方式构建相应的现场采集子系统和相应的硬件环境，则可将现场采集和室内录入融为一体，通过网络或子数据库上传下载的方式，形成室内外一体化系统，见第 3.2.2 节“水电工程地质一体化信息流转”。

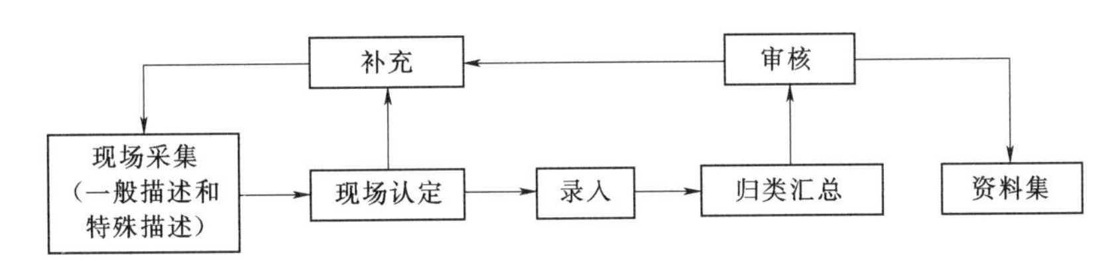

图 3.2-7　特殊地质资料采集子流程

2. 资料分析的子流程

在地质工作中，资料采集多以资料获取手段作为主体来进行，如钻探，常常是以钻孔作为主体，分门别类收集所有能收集到的地质资料。而在分析过程中，则多以地质条件作为分析的主要分析依据，进行分门别类的统计与分析，如断层分析，断层信息不论是来源于地表测绘还是钻孔、平洞等勘探，均以断层本身的空间出露位置、产状、性状特点等进行分析判断。该子流程是信息的主要消费和再生流程。根据需求不同，可分为：

（1）常规分析与初步解析。常规分析是指针对基本地质条件进行的通常性数理统计、概率分析、优势分布情况分析、空间展布特点分析，是一种较为宏观的基本地质条件概化，是对某一区域或某一局部地质条件进行基本判断的依据，它包括地层分析与统计、构造类分析（小构造统计分析、大构造梳理分析）、风化卸荷分析、水文地质分析（地下水、地表水、岩土渗透特性分析）、附加测试成果分析等单因素分析。

而初步解析则是针对单一的勘探手段，对所获取的某一类别的地质条件进行概化，这个过程更局部、更细化，它本质上是在对地质基本条件有一定认识的基础上，对某一勘探所获取的地质信息的再造，其结果又是进一步更宏观的综合分析的基础。它包括筛选、统计与归并、结果输出与保存结果等过程，初步解析子流程如图 3.2-8 所示。

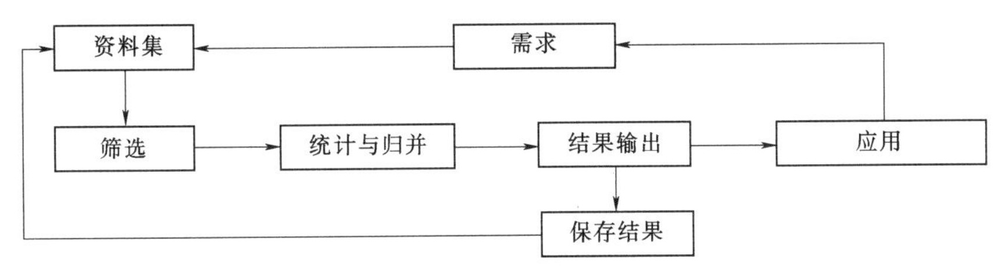

图 3.2-8　初步解析子流程

（2）试验成果分析。试验成果是指对岩土特理力学指标的测试结果。试样的采取或试点的布置需要有代表性和规律性，同时又要有零散性和随机性，因此试验成果的分析，是结合了对岩土特性已有经验或认识的一种统计与概率分析。对于同一组试样或试点所获取的信息是多种类的，既有定性的野外判断信息，又有试验本身所测得的指标；既有多项物理指标，又有多项力学指标。在分析过程中，需要针对不同组试验中的同类指标或特性进行单项岩土特理力学特性的分类统计，并根据统计结果进行判定，得出单项指标的综合值或特征值。根据需求和测试种类、结果等，试验成果分析可分为地基物理力学特性分析、建材特性分析、水质分析等。

试验成果分析的基本流程包括：分类筛选、试点筛选、统计分析、异常信息排除、获得基本值、类比判断、形成特征值或基准值等过程，试验成果初步解析子流程如图 3.2-9 所示。

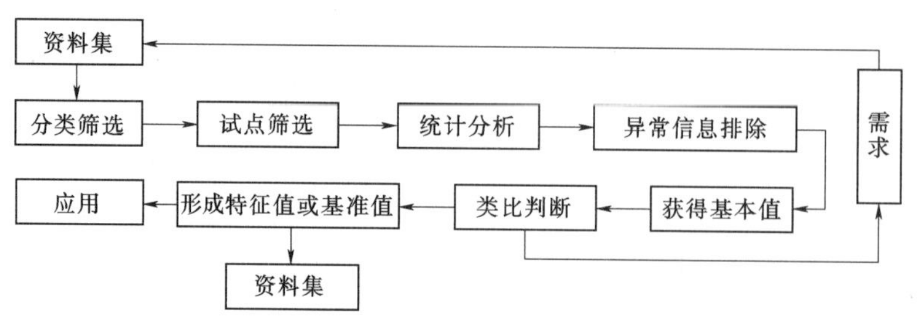

图 3.2-9 试验成果初步解析子流程

(3) 测试资料分析。测试资料作为某一类地质特性分析的附加定量指标使用，是对岩土特性进一步定量验证的依据。测试资料分析包括水文地质测试、物探测试、标贯、触探、RQD 等现场指标分析，其流程包括分类筛选、试点筛选、数字分析及空间分析、结果输出（图表或三维空间属性）等过程。测试成果初步解析子流程如图 3.2-10 所示。

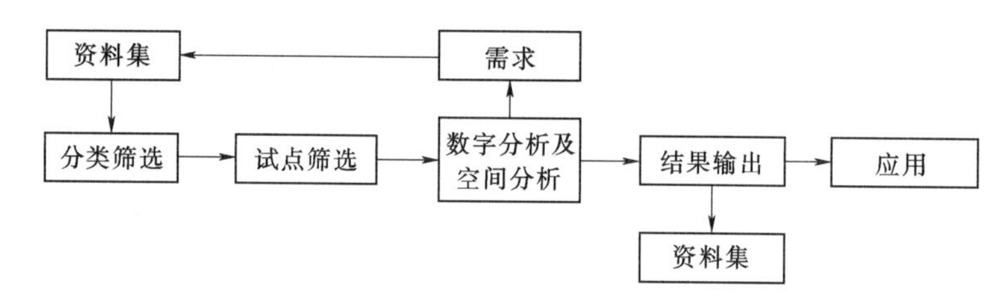

图 3.2-10 测试成果初步解析子流程

(4) 工程地质分类分析。该流程是在基本地质条件下，对单项勘探或局部进行的工程地质初步分析与判断。这是一项介于资料采集和资料分析之间的工作流程，既有现场收集特性，又有分析判断过程，是基本地质条件和工程地质条件的初步结合。它包括工程地质归类，工程岩土体分层、分类[定性分析、定量分析（结合物探和试验）]。其基本流程为最小化分段、分段指标或特性提取筛选（分布位置、类别、程度等的筛选）、特性匹配、初步判定、图表或结果输出等过程，水电工程地质分类解析子流程如图 3.2-11 所示。

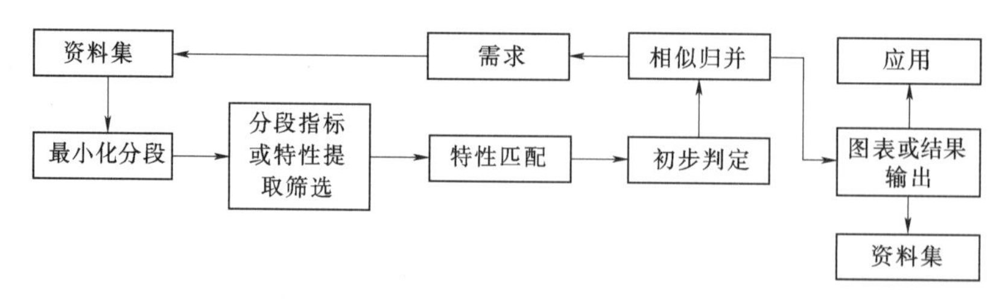

图 3.2-11 水电工程地质分类解析子流程

(5) 岩体质量分级。该流程是对岩土体的工程综合特性进行分析，包含了多个地质特性、指标的应用与分析等。这个流程还有一个或多个分支流程。其基本流程为最小化分段、分级指标或特性提取筛选、质量评分与分级等过程，是进一步进行工程地质归并与概化的依据。岩体质量分级子流程如图3.2-12所示。

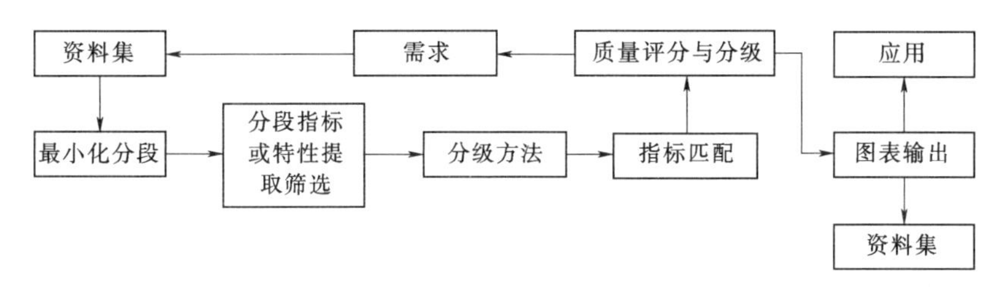

图3.2-12　岩体质量分级子流程

3. 综合分析的子流程

地质条件的分析既涉及地质体的特征（地质属性），又和地质体的空间状态息息相关，地质体是地质属性的载体，两者密不可分。据此，任何综合分析都是在空间分析的基础上进行的。

（1）空间解析。地质体的空间位置和形态特征是地质条件分析判断的基础，空间解析就是对地质体在客观空间中的位置和形态特征进行空间判断和表达，这需要在定性分析的基础上，对单项描述中类同地质体进行空间定位、形态分析、空间展布（产出状态）分析等，并将局部认识总结为全局的空间认识，该过程与定性、定量综合分析相辅相成，互为表里。该过程的基本流程为资料调用、空间定位、区段筛选、同一地质体界定、空间形态分析、形成空间地质体、属性关联、形成部件和版本、审核、成果输出等。空间解析子流程如图3.2-13所示。

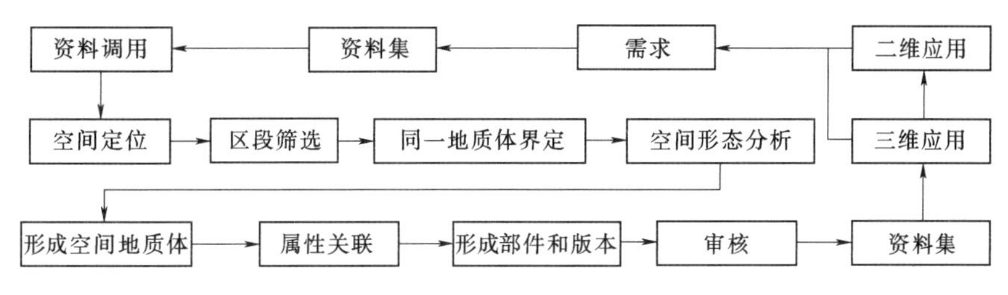

图3.2-13　空间解析子流程

（2）属性特征综合分析。该分支流程是对局部或全局某一地质体或地质体组合的工程岩土体特性特征的总结和判定（如某一岩层或工程岩组的基本特征和工程特性），并输出描述性结果，是对单项原始资料、初步分析资料、工程岩土体分层分类等在某一区域中的总体归纳和总结，这个结果是作为属性附着于地质体或地质体组合之上的，其基本流程为区段筛选、属性归并总结、审核、与主体关联、成果输出或保存等。属性分析子流程如图3.2-14所示。

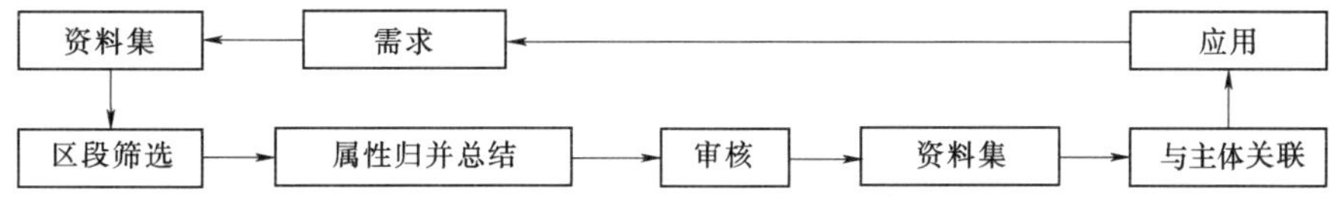

图3.2-14　属性分析子流程

（3）定量特征综合分析。该分支流程与定性分析类似，但其选用的资料主要是各类测试和试验成果，其基本流程为测试成果筛选、归纳总结和统计计算、工程类比、形成建议参数、审核、与主体关联、固化输出。定量特征综合分析子流程如图 3.2－15 所示。

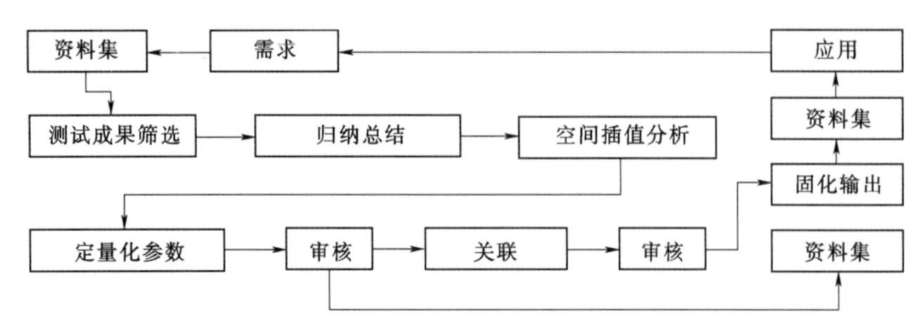

图 3.2－15　定量综合分析子流程

（4）特殊地质条件综合分析。对于工程有特殊存在意义的地质体或地质现象如滑坡、泥石流、潜在不稳定体等，除需要进行上述常规分析外，尚需进行特殊地质条件综合分析。该类分析是为了判断特殊地质条件的定量与定性特征，并进行相应的工程判断与评价。其基本流程为资料调用、同类筛选、同一筛选、定性特征归纳（地质特点和形态）、定量参数分析（规模、物理力学参数、稳定性评价参数）、结论（施工影响或运营影响）、与主体关联、审核、固化输出等。特殊地质条件综合分析子流程如图 3.2－16 所示。

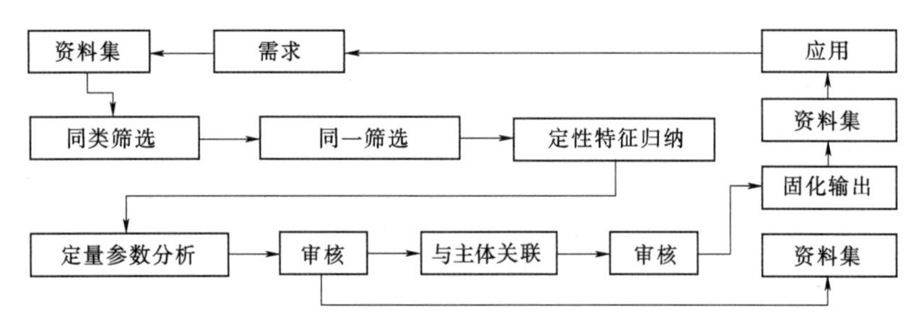

图 3.2－16　特殊地质条件综合分析子流程

（5）二、三维互动。地质体空间位置和状态分析是一个复杂的过程，在纯三维环境下由于视角、软件工具等有限制，二维剖切面是非常有效的补充，因此在工作过程中，二、三维互动是必不可少的。二、三维互动子流程如图 3.2－17 所示。

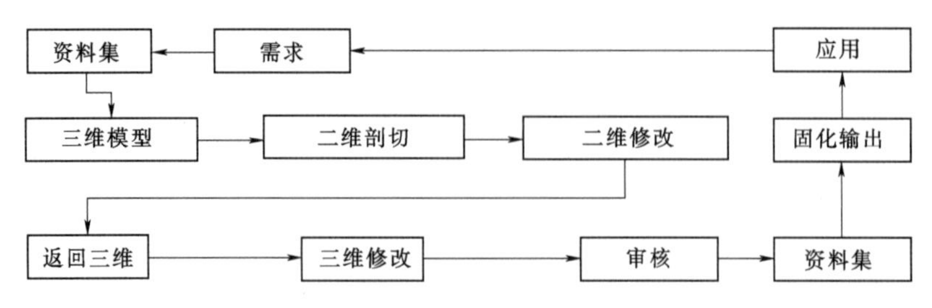

图 3.2－17　二、三维互动子流程

4. 成果输出与动态固化流程

三维正向设计是在空间正向分析的过程中得出地质结论，而人们通常所说的建模，是在有既定的地质结论基础上的三维表达。工程地质是一个动态的、逐步深入的渐进明细过程，其成果也就一直处于一种动态的更新过程中，每一次的成果输出，必然是一次综合分析的结果。同时，该成果又是下一次分析的起点，两者密不可分。事实上，在工程设计过程中，成果或结果的输出是随分析过程随时进行的，除此之外，还有设计需求（如下游专业需求和专业内评审、讨论需求）等，也随时需要分析结果、阶段内中间成果、阶段性成果等，因此在生产过程中，将认识过程的实时固化称为动态固化。是否有强烈的动态固化需求是三维正向设计和逆向建模的技术分野。

地质体的表达方式，根据需要可以是三维的，也可以是二维的。在现阶段的工程设计过程中，设计成果多以二维图纸、参数表格、文字描述（报告或说明）作为主要载体，据此，成果输出有以下类别：

（1）报表类固化与输出。各类地质资料的基本统计结果、分析的结果汇总都是以表格、各类图表、描述性文本（各类构造概览表、地层分层描述表等）以及一些图纸（如钻孔柱状图、展示图、赤平投影图等）保存或输出，这些成果的输出基本流程为：筛选、查询或统计计算、生成报表、输出，报表输出流程如图 3.2-18 所示。

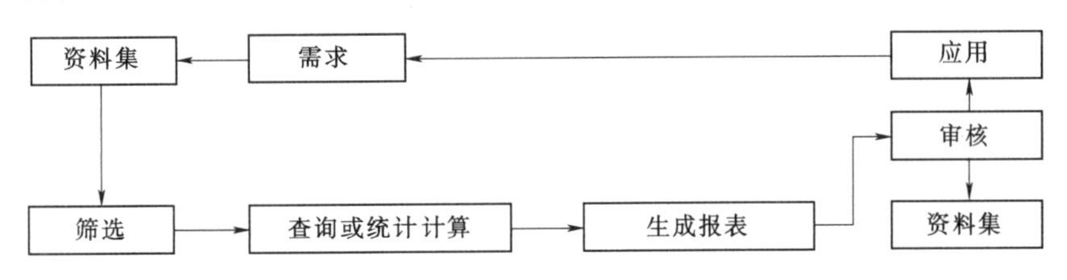

图 3.2-18　报表输出流程

（2）三维成果固化与输出。表达地质体的三维结果是随分析过程在需要时随时产生的，这些三维地质体的组成界面称为部件。随生产过程的分析成果、需求变化而得到的每一次变化结果，称为版本。部件是综合分析的结果，版本是每一次修正的动态固化产物，一个部件至少包含一个版本（一个特定的地质边界）。部件与版本的产生流程为：筛选定地质体、属性关联、发布版本、生成部件、送审、审核、存档或输出，部件与版本生成流程如图 3.2-19 所示。

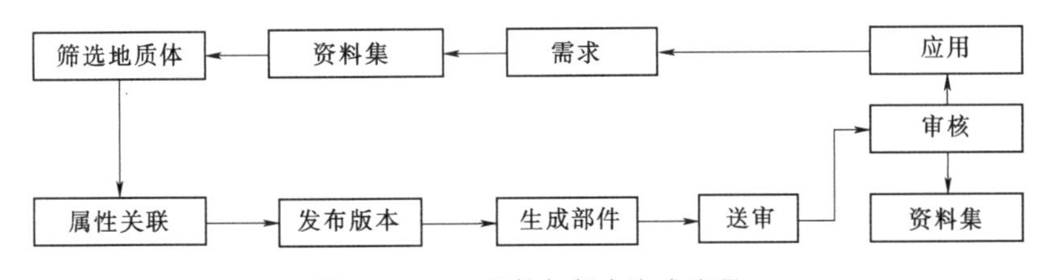

图 3.2-19　部件与版本生成流程

（3）二维出图。二维图是地质体三维展布的另一种表达形式。当三维地质体形成部件和版本后，由于数据源的唯一性，二维图的生成完全基于三维地质体。因此，二维图纸的审核主要是位置、图面标注等。其基本流程为：设定出图参数（剖切位置、平切范围及位置等)、二维图生成(由三维数据生成二维地质界限)、二维修饰(标注、图框、图例等)、模板保存、保存或输出二维图,二维出图流程如图 3.2-20 所示。

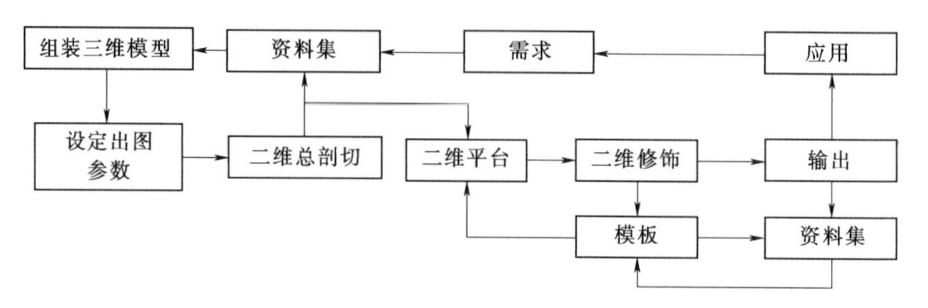

图 3.2-20 二维出图流程

5. 协同设计与数字化移交流程

(1) 模型组装。三维协同设计的载体是三维地质模型,将动态固化的地质部件(含几何属性和地质属性)组装为需求的地质模型是协同设计的基础。组装的基本流程为:选定范围、选定部件、调用部件、组装模型、校审、输出或保存,模型组装流程如图 3.2-21 所示。

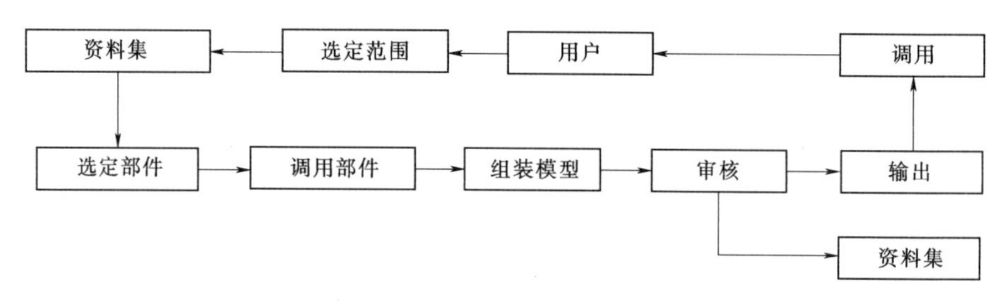

图 3.2-21 模型组装流程

(2) 跨平台传递与调用。地质工作的目的是为下游应用服务,完成的地质成果需要传递给下游专业和其他相关方,作为工程设计、施工、管理等的依据。传递的成果包括了地质体的几何体特征和地质属性特征,这两者是相互关联且一一对应的,因此传递也包括这两方面的内容。由于各专业间的应用方向不同,应用软件和其所对应的数据格式也千差万别,为实现协同和尽量避免信息损失,地质成果传递采用几何数据与属性数据分离模式,几何数据采用通用格式传递,属性信息采用数据服务无缝调用。其基本流程为:格式转换、几何体传递(含与几何体关联)、异平台载入,几何体跨平台传递流程如图 3.2-22 所示。

在几何体载入之后,采用数据服务的属性调用流程为:关联解码、信息读取、信息附着或显示,属性跨平台调用流程如图 3.2-23 所示。

(3) 实时协同。在设计过程中,除了阶段性成果的传递与交互外,下游专业随时可能需要掌握地质条件的变化,流程为:需求提出(需求方)、动态固化(提供方)、实时调用(需求方,通过关联,由系统转换格式并载入),实时协同总体流程如图 3.2-24 所示。

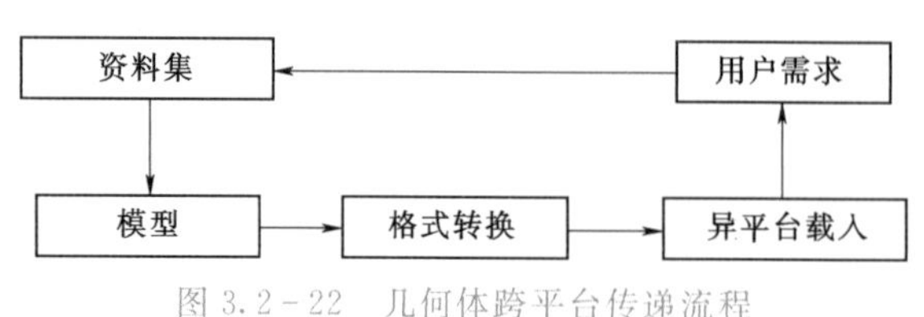

图 3.2-22 几何体跨平台传递流程

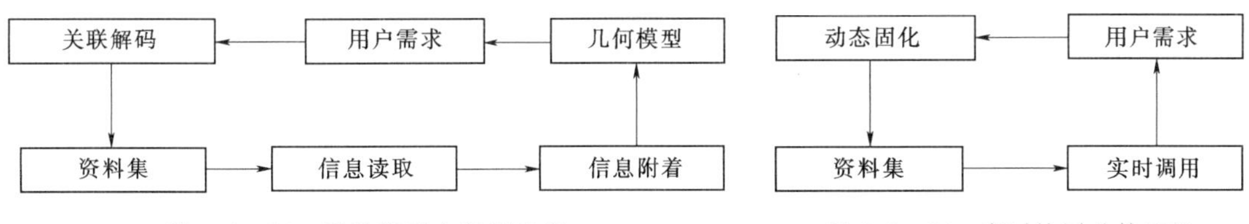

图 3.2-23　属性跨平台调用流程　　　图 3.2-24　实时协同总体流程

其中，较为典型的是二维图实时协同应用实例，其基本流程如图 3.2-25 所示。

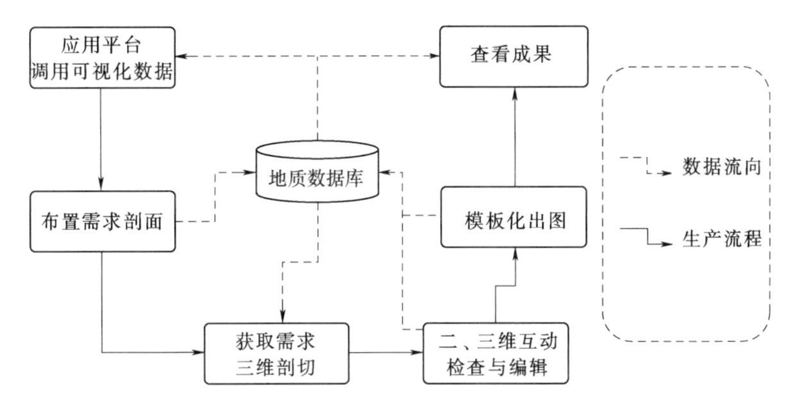

图 3.2-25　二维图实时协同应用流程

当完成一次需求后，后续的地质条的变化，由版本变化直接生成更新数据，不需要多次需求提出。

值得指出的是，数字化移交是协同设计的一种特殊形式，与协同设计的区别在于，协同设计注重于生产过程的实时交互，数字化移交更多的是部分或全部成果的阶段性传递和信息服务，从流程上讲，并无本质区别。

3.2.1.5　其他流程

在第四层级之下还需要各种针对具体事件和专业需求的处理流程，这些流程都具有业务处理特点。根据生产需求分别对业务进行归并，形成第五层级的业务处理流程，这些流程可以称为信息处理工具。该类流程视需求在不同的条件下嵌套在主流程之下。综合归并后，主要有以下几类。

1. 系统性需求处理流程

(1) 数据或信息处理子流程（地质特征归一化应用）。该流程主要用于各类数据的筛选、统计分析、单项输出等，其基本流程为：条件设置、查询、归并或统计计算、结果输出或保存、条件修改、再查询，如图 3.2-26 所示。

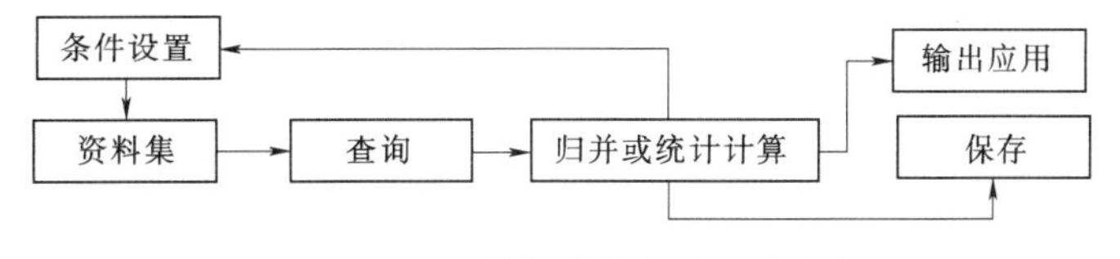

图 3.2-26　数据或信息处理子流程

（2）坐标处理流程（空间位置归一化）。该流程用于空间位置的统一，其基本流程为：基准点确定、录入、计算（线状计算或三维计算）、结果关联与保存，如图 3.2-27 所示。

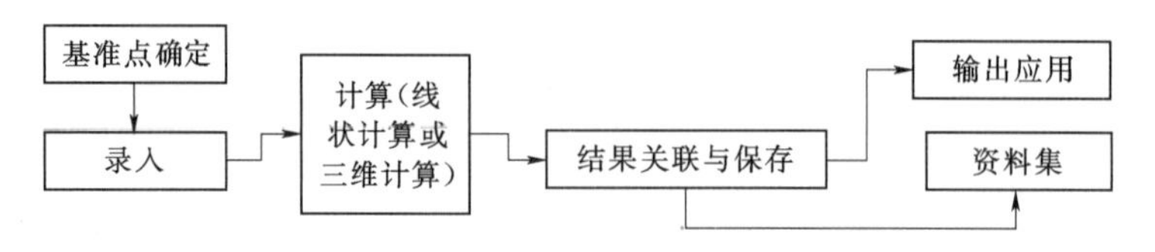

图 3.2-27 坐标处理流程

（3）现场图形处理流程（一体化前端）。该流程主要用于现场资料收集，包括文本信息、图形信息、影像信息等，其基本流程为：录入（屏幕点获取或数据录入、影像生成及关联保存）、图形生成、数据关联、结果保存，如图 3.2-28 所示。

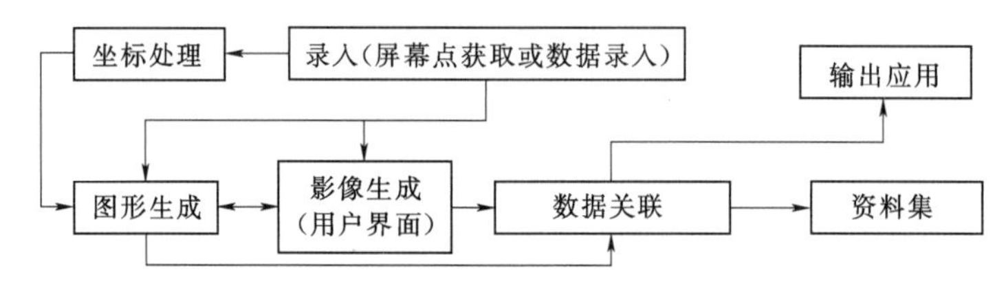

图 3.2-28 现场图形处理流程

（4）字段标准化处理流程（分析过程一体化）。该流程主要用于分类统计和导入导出，其基本流程为：信息获取、字典比对（人工干预）、字段统一、导入导出，如图 3.2-29 所示。

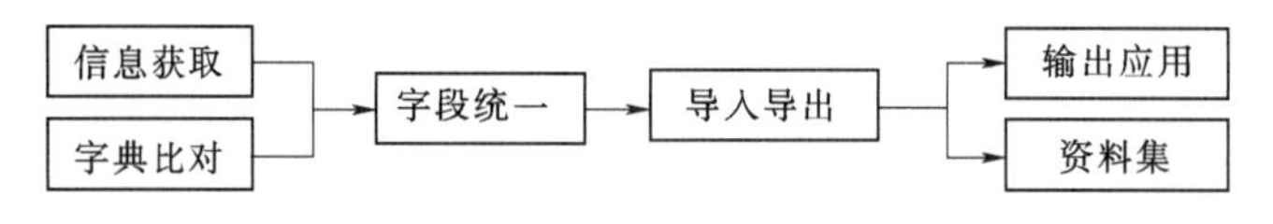

图 3.2-29 字段标准化处理流程

（5）非标准字段处理流程。该流程主要用于定性描述和备注描述的处理和归并，其基本流程为：信息获取、归并或处理、关联，如图 3.2-30 所示。

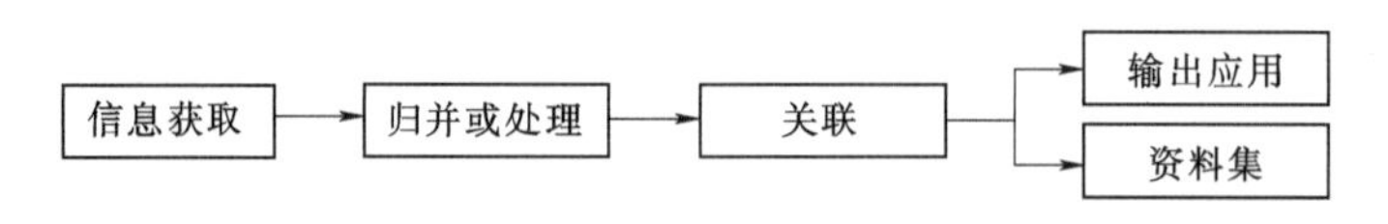

图 3.2-30 非标准字段处理流程

（6）非结构化处理流程。该流程主要用于附件等相关文件的处理，其基本流程为：分类上传、关联、保存，如图 3.2-31 所示。

（7）数据关联流程。该流程用于厘清信息间的各类关系，并对之进行标识，建立各自间的从属或引用关系，其基本流程为：标识、关联、结果输出与应用，如图 3.2-32 所示。

图 3.2-31 非结构化处理流程

（8）消息处理流程。该流程主要应用于实时交互的附加信息的交互或推送，其基本流程为：事件发生、消息记录、消息搜索、消息处理、反馈，如图 3.2-33 所示。

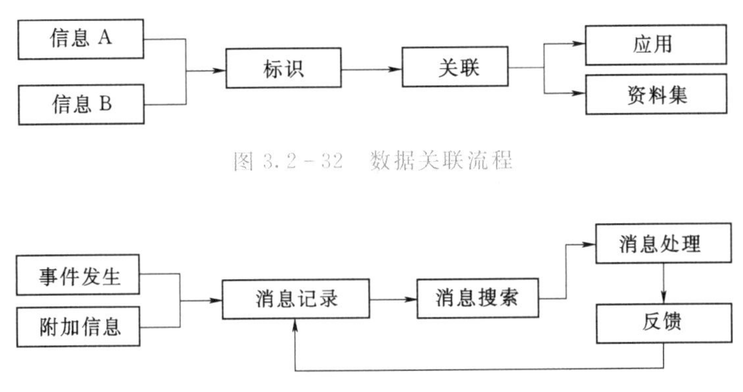

图 3.2-32 数据关联流程

图 3.2-33 消息处理流程

2. 质量管理与进度

(1) 计划安排。主要是指勘探、试验、物探等实物工作的计划安排。其基本流程为：前置条件获取、布置、任务书生成、时间节点记录、由计划转入生产，进入生产环节后，即进入相应的生产处理流程（见 4.1.2 节），勘探布置流程如图 3.2-34 所示。

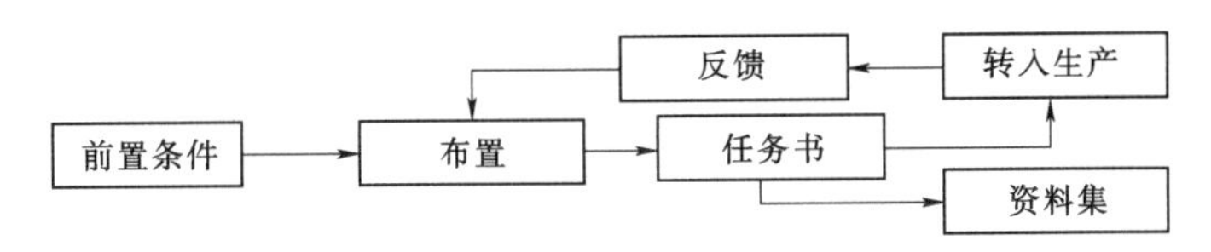

图 3.2-34 勘探布置流程

(2) 校审处理流程。该流程是一个通用流程，在不同层级的循环中，都作为附加流程而存在。该流程包括送审、校审、校审意见返回、修改、再送审、校审通过、存档（包括校审意见保存、资料或成果保存、人员和时间节点记录）、解锁、补充或修改、再校审等过程，如图 3.2-35 所示。

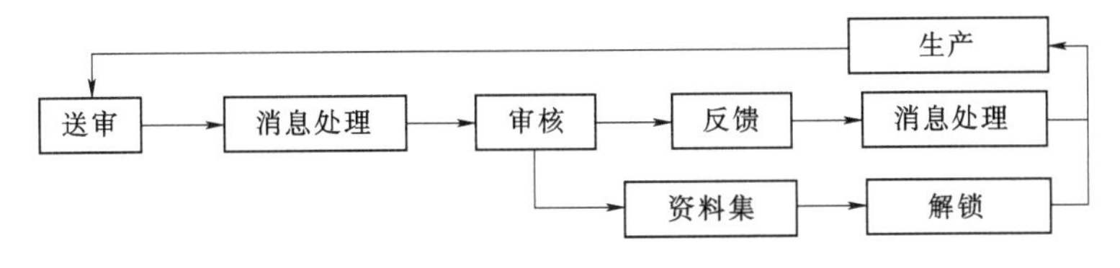

图 3.2-35 校审处理流程

(3) 日志管理流程。该流程也是作为附加流程而存在于不同层级的循环中，随时记录各信息产生、应用等各类事件的发生时间，由系统自动生成，以备调用。该流程包括系统自动记录、调用或查询、进度统计、报表等过程，如图 3.2-36 所示。

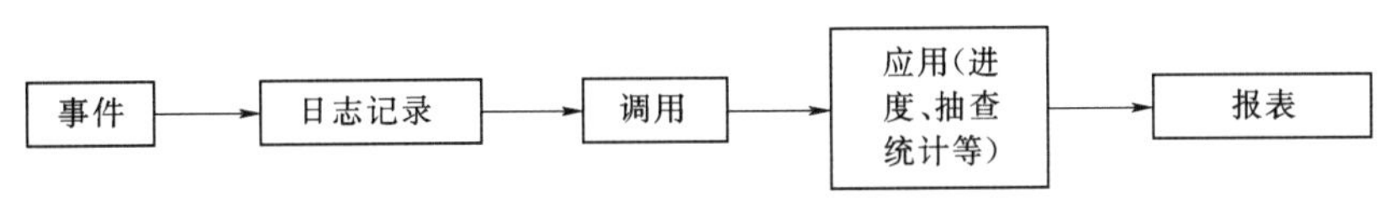

图 3.2-36 日志管理流程

3. 信息安全处理流程

(1) 权限管理。该流程主要用于人员对资料的使用权限制，以保证系统数据的安全性，其基本流程如图 3.2-37 所示。

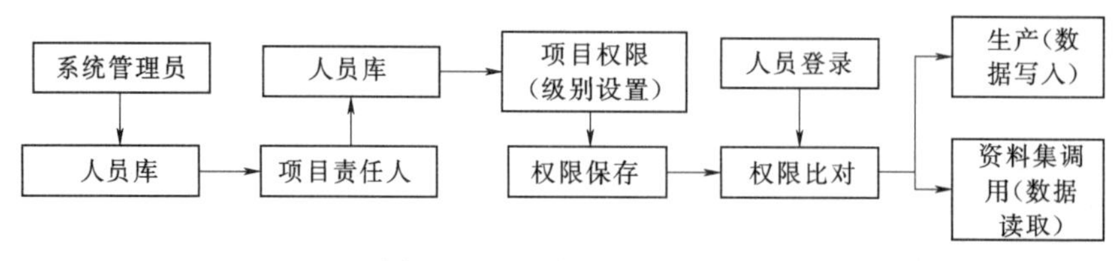

图 3.2-37 权限管理流程

(2) 数据加密。主要用于非网络状态下的数据移动与携带，其基本流程如图 3.2-38 所示。

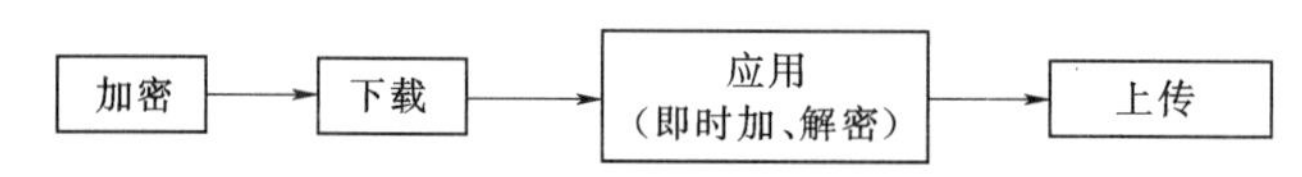

图 3.2-38 数据加密流程

4. 其他层级

事实上，由于各种资料的来源、分析过程、应用方法的不同，在工程地质工作中远不止五个层级和流程，而循环过程也是动态生生不息的。在第 5 层级之下，针对不同的岩土分析手段，需要进行专业分析和应用，每一种应用，都具有自己的分支流程。例如，岩体质量分级之下的最小化分段、特性提取、分级指标选取、归并与概化等过程，每一个都可分解为一个分支流程。这些流程有的可在同一系统下实现，有的过程在工程地质设计中只需要结果，可在系统外实现，而其成果只需要导入至系统中，并可随时进行动态更新，成为设计工作的唯一数据源即可。因此，其下还有一个或多个分析应用层级嵌套，这些嵌套，可以是平台内的，也可以是跨平台的。例如：

(1) 资料采集之下的分支流程：现场录入、不同应用的导入等。

(2) 资料分析子流程之下的分支流程：最小化分段、特性提取、分级指标选取、归并与概化等。

(3) 综合分析之下的分支流程：滑坡安全性指标计算，二、三维互动中的二维线编辑等。

(4) 动态固化和输出之下的分支流程：钻孔柱状图生成、各类展示图生成、统计报表生成、测试或试验指标计算、结构面统计（赤平图、柱形图、玫瑰花图）、二维图修饰与模板保存、三维协同中的地质属性调用等。

(5) 协同设计之下的分支流程：跨平台交互通信、跨专业资料消费需求的提出与反馈、专业间信息筛选与应用等。

这些分支流程，在具体的应用下，可根据需求多级嵌套，也可在系统外实现后，在系统内进行结果整合。

3.2.2 水电工程地质一体化信息流转

3.2.2.1 全过程信息一体化及其要点

信息一体化的目的是在项目生命周期中，各设计阶段间、阶段内在数据处理和应用上，全面统一，方便、快捷调用，并可随时输出成果。在生产过程或流程上，表现为一条龙式的完整生产链。在通常的理解中，人们认为所有人在同一软件系统上进行所有的生产活动即是一体化。事实上，对于相对较为简单的生产活动，这种模式具有极大的优势。然而对于长时段、多周期、多循环，涉及各类专业分析应用手段的水电工程活动而言，这是根本无法实现的。

换一个视角来看，一体化的本质是形成完整的动态信息链，使之在同一运转体系下，将信息处理和应用进行概化处理，使之同源并标准化，在体系内不同应用之间，达到各种信息数据基于统一的标准进行快捷的通信交互，既可在同一系统标准下进行多工程整合、工程类比、经验设计、最终实现智能化，又可使同一工程在不同地域、不同时段的信息数据进行通信与交互应用，使生产流程更加快速便捷，这也是一体化的另一种实现方式。这样一来，既可适应不同的专业化应用，又可在共同的模式下进行一体化生产。

由此可见，水电工程地质信息一体化的要点就是：

（1）多源数据的整合和信息数据的概化、标准化处理，形成不同粒度的信息单元，由这些信息单元构成整个应用体系的唯一数据源，便于不同的应用调用。这需要构建一个完善的数据中心。

（2）信息的统一和通畅，需要设计统一的通信接口和标准化的信息交互通信手段，便于不同专业应用的调用。这需要一个完整的数据通信服务体系。

（3）生产流程的整合和数据流向的梳理，明确各种数据信息的产生、使用、流转过程和信息状态，厘清与生产流程、消费流程及业务处理流程等的层级关系，有效地整合在一起，形成规范数据流向。这需要形成一个较为完整的业务逻辑架构。

综上所述，水电工程地质全过程一体化可以理解为：生产过程在同一体系下的无缝衔接和信息的无障碍流转，是在流程和数据流向整合的基础上，以数据和关联作为纽带，实现工程项目各类信息从无到有的过程，它包括不同工程间、不同阶段间、不同环节间以及不同专业间的一体化应用，包括信息处理一体化（产生和消费）和信息交互（通信接口）一体化。生产过程中的主要生产流程和数据流向如图3.2-39所示。

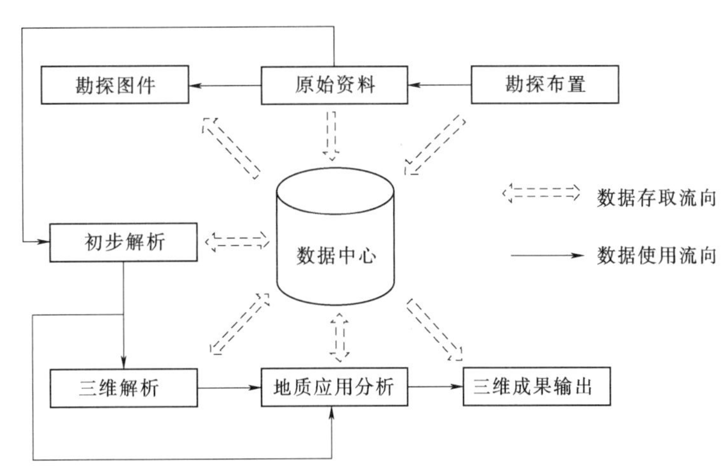

图3.2-39　生产过程中的主要生产流程和数据流向

它包括在同一体系下的数据整合、无缝衔接的再生及循环、生产流程和数据流转整合，最终实现生产全过程和专业间协同的一体化。

3.2.2.2 专业生产与信息流转

专业生产流程的主体包括了阶段间流程和阶段内各子流程、分支流程，生产的本质就是随生产流程数据产生与流转的过程，其基本流转方向与生产流程一致。生产中的主要流转环节是采集、分析（初步解析）、成果动态固化以及其中的数据关联与追溯，如何将这些过程和环节中的信息整合在同一框架下呢？

1. 数据整合、再生及循环无缝衔接

水电工程地质各设计阶段内数据的基本传递和流向可概括为：项目确定（项目信息）→资料收集（主要地质信息）→地质分析（信息消费与再生）→地质成果（信息消费后的结果）→设计服务（信息的跨专业应用）→下一设计阶段（螺旋上升循环），而这个循环中涉及的信息有以下几个方面：

（1）项目信息：是指项目的基本信息。

（2）阶段信息：包括本身和阶段的方案，项目在本阶段内的一些要求、任务、目的、计划等共同信息。

（3）地质基础资料（含原始和初步解析资料）：是指在整个阶段内的所有专业信息，含生产进度信息和质量控制信息。

（4）成果资料：主要是指各类中间协同过程和最终提供给下游专业的成果。

上述四类数据或信息中，项目信息、阶段信息等信息量较少，并且在信息循环中仅作为标志或附加说明，这些信息本身并不参加循环。

地质资料包括原始资料和分析信息，这些信息是数据流转中的主体，并且在流转中产生新的数据，是构成整个分析流程中数据体系最众多的部分，是循环中最复杂的部分。

成果信息是数据应用的结果，也是向下游专业传递的主体。它是阶段内循环的起点（基于上阶段结果开始下阶段）和终点（本阶段的结果与输出），也是阶段间循环的衔接和纽带，是构成工程地质信息群体的最重要部分。

由此可以看出，数据整合、再生及循环过程主要发生在设计阶段内，但也有部分存在于阶段间。

数据整合的过程就是对涵盖于全阶段的上述四类信息的处理过程。由于现阶段的处理方法和手段等各种因素的差异，导致数据处理也存在差异，且处理的各环节间也存在断点。要整合这些信息和弥合这些断点，需要有以下三个前提：

（1）采用同一模式处理，这种多手段整合、多源数据整合，就是多源数据归一化技术，是对数据进行同一模式的概化，并形成相应的同类信息具有相似结构信息单元，并对其进行唯一标识。

（2）架构统一的流程框架，将各种生产总流程、子流程、分支流程进行有序的组合和合理嵌套。

（3）对数据进行唯一性（对应关系关联）和有效性控制（质量控制），这需要在相应用环节嵌入各级别的质量控制流程，在各环节间实现关联，以便于数据的应用、查询、追溯，以此为纽带实现各环节的无缝衔接。

2. 生产流程、数据流转整合

生产流程、层级关系以及各层级的数据应用方式已在 3.2.1 节进行了详细的分解，将这些生产流程进行全面梳理后，整合在同一体系架构之下，形成同一（唯一）数据源，并使之按生产数据流向进行有效运转，使各过程中的数据可被无障碍调用，即形成了生产流程一体化的总体框架。整合后的水电工程地质生产流程一体化框架如图 3.2-40 所示。

3.2.2.3 多专业实时协同与信息流转

全程多专业协同设计是指在工程设计过程中，各专业通过信息交互，最终形成设计成果的过程。对于单专业而言，是和上下各专业进行沟通和交流、交互。但各专业信息又是相互独立的，必须有沟通环节进行无缝连接。这个环节就是需求的提出与需求的满足，这些大大小小的需求将随时间进程实时提出，并有一定的时间限制。对上游专业是提出需求并收集资料，涉及的流程有消息处理流程（见 3.2.1.5 节中的“系统性需求处理流程”）、资料收集流程（见 3.2.1.4 节中的“资料采集的子流程”）；对下游专业而言，是需求的满足与资料交付，涉及的流程有成果输出与动态固化（见 3.2.1.4 节中的“成果输出与动态固化流程”）、协同设计与数字化移交（见 3.2.1.4 节中的“协同设计与数字化移交流程”）。

由此可以看出，全程多专业协同设计的本质就是信息跨平台（有时不需要跨平台）的交互与应用，其实现要点是：

（1）畅通的跨平台交互通信体系。

（2）方便的跨专业资料消费需求的提出与反馈机制。

（3）有效的专业间信息筛选与应用方法。

3.2.3 需求归纳与基本接口

3.2.3.1 需求归纳

从 3.2.1 节所分析的 5 层级流程来看，第 1～3 层级都是事务性流程，主要操作都落实在第 4 层级流程上。第 1～3 层级流程可以通过组合第 4 层级的流程来实现。从面向对象的观点来看，第 4 层级的主要操作是落实在地质对象集合与地质对象上的，所以有必要先从对象角度来分析接口，然后从第 4 层级流程中抽取“原子操作”来作为基本接口。除此之外，附加流程中还要把对权限与数据离线使用的要求一并在基本接口中考虑。

在确定了基本接口的来源之后，另一个值得关注的问题是接口方案的选择，下面将依次论述。

3.2.3.2 接口方案

基于一体化方案对数据信息通道的要求，选择 SOA 作为基本构架，为实现水电工程地质生产流程，数据中心应具备的基本功能以接口方式提供，以对象为基础来组织。接口可看作是对象行为（方法）的描述。从抽象的层次上看，要完成生产流程无非是通过相应对象的方法去实现。从数据库的角度来说，也就是对对象相关表的创建、查询、更新与删除操作。

为了叙述方便，接口中传递和返回的对象用 JSON 格式来描述，当然具体的实现可以采用任何一种其他格式，这其中没有本质的区别。

接口是分层次的，如果以直接与数据库打交道为最低层，以直接与应用程序交互为最

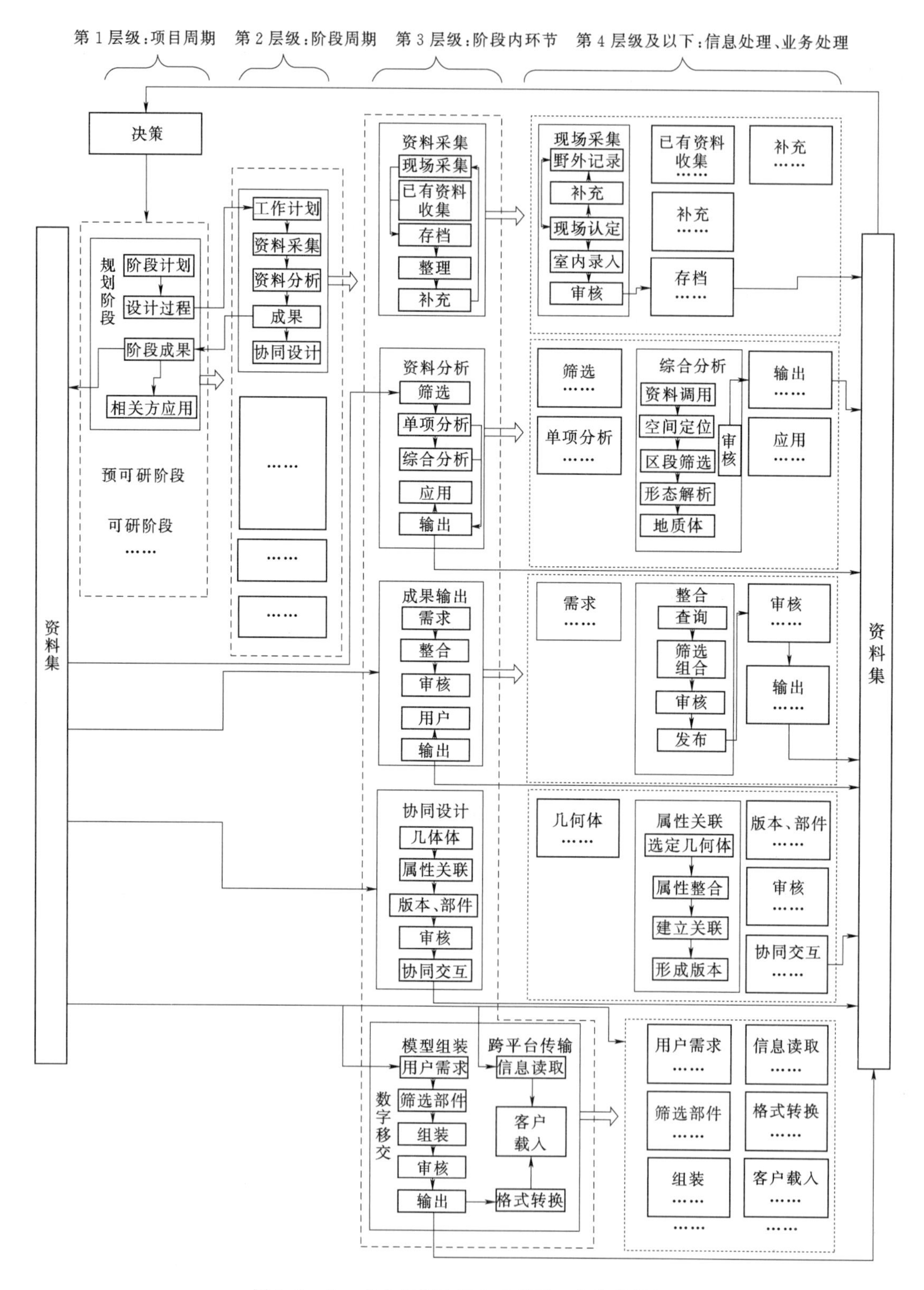

图3.2-40 水电工程地质生产流程一体化的框架

高层，那么接口层次越低越抽象，地质含义越模糊，层次越高越具体，越具有地质含义，接口层次如图3.2-41所示。

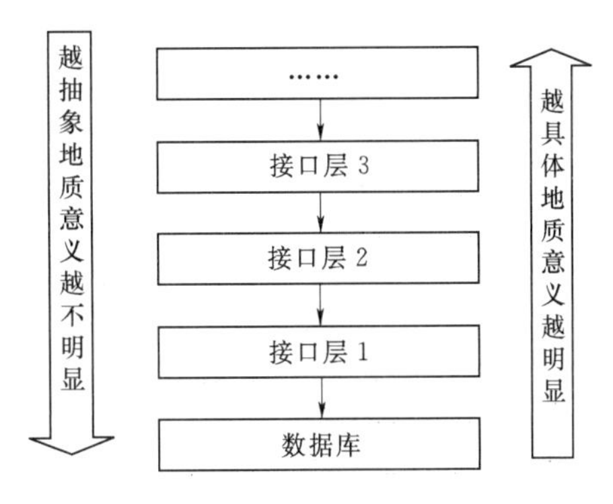

图3.2-41 接口层次

接口层1作为最基本的接口层隔离了数据库的具体实现，是其他所有接口层的基础。接口层之间是单向调用，但除了数据库以外层间可以跨级调用。

以下先以前面论述的生产流程为基础，分析参与流程的对象，从其储存结构分析其可能的接口，这种接口是层级最低的接口（接口层1）；然后以流程中的基本操作为基础，以对象出发论述为实现操作对象应具备何种接口，这种接口是接口层2。这个层次中大部分描述的是接口类，也就是一个接口其实代表了一类接口，限于篇幅，本书没有必要再展开论述。

3.2.3.3 流程中的对象

不管是数据库中还是地质工作流程中，工程地质面对的对象主要是工程、阶段、地质对象集合及地质对象。对象具有属性与方法，所谓方法就是对属性的读取、修改等操作，也可称为对象的行为。因为工程与阶段绝大多数时候是表明地质对象集合的从属，除此之外的意义，并不明显与特别，以下不再赘述。

概括而言，对象都具有4类方法：创建、更新、删除、查询。

（1）创建：除了工程之外，其他任何对象都应该由其父对象创建，而创建工程是一个全局的方法。对象创建的方法见表3.2-1。

表3.2-1 对象创建的方法

接口名称	操　作	接口拥有者
CreateProject	创建工程	全局
CreateStage	创建阶段	工程

（2）更新：是对一个已存在对象的信息进行更改。更新被设计为对象所具有，这样设计的合理性在于更新之前肯定已经得到了该对象的实例。需要特别注意的是，对象的更新并不会自动更新其下的子对象。

（3）删除：删除一个已存在对象的信息。

（4）查询：是4类方法的重点。

查询可以分为以下三种：

（1）按从属关系查询。按照从属关系查询其下的子对象，得到子对象的ID。能够回答诸如“这个工程包含几个阶段？”“这个钻孔岩性可分为几段？”“这个部件经历了几个版本？”等类似问题，能够得到子对象的个数和每个子对象的ID，但并不清楚每个子对象的细节。比如不能通过这种查询得知一个钻孔的每个岩性到底是砂岩还是泥岩，只能进一步根据ID实例化子对象后才能得知其详情。

（2）按地质属性查询。按地质属性的查询，能够回答诸如“砂岩的顶板埋深?”“中等风化的岩体的分布范围?”等类似问题，能够得到某一个地质属性起止界限。

（3）按几何位置查询。按几何位置查询是指查询某个点位的某个地质属性。

需要特别指出的是，出于性能的考虑，一个对象包含的多个子对象被设计为不能通过取得一个对象而直接取得，而只能通过先取得其ID，然后才能单个取得。

下面重点论述地质对象集合与地质对象。

1. 地质对象集合

地质对象集合数据库存储结构如图3.2-42所示。地质对象集合行为见表3.2-2。

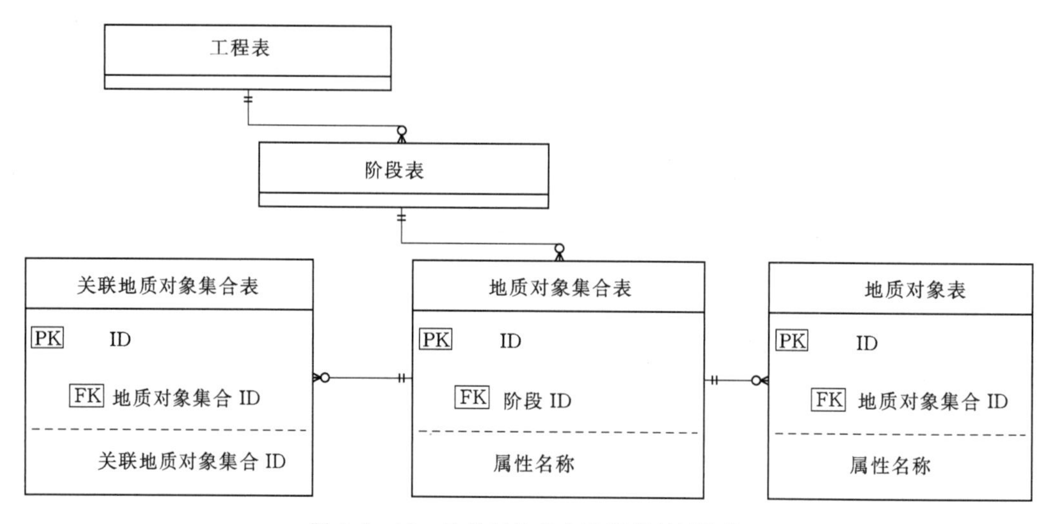

图3.2-42　地质对象集合数据库存储结构

表3.2-2　地质对象集合行为

分类	操　作	约束条件
创建	创建地质对象集合	阶段存在
	创建关联地质对象集合	被关联的地质对象集合存在
查询	对地质对象集合的查询	无
	对下属地质对象的查询	
	对关联关系的查询	
更新	关联关系更新	
	地质对象更新	
删除	删除一个地质对象集合	当被关联关系表引用时无法被删除
	删除关联关系	无

（1）钻孔。钻孔是一种地质对象集合，钻孔数据库存储结构如图3.2-43所示，可代表平洞、坑、井、槽、剖面等。

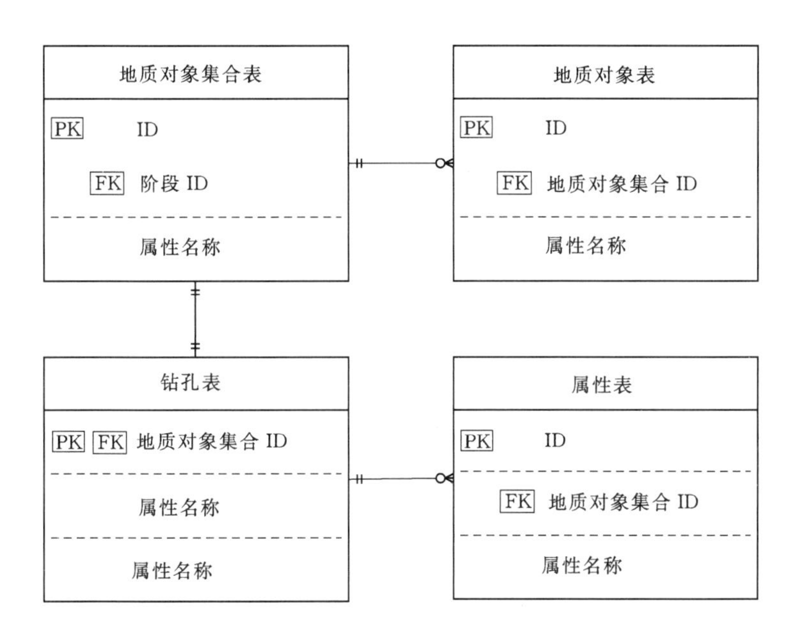

图3.2-43　钻孔数据库存储结构

属性表代表了一类表，它们与父表（这里是钻孔表）之间是一对多关系。一个属性表代表父对象的一个属性，比如钻孔的标准贯入测试。钻孔对象行为见表3.2-3。

表3.2-3　钻孔对象行为

分类	操　作	约束条件
创建	创建钻孔	地质对象集合存在
	创建属性	钻孔存在
查询	对钻孔的查询	无
	对属性的查询	
更新	更新钻孔表	
	更新属性表	
删除	删除钻孔	属性被级联删除
	删除属性	无

（2）地质成果。地质成果包括模型、部件与版本。其中，模型和部件都是地质对象集合，模型和部件数据库存储结构分别如图3.2-44和图3.2-45所示。

2. 地质对象

地质对象数据库结构如图3.2-46所示。

（1）点线面对象。点线面对象数据库存储结构如图3.2-47所示。

（2）体对象。体对象数据库存储结构如图3.2-48所示。

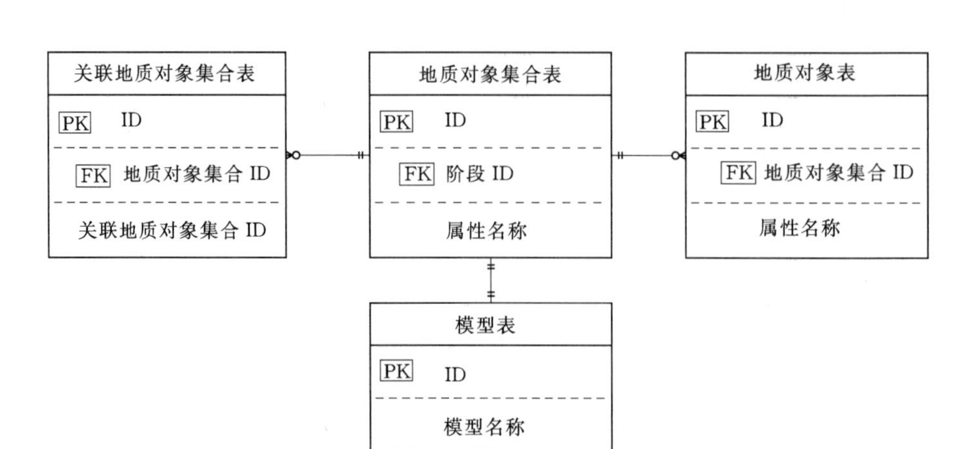

图 3.2-44 模型数据库存储结构

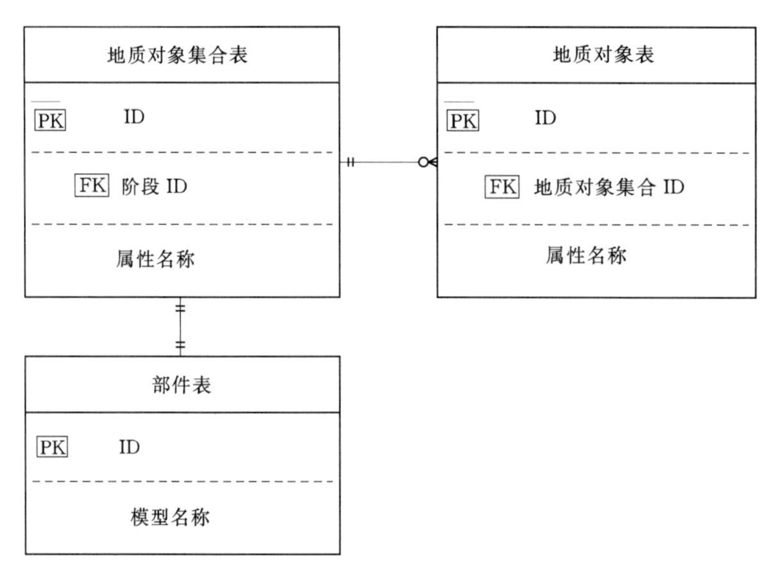

图 3.2-45 部件数据库存储结构

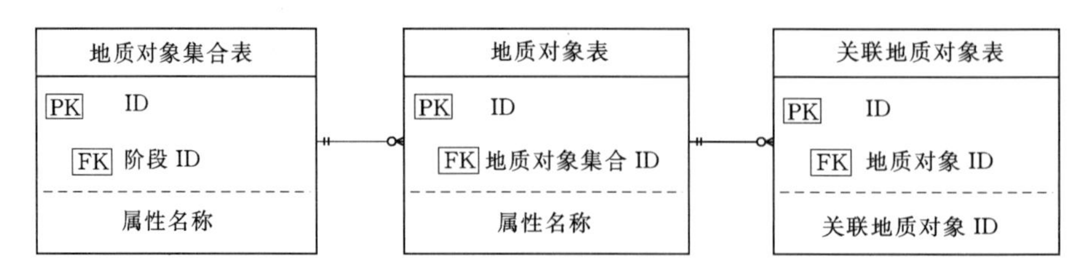

图 3.2-46 地质对象数据库存储结构

体对象行为见表 3.2-4。

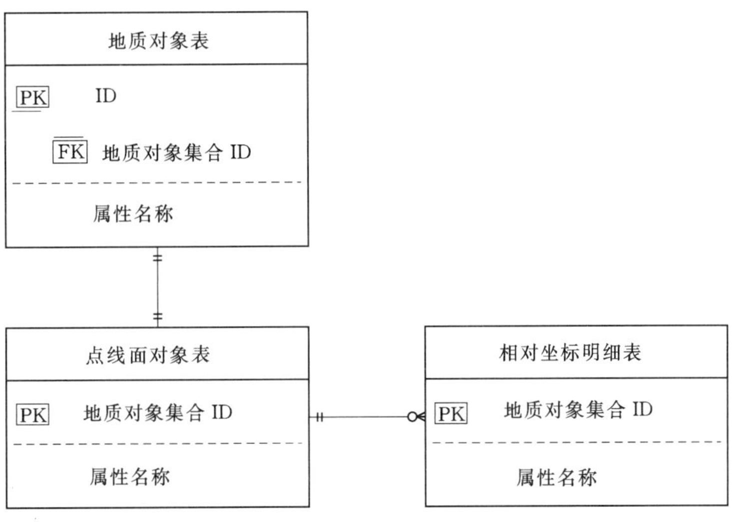

图3.2-47 点线面对象数据库存储结构

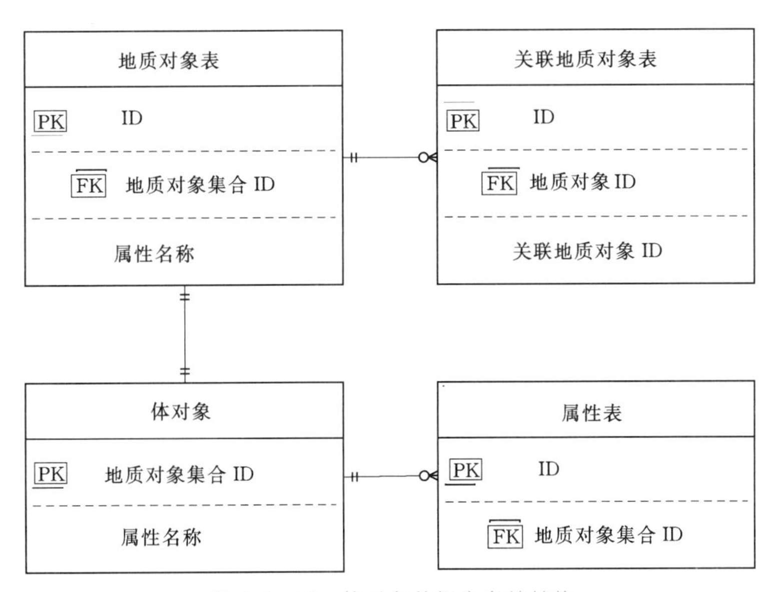

图3.2-48 体对象数据库存储结构

表3.2-4 体对象行为

分类	操作	约束条件
创建	创建体对象	地质对象存在
	创建属性	体对象存在
查询	查询体对象	无
	查询属性表	
更新	更新体对象	
	更新属性表	
删除	删除体对象	不能直接删除点线面对象
	删除属性	无

地质对象集合可以分为勘探、地质成果资料两大类。它们都是由多个地质对象组成的。

地质对象集合行为见表3.2-5。

表3.2-5　地质对象集合行为

分类	操　作	约束条件
创建	创建地质对象集合	阶段存在
	创建关联地质对象集合	被关联的地质对象集合存在
查询	对地质对象集合的查询	无
	对下属地质对象的查询	
	对关联关系的查询	
更新	关联关系更新	
	地质对象更新	
删除	删除一个地质对象集合	当被关联关系表引用时无法被删除
	删除关联关系	无

3.2.3.4　基本接口

地质对象集合以钻孔为例，地质对象以地层为例，说明地质对象集合和地质对象如何通过其基本行为来实现几个大的流程。因为工程与阶段的操作比较常规，此处不论述其创建过程，以下流程中以工程和阶段已经创建为基础。

基本接口有资料录入、单因素地质属性查询、单因素几何查询、资料解析、部件、模型、对象集的获取、最小分段、坐标处理、校审、附件管理和权限等几大部分，每一个部分都包含了不止一个接口，实际在下面列出的大部分都是接口类或簇，其中包含了相同形式的几个接口。比如在原始资料或施工资料编录方面就有钻孔、平洞、坑井槽、基础编录、边坡编录、施工编录等六种，而下面的论述中只列举了钻孔的例子。再比如在地质属性方面有地形地貌、地层岩性、风化、构造、地下水五大方面，而接口枚举时只考虑了地层一种。这种省略是出于精简正文的考虑。

1. 资料录入

以钻孔为例，录入野外采集的钻孔资料时，用户通过GeoIM或YWBH系统的前端界面输入，分为两个步骤：钻孔基本资料录入和钻孔地质属性资料录入。钻孔创建流程如图3.2-49所示。

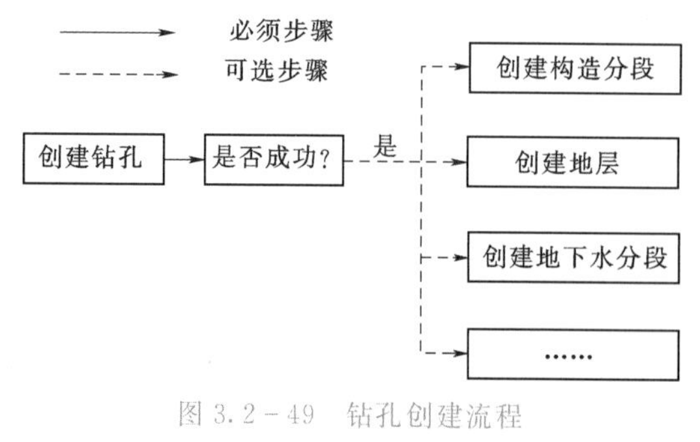

图3.2-49　钻孔创建流程

在录入钻孔基本资料时，系统第一步是在当前阶段建立一个地质对象集合（具体而言，这里就是钻孔），并将得到的钻孔基本资料，如钻孔名称、钻孔编号、控制点坐标等，填入相应位置。第二步是录入钻孔地质属性资料，包括构造分段、地层、地下水分段、RQD测试数据等，这一步是可选步骤，当某些项没有时，可以不做相应的录入操作，甚至当所有资料都还没有被采集时，也可以仅仅做第一步。只有当钻孔创建成功时才继续下一步，以创建地层为例，如图3.2-50所示。

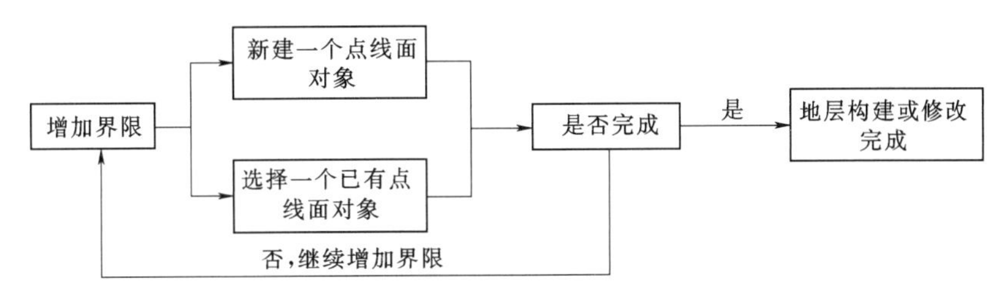

图3.2-50　地层创建或修改

创建地层是通过创建地层的界限完成的。地层是一个体对象，是由多个界限围成的。钻孔是一个一维地质对象集合，其地层需要两个界限点来定义。依次创建其界限对象即可完成地层对象的创建。地质对象集合根据维度可以分为4种，每种体对象需要的界限类型与个数都是不一样的（表3.2-6）。

表3.2-6　体对象界限要求

维度	界限类型	界限个数	典型对象
0	无	无	地质点
1	点	必须2个	钻孔
2	线	最少1个	剖面
3	面	最少1个	模型

资料录入还包括删除与修改。直接删除与更改相关表即可。

资料录入功能需要5个（类）接口，见表3.2-7。

表3.2-7　资料录入功能需要的接口类

接口名称	操作	接口拥有者
CreateZK	增加一个钻孔	阶段
AddDCM	添加一个地层界面	钻孔（地质对象集合）
AddDCT	添加一个地层体	
DeleteDCM	删除地层界面	
DeleteDCT	删除地层体	

2. 单因素地质属性查询

通过在地质对象上实现单因素地质属性的查询，从而实现工程、阶段、地质对象集的地质属性查询。可以查询的地质属性有地层、构造、地下水、风化四大类。单因素地质属性查询功能需要3个（类）接口，见表3.2-8。

3. 单因素几何查询

单因素几何查询是指在地质对象上对四大地质因素中的任意一种按照给定的几何区域查找并返回区域内所有地层、构造、地下水、风化中的一种。单因素几何查询功能需要3个（类）接口，见表3.2-9。

表 3.2-8　单因素地质属性查询功能需要的接口类

接口名称	操作	接口拥有者
GetAllDCID	查询所有地层 ID	钻孔（地质对象集合）
GetDC	得到一个地层对象	
GetDXM	得到点线面	地层

表 3.2-9　单因素几何查询功能需要的接口类

接口名称	操作	接口拥有者
GetAllDCID	查询所有地层 ID	钻孔（地质对象集合）
GetDC	得到一个地层对象	
GetDXM	得到点线面	地层

4. 资料解析

资料解析主要涉及体对象的插入与体对象的合并。体对象的合并是在单因素的地质属性上进行的，不同地质属性的体对象不能合并。

资料解析流程如图 3.2-51 所示。

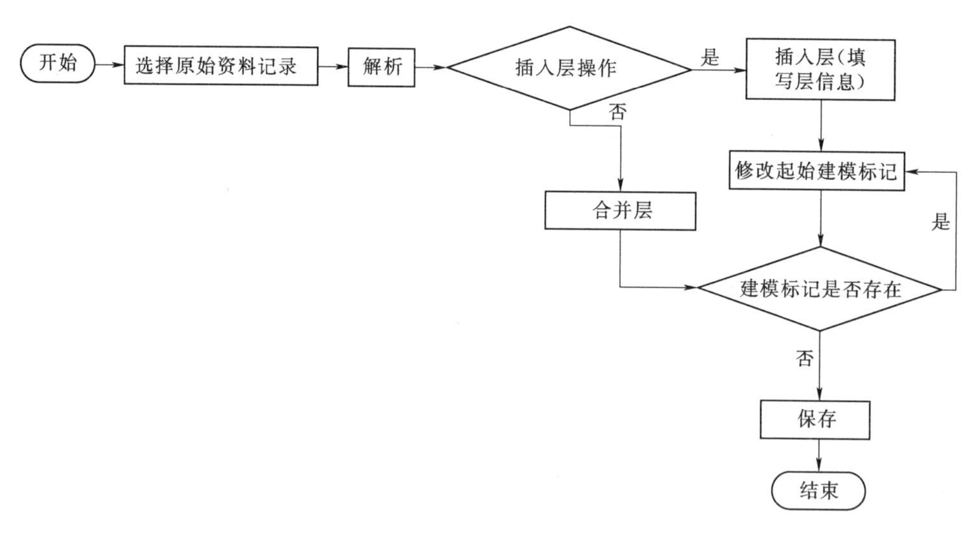

图 3.2-51　资料解析流程

资料解析功能需要 2 个（类）接口，见表 3.2-10。

表 3.2-10　资料解析功能需要的接口类

接口名称	操作	接口拥有者
MergeDC	合并两个相邻层	钻孔（地质对象集合）
InsertDC	插入层	

5. 部件

部件是地质对象集合，在工程设计中一个部件的最终定型有可能涉及多次修改，为了达到部件的每一个修改版本都可追溯，以及一个部件对应一个综合描述信息的要求，人们设计了部件分版本存储的功能。部件是以地质对象为基础，一个部件可以由多个版本组成，每一个版本是一个地质对象。一个模型可以引用多个公共部件。

部件版本流程如图3.2-52所示。

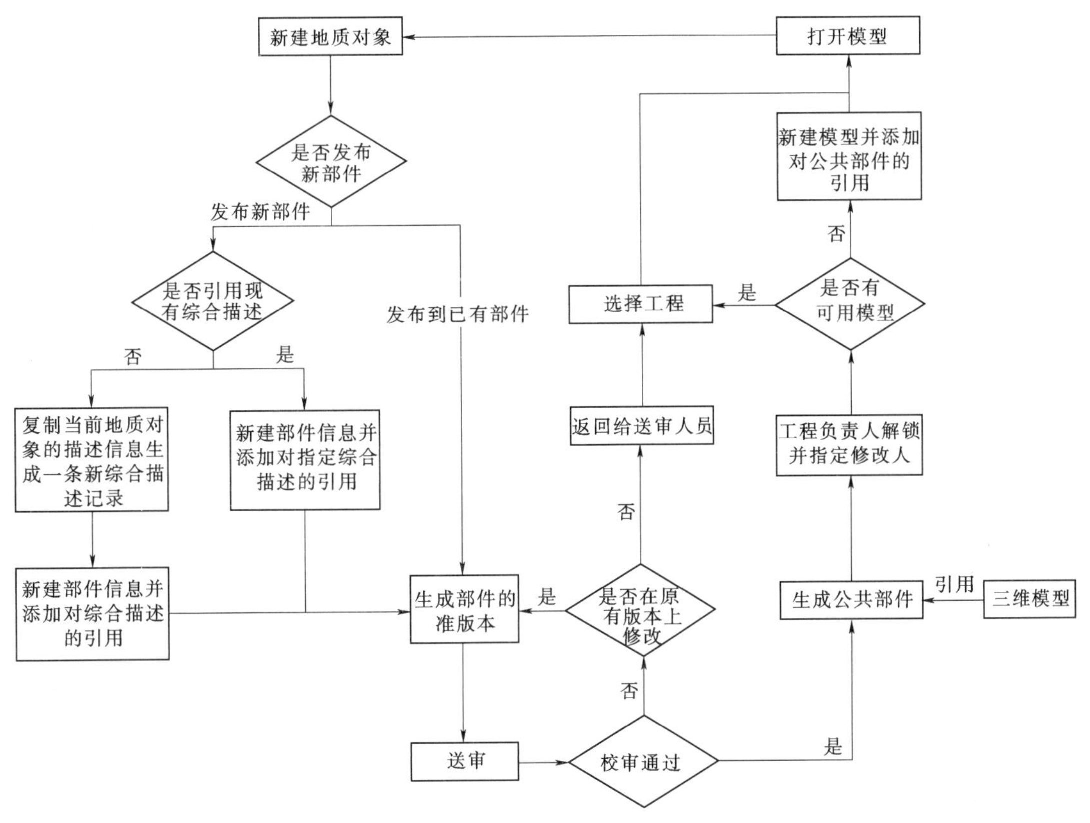

图3.2-52　部件版本流程

部件功能需要4个（类）接口见表3.2-11。

表3.2-11　部件功能需要的接口类

接口名称	操　作	接口拥有者
CreatePart	创建一个部件	阶段
AddVer	增加一个版本	部件
GetAllVerIDs	得到所有版本ID	
GetVer	得到一个版对象	

6．模型

用户创建的公共模型所有用户可见，公共模型进行部件引用时必须是部件的最新可用版本。公共模型创建后可以进行相关的校审流程，送审后不能进行部件引用的修改但是可以对模型进行相关的出图操作等。模型的解锁状态只能由工程负责人更改，解锁后的公共模型才可以进行部件的引用修改。

主要实现公共模型的创建和公共模型的校审流程以及相关的删除和操作人员的权限控

制等。模型流程如图 3.2-53 所示。

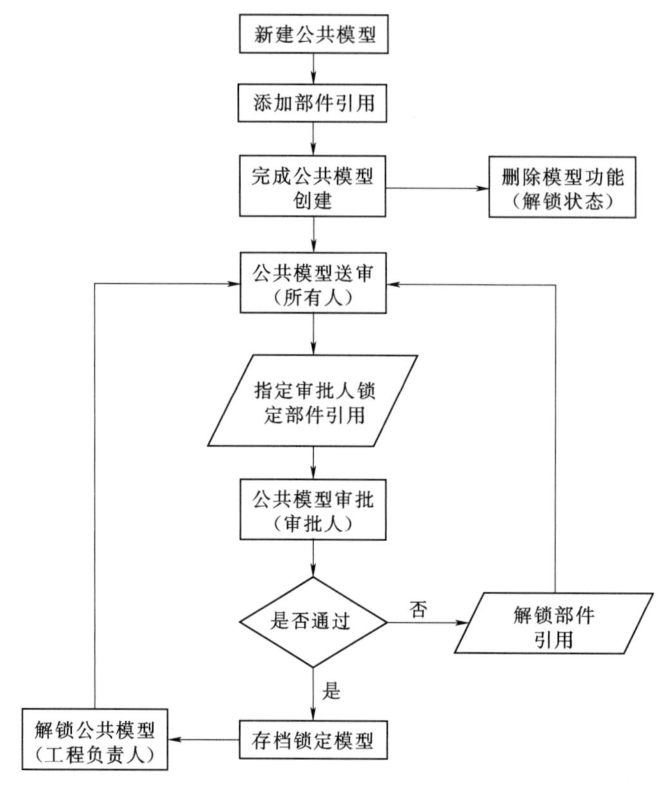

图 3.2-53 模型流程

模型功能需要的接口见表 3.2-12。

表 3.2-12 模型功能需要的接口

接口名称	操作	接口拥有者
CreateModel	创建一个模型	阶段
AddPartRef	增加部件引用	模型
DeletePartRef	删除部件引用	
GetAllPartIDs	得到所有部件 ID	
GetPart	得到一个部件	

7. 对象集的获取

对象集就是同一种对象组成的集合，如钻孔集、模型集等。有意义的对象集中的对象一般都具有某个共同的属性。通过对象集的获取功能可以实现工程列表、钻孔列表、试验点列表等各类列表，进而可以在列表的基础上进行各类统计。

对象集的获取功能需要的接口见表 3.2-13。

以这种方式获取对象集的效率较低，如果业务需要经常性地获取某类报表，不宜通过此类接口，而应该在第 3 层接口实现相应报表查询接口。

表3.2-13 对象集的获取功能需要的接口

接口名称	操 作	接口拥有者
GetAllZKIDs	获取其下钻孔（地质对象集合）对象的集合	阶段
GetAllDCIDs	得到所有地层的集合	钻孔（地质对象集合）

8. 最小分段

最小分段是在地质对象集合上综合所有地质因素的界限点，对其进行最细的划分，最后的结果是任意两段分段之间不含其他任何点线面对象，并能标识每个分段的综合地质因素（如中风化的砂岩）。这种最小分段需求在进行岩体质量评分、工程地质评价时是最常见的。最小分段功能需要的接口见表3.2-14。

表3.2-14 最小分段功能需要的接口

接口名称	操 作	接口拥有者
GetAllDCID	查询所有地层ID	钻孔（地质对象集合）
GetDC	得到一个地层对象	
GetDXM	得到点线面	地层

9. 坐标处理

坐标处理就是对各类地质对象集合下所有界限及界限明细坐标，利用坐标系统，进行相对坐标与绝对坐标之间的相互计算，以确保坐标系统、界限和界限明细相对坐标、界限和界限明细绝对坐标三者之间的一致性和坐标值的准确性，为模型部件的绘制和后续其他工作的开展提供支撑。

坐标计算包括初算坐标和重算坐标两种方式：

（1）初算坐标：实现对单个界限进行坐标计算。依据控制点坐标或工程开挖坐标，对单个界限的界限相对坐标、界限绝对坐标、界限明细相对坐标、界限明细绝对坐标进行计算。

（2）重算坐标：按照初算坐标的计算逻辑，在控制点坐标或工程开挖坐标调整后，对单个或多个数据来源下所有界限和界限明细坐标进行批量计算。

坐标处理功能需要的接口见表3.2-15。

表3.2-15 坐标处理功能需要的接口

接口名称	操 作	接口拥有者
GetControlPoint	得到控制点	钻孔（地质对象集合）
CalWorldCrood	由相对坐标计算绝对坐标	
CalLocCrood	由绝对坐标计算相对坐标	

10. 校审

校审流程基本上是按照提交→送审→审批→存档的系统发布流程来实现的，其中也包括相应操作的规则，比如在对对象状态进行判断之后决定流程的走向，校审流程如图3.2-54所示。

校审信息结构如图3.2-55所示。

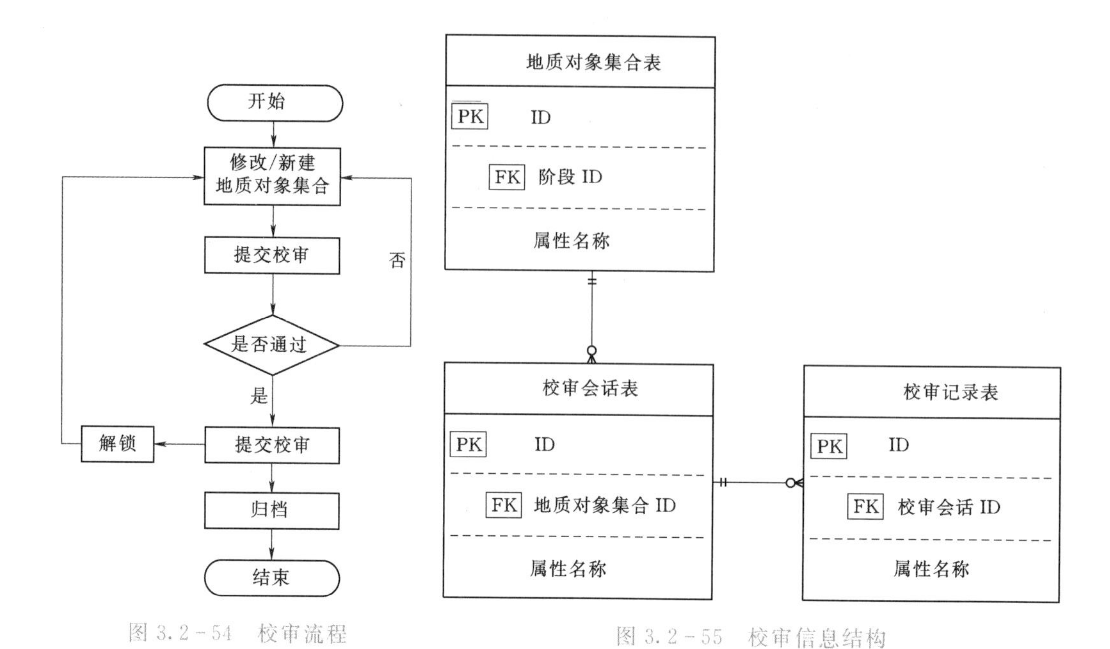

图 3.2-54 校审流程

图 3.2-55 校审信息结构

校审功能需要的接口见表 3.2-16。

表 3.2-16 校审功能需要的接口

接口名称	操 作	接口拥有者
CommitReview	提交校审	钻孔（地质对象集合）
CalWorldCrood	添加校审意见	
CalLocCrood	归档	
Unlock	解锁	
GetReviewState	查询对象的校审状态	
GetReviewID	查询对象的校审会话 ID	
GetReview	得到对象校审记录	

11. 附件管理

系统附件标准与规范主要是提供行业相关的统一规范标准以供相关人员阅读参考，系统管理员通过后台上传并添加相关标准与规范的附件文档；各工程相关人员登录系统后可以通过系统附件去下载和查看相关的标准与规范文档。

系统附件类型包括：工程地质、工程测量、工程物探、工程勘探、岩土试验与测量、水文地质测试与计算、岩土工程、地质灾害、岩土水监测、水库工程、企业标准和其他相关标准。系统管理员负责维护所有的系统附件标准与规范文档；工程相关负责人员只有查看和下载的权限。

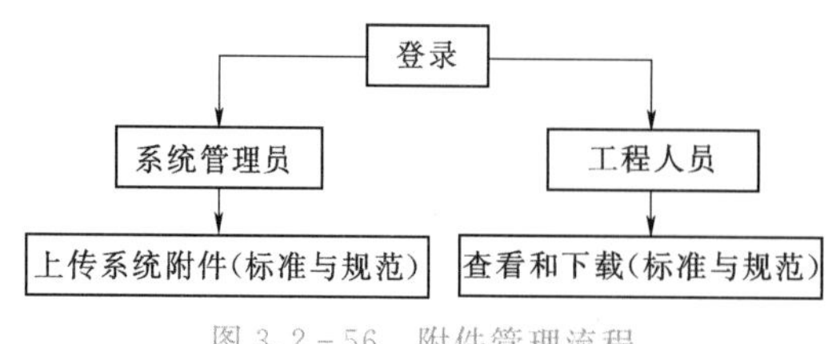

图 3.2-56 附件管理流程

附件管理流程如图 3.2-56 所示。

附件管理功能需要的接口见表 3.2-17。

表 3.2-17 附件管理功能需要的接口

接口名称	操 作	接口拥有者
UploadAttachment	上传附件	阶段或钻孔（地质对象集合）
DownloadAttachment	下载附件	
GetAttachmentIDs	得到所有附件 ID	
GetAttachment	得到某个附件	
DeleteAttachment	删除附件	

3.3 一体化总体方案

3.3.1 基本信息处理流程

如前所述，全过程一体化的实质是使地质数据形成完整的动态信息链，使之在同一体系下运转，达到各种信息数据基于统一的标准进行快捷的通信交互目的。地质数据信息流转如图 3.3-1 所示。

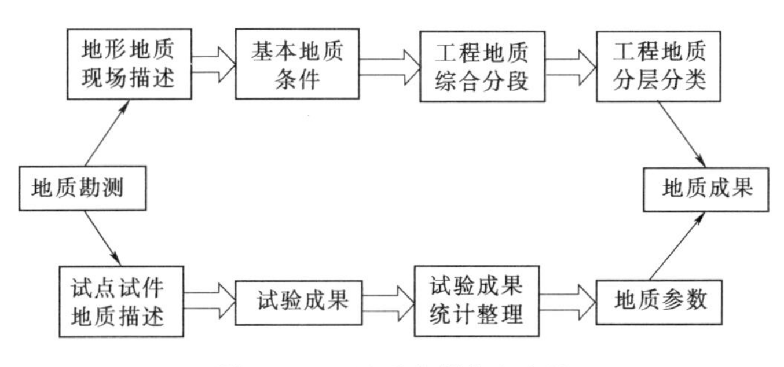

图 3.3-1 地质数据信息流转

3.3.2 总体方案

地质专业系统的设计目标是在实现地质数据的分类存储及管理基础上提供访问接口，以方便从不同角度运用数据，并最终完成专业生产任务。系统组成如图 3.3-2 所示。

一体化系统以数据中心为基础，由数据采集系统、数据管理系统、三维解析系统组成。从图 3.3-2 可以看出，地质专业系统是一个庞大而复杂的系统，大功能点有几十个，小功能点有数百个。下面通过列举系统主要功能的实现，来验证通过基本接口实现各项功能。

3.3.3 功能实现示例

3.3.3.1 勘探布置

勘探布置时用户通过其他资料或者经验对钻探、洞探、坑探、井探、槽探工作进行预估，为实际的现场勘探工作做出合理的任务安排和布置；勘探布置资料录入完成后生成相

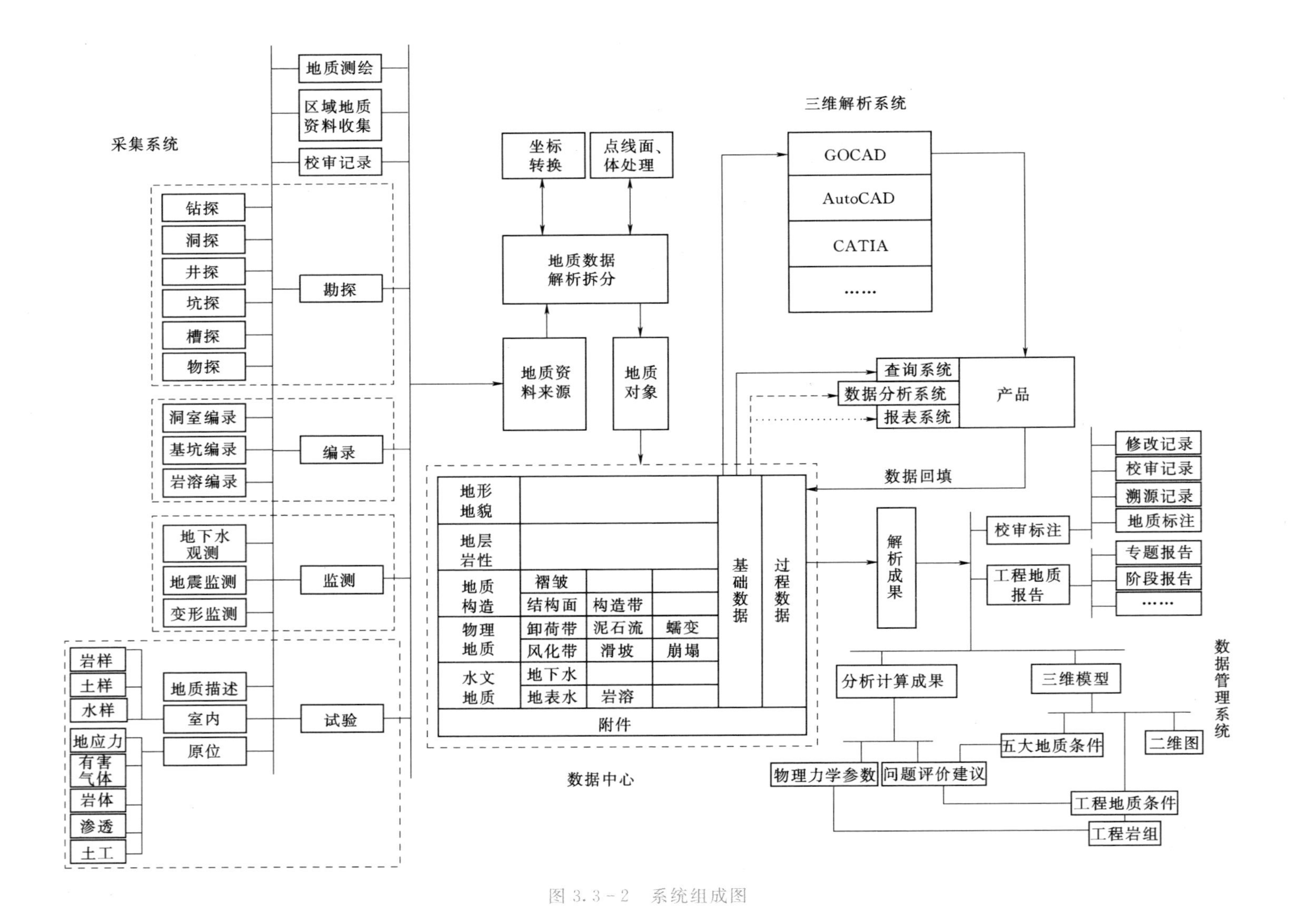
采集系统
地质测绘
区域地质资料收集
校审记录
钻探
洞探
井探
坑探
槽探
物探
勘探
洞室编录
基坑编录
岩溶编录
编录
地下水观测
地震监测
变形监测
监测
岩样
土样
水样
地应力
有害气体
岩体
渗透
土工
地质描述
室内
原位
试验
坐标转换
点线面、体处理
地质数据解析拆分
地质资料来源
地质对象
三维解析系统
GOCAD
AutoCAD
CATIA
……
查询系统
数据分析系统
报表系统
产品
数据回填
地形地貌
地层岩性
地质构造
褶皱
结构面
构造带
物理地质
卸荷带
泥石流
蠕变
风化带
滑坡
崩塌
水文地质
地下水
地表水
岩溶
附件
基础数据
过程数据
数据中心
解析成果
校审标注
工程地质报告
修改记录
校审记录
溯源记录
地质标注
专题报告
阶段报告
……
分析计算成果
三维模型
五大地质条件
二维图
物理力学参数
问题评价建议
工程地质条件
工程岩组
数据管理系统

图 3.3-2 系统组成图

关的任务书文档提供给勘探人员做实际的勘探测试，实际勘探完成后点击“勘探任务”按钮完成此勘探布置，勘探布置任务将转为原始资料。

1. 勘探布置

（1）CS端实现勘探布置钻探、洞探、坑探、井探、槽探的所有相关数据录入。

（2）GOCAD调用接口完成勘探布置的基础数据录入和MARKAER点集的录入。

2. 勘探任务书

（1）勘探任务书生成后，利用附件上传接口上传，将覆盖原有任务书。

（2）勘探布置和勘探任务书是一一对应的。

（3）任务书存在的情况下不能删除此勘探布置。

3. 勘探完成

（1）没有生成并上传任务书不能完成此勘探布置。

（2）勘探完成后此勘探布置数据将转为原始资料数据。

（3）原始资料任务书只能进行下载操作。

勘探布置流程如图3.3-3所示。

3.3.3.2　初步解析

初步解析主要是对系统原始资料数据中地质对象的分层进行分析。解析对象包括地质点、钻探编录、洞探编录、坑探编录、井探编录、槽探编录、洞室编录、基础编录。

初步解析流程如图3.3-4所示。

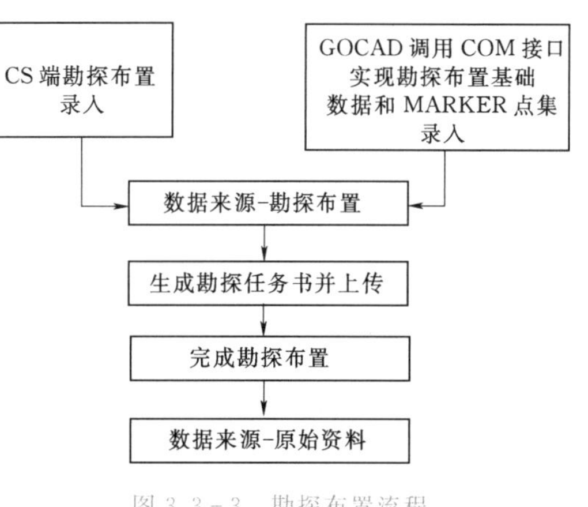

图3.3-3　勘探布置流程

初步解析包括对地质点、钻探编录、洞探编录、坑探编录、井探编录、槽探编录、洞室编录、基础编录8种原始资料的解析。初步解析的原则是原始资料在不同阶段不同人员每次解析仅保留一套解析数据。获取当前工程所有钻探编录原始资料，选择一条钻孔记录，如果原始资料已存在界限点则点击“解析”按钮进行插入新的层或合并已有的层的初步解析操作，如果不存在界限点则不能解析。

（1）插入层。在钻孔起止点深度中插入一个大于起点小于止点的点，这个钻孔就可以形成两个层，形成的两个层就是解析的结果。在插入一个层时需要填写层的编号、名称、起点深度、起点标识、止点深度、止点标识等信息，其中起点深度和起点标识为当前选择的层的止点深度和止点标识，插入层的止点深度必须大于起点深度而小于整个钻孔的深度，每个层的止点标识和起点标识不能相同。在解析的所有层中每个层的起点标识不能重复，止点标识也不能重复。

（2）合并层。在已有的分层中可以选择连续的两层进行合并。

（3）已分层的点将保存到界限中，新增一个插入层界限中就会多一个点的记录，合并层只是在显示上进行合并，实际在界限中的点没有被删除。

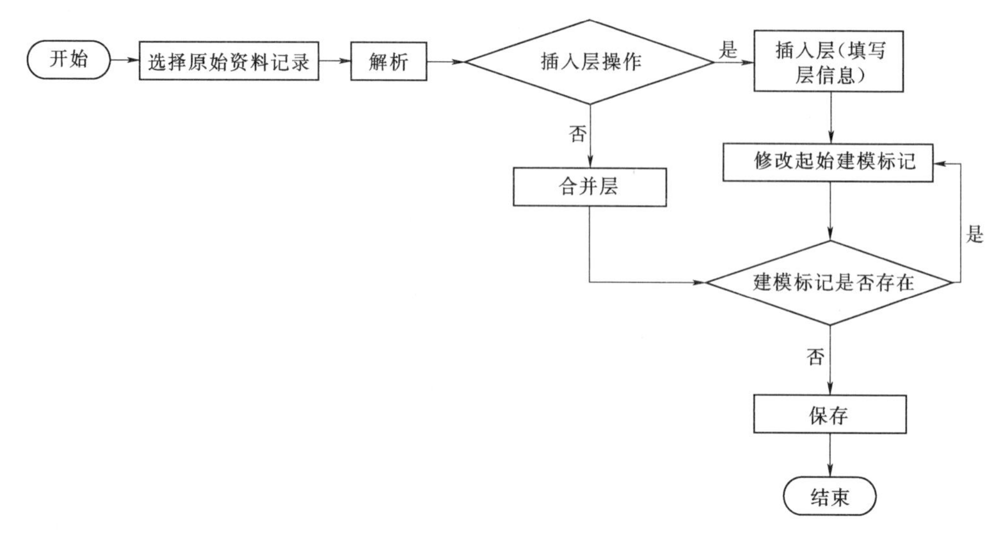

图 3.3-4　初步解析流程

保存解析的分层数据。如果此原始资料已经解析过，则先删除解析的分层数据，再插入新的分层数据。

3.3.3.3　试验资料

完成了“岩体变形试验”从试验点建立到建议参数输出的试验流程管理，基本实现了试验流程思路的整理工作。

（1）试验点。实现试验点基本信息、试验类型和试验项目的录入。

1）试验点基本信息。实现试验点名称、取样编号、试验批次、取样位置、取样日期、建模标记和几何信息等信息的录入和维护。

2）试验类型。分为现场土工、室内土工、岩体、岩石、建材、水质等试验。不同的试验类型对应不同的试验项目，一个试验点只能开展一种类型的试验。试验类型确认后，需要录入对应的岩、土体、建材或水质等的描述信息，作为试验点的补充信息。

3）试验项目。与试验类型相关，一个试验点可开展多个试验项目。试验项目选择后，将作为试验成果录入的限制条件，要求每个试验项目必须且仅录入一组试验成果。

（2）试验成果录入。完成试验点指定的试验项目相关试验成果和试验方法的录入。

一个试验项目只允许录入一组试验成果，并明确试验方法，试验方法字段属性为文本，支持选择和手动录入方式。

试验成果录入方式提供在线编辑和 Excel 格式化模板导入。

（3）试验成果整理。对试验成果进行分组分析，形成初步分析结论。

1）实现对所有试验项目的试验成果进行整理。

2）允许试验成果被多个解析成果引用。

3）支持对同一工程所有阶段下的试验成果进行调用。

4）只允许解析成果在未被建议参数引用的情况下进行修改或删除操作。

5）支持解析成果引用关系和被引用关系查看。

（4）建议参数。利用试验成果分析结论，给出岩、土体建议参数。

1）通过调用试验成果整理数据，完成岩、土体分类对应的建议参数的输出。

2）建议参数指标录入时，提供自动筛选可被参考的解析成果数据，建议指标最终值由用户手动录入。

3）实现建议参数与解析成果的引用关系记录，关联关系由用户通过选取解析成果的方式建立。

试验资料处理流程如图3.3-5所示。

3.3.3.4　校审过程

校审过程包含部件、地质体发布及校审流程。基本上是按照发布→送审→审批→存档→解锁的系统发布流程进行，其中也包括相应操作的规则，比如在对对象状态进行判断之后决定流程的走向。

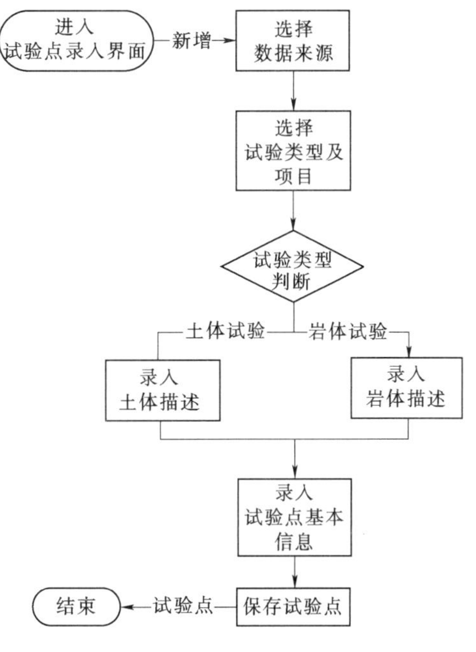

图3.3-5　试验资料处理流程

(1) 面部件。功能设计有送审、校审、回退等。

(2) 送审。用户在GOCAD指定部件下的准版本节点上点击“送审”按钮，在弹出的信息框中输入基本信息后点击“确定”按钮启动校审流程，此时数据库中准版本的版本号从一1修改为部件的最大版本号，同时模型部件表中的最新版本号修改为最大版本号，送审完成后当前人员的部件状态为“送审中”，部件下准版本节点被修改为最新版本。

(3) 校审。具有审核权限的人员登录系统后，在打开模型操作界面时能看到待校审的部件信息列表，用户可以选择一条记录进行校审，也可以进入模型查看部件实际图形情况后再校审。如果校审人操作模型时不能看到所校审的部件图形，则应先添加对公共部件的引用后再进行查看校审。

(4) 置可改。当用户认为正式部件需要修改的时候，由部件创建人员在GOCAD中选择该部件然后点击“置可改”按钮，在弹出的界面中指定修改人员，点击“确定”按钮后部件流转到所指定的人员，由其对部件进行修改后再次启动送审流程。

根据所处校审流程不同，部件的状态有4种：送审中、待修改、修改中、正式。

部件校审流程如图3.3-6所示。

3.3.3.5　岩体质量评分

岩体质量评分只对岩体进行，岩体质量评分的主要需求为：

(1) 勘探编录下五大地质因素的分段记录，按照评分系统进行质量评分，输出质量评分记录。

(2) 测试数据在质量评分中进行调用，测试数据包括RQD、声波、其他测试、压水、抽注水、动力触探、标准贯入、岩芯获得率。

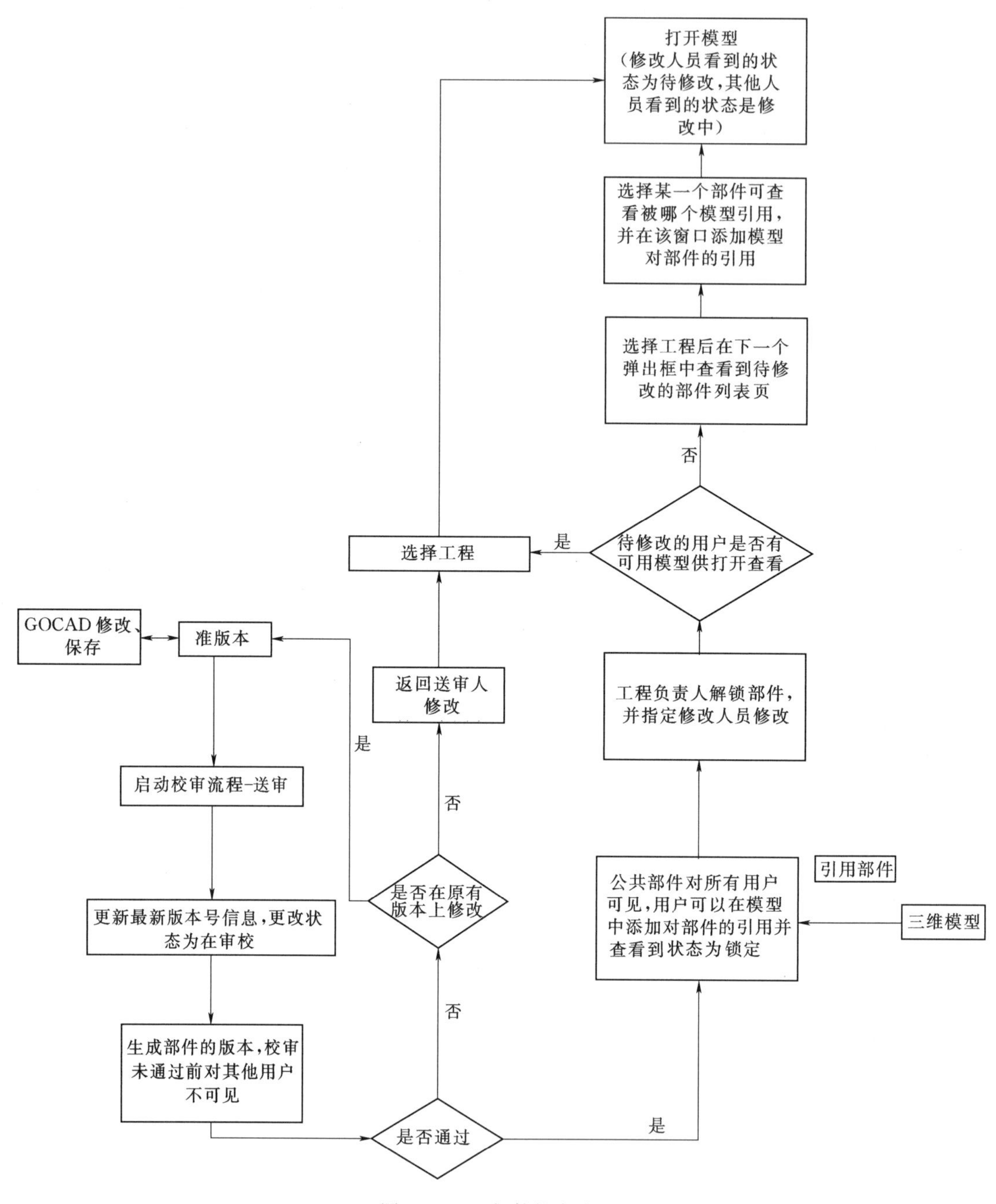

图 3.3-6　部件校审流程

（3）对试验成果、整理成果和建议参数等试验相关数据在质量评分中进行参考调用。

（4）岩体综合分区分段数据来源为质量评分的分级数据。

岩体质量评分流程如图 3.3-7 所示。

整个岩体质量评分流程分为“生成分段信息汇总表”和“完成分段质量评分”两个阶段。“生成分段信息汇总表”用于明确评分对象（分段信息）及相关参数指标；“完成分段

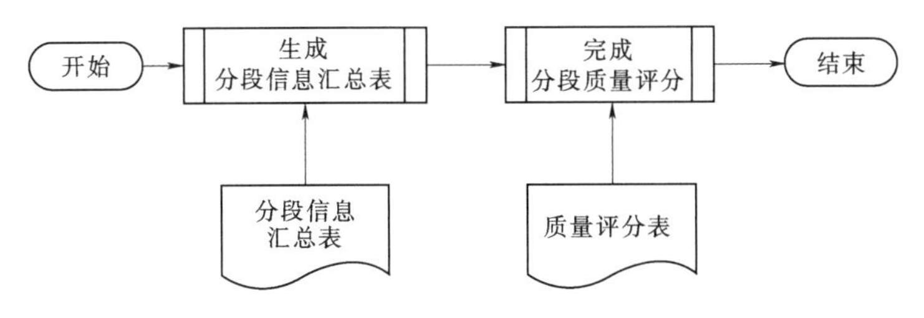

图 3.3-7 岩体质量评分流程

质量评分”利用评分系统和参数指标，对各分段信息进行评分，输出质量评分结果。因此，在进行质量评分前，需先完成“分段信息汇总表”的整理。

3.3.3.6 二维图功能

二维图功能需要实现地质体（面）二维断面信息的结构化存储；实现三维模型输出为常见二维图（垂直剖面图、平切面图、平面图）；实现二维图数据修改后通过数据中心将修改反映到三维模型中的基本流程，即三维与二维几何信息互相转换；实现存在模板时的一键快捷出图；实现二维图成果作为附件管理；实现修改信息的提示和在 AutoCAD 中快捷完善二维图模板的功能。包括以下需求：二维剖切面定义、平切面切图、AutoCAD 出二维图及修改。二维图功能流程如图 3.3-8 所示。

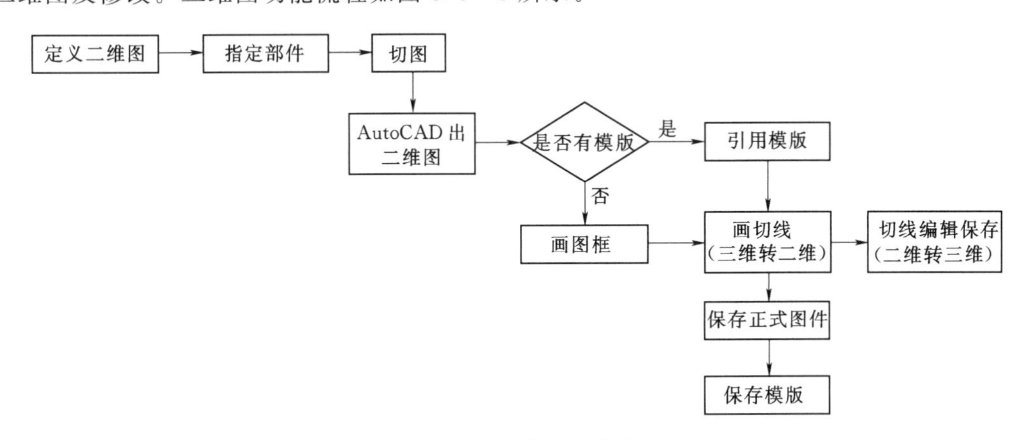

图 3.3-8 二维图功能流程

3.3.3.7 二、三维联动

二、三维联动功能上要求在 GOCAD 中切出平面图，同时在数据库中生成新的部件，记录每条线对应的地质界面，将二维图中的线与三维图中的面联系起来。将二维图的图例等作为另外一种部件。将从 GOCAD 切出的平面图及图例等部件拼装成二维图，在打开二维图时，检测对应的三维图的面是否有更新，发现更新时，给出提示。二、三维联动功能构架如图 3.3-9 所示。

二、三维联动流程如图 3.3-10 所示。

依据所提出的水电工程地质勘察与分析一体化设计技术方案，研制开发了与现有工作、生产方式基本吻合的水电工程地质勘察与分析一体化系统，形成了一个集信息收集、管理、分析、应用、输出为一体的信息化平台。

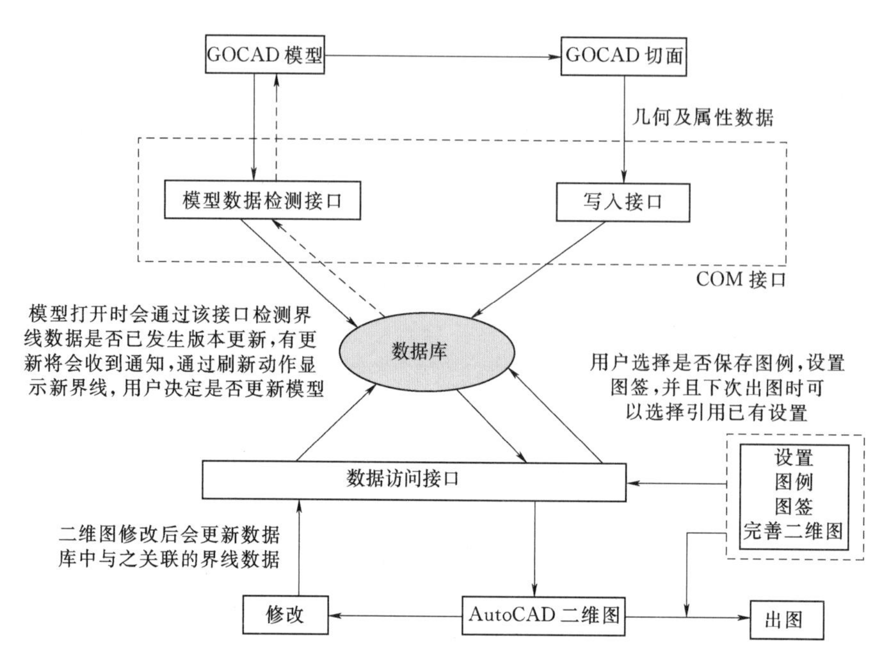

图 3.3-9　二、三维联动功能构架

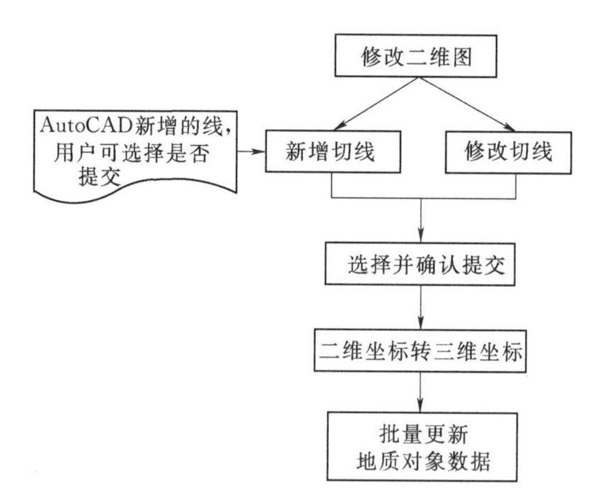

图 3.3-10　二、三维联动流程

3.4　地勘数据中心

3.4.1　地勘数据源基本内容

地勘数据中心是地勘信息化的数据存储中心，是整个信息化过程中的唯一数据源。

由于地勘信息化覆盖资料收集、归纳整理、统计分析、成果输出与利用等过程，因此地勘数据中心首先必须涵盖基础的原始资料、地质认识成果等地质信息，这也是目前一般地质数据库的主要内容；其次，是体现信息化过程的解译分析过程信息和反映分析依据的相关关系信息等；此外，还有作为参照的工程设计相关信息以及信息化操作过程日志的操作人、时间等。

从工程项目的规划设计到施工、运维，工程区所在位置相对固定，其基本信息是相对稳定的，而对工程区地质条件的认识却是随勘察、施工的进度逐步深入、渐进明细的，是在不断变化的，因此，地勘数据可以划分为工程项目基本信息和阶段地质认识两部分。

工程项目基本信息主要有工程项目所在地理位置、流域、梯级、区域地质条件，工程区地质地震背景，工程方案、施工布置、运维管理的基本信息等。另外，为了便于工程类比的查询分析，还有工程类型及阶段划分、工程当前所处阶段等相关信息。

阶段地质认识是地勘数据中心的主要内容，尤其是规划设计阶段的每个子阶段都有一个阶段性的地质认识，它既是承接于上一个的地质认识，本身又是一个从资料收集、整理分析到得到地质成果的完整过程。从这个意义上说，阶段地质认识可以说是一个独立的信息数据库。在地勘信息化数据中心内，一个工程项目存在多个阶段地质认识，并且彼此间是承上启下的关系。

阶段地质认识的主要内容有：阶段地质勘察相关资料、阶段地质认识成果及其信息化分析过程等。

阶段地质认识内的地质勘察资料来源复杂、种类众多、数据量大，地质描述各有侧重、粒度不一，位置坐标及形态描述记录方式各异，但在地质信息化分析过程中，对这些资料的使用方式是一致的，高质量的地质成果必须是能够与这些资料全面、系统地耦合的。

地质分析过程是一个基于现有地质资料的地质分析认识过程，随着资料的逐步丰富，地质认识逐渐逼近客观地质条件，总体上是一个持续的过程。同样的资料，不同的人有不同的认识；即使同一个人，面对不同的资料，甚至不同时期，也会有不同的地质认识。因此，阶段与地质认识同样是一对多的关系，同理，阶段与地质成果也是一对多的关系，而地质分析与地质成果则可能构成多对多的关系。

地勘数据的复杂关系示意如图3.4-1所示。

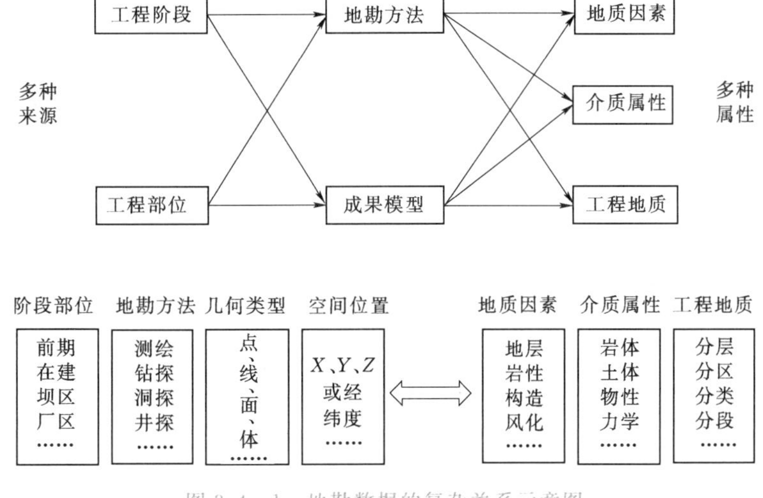

图3.4-1 地勘数据的复杂关系示意图

3.4.2 地勘数据概念模型

地勘数据中心的内容可以分为原始资料、过程资料和成果资料三大类，如何对这三部分内容进行有效管理，是构建地勘数据中心的关键。

地勘方法获取的原始资料具有多种，如地质测绘、钻探、洞探等数据，各有其数据描述格式和坐标记录方式，一般是二维的；分析过程中的单勘探分析也是二维的；多勘探综合分析和作为一定范围的成果表达，均是三维的。

为了统一这些粒度、维度各异的数据结构，需要对地勘方法、地质分析过程、地质成果进行合理的抽象。首先，从维度上，把所有的地质资料都统一为三维，因为本质上地质体都是三维空间的，这样，需要做好的就是二维与三维间的互相转换；接着，在此基础上，撇开各种地勘方法的差异，从地质体描述和表达的角度，不管是现场地勘还是地质三维模型，它们反映的都是一定范围内的地质条件。

基于上述思想，提出地质对象模型，将地质对象进行如下的信息标准化操作：

（1）将地质对象的信息划分为几何属性与地质属性两部分。

（2）地质属性按地质要素归类，几何属性首先归类为边界（点线面）与区域（段区体）。

（3）对于边界的几何属性统一为绝对坐标，同时保留其相对坐标；区域的几何属性由其边界集合构成，均是对已有边界的引用。

（4）通过设置地质对象的唯一标识（身份属性）关联几何属性与地质属性两部分，从而实现地质信息的重构。

地质对象结构抽象示意如图 3.4-2 所示，地质点、钻探、洞探等多源异构的原始资料都可以视作地质体对象的集合体。同理，分析过程资料、地质成果也是如此。从而，通过将地质对象集合作为代理，不只是可以统一管理原始资料、过程资料、成果资料，更为重要的是为后续生产过程中的信息流转提供一致的操作模式。

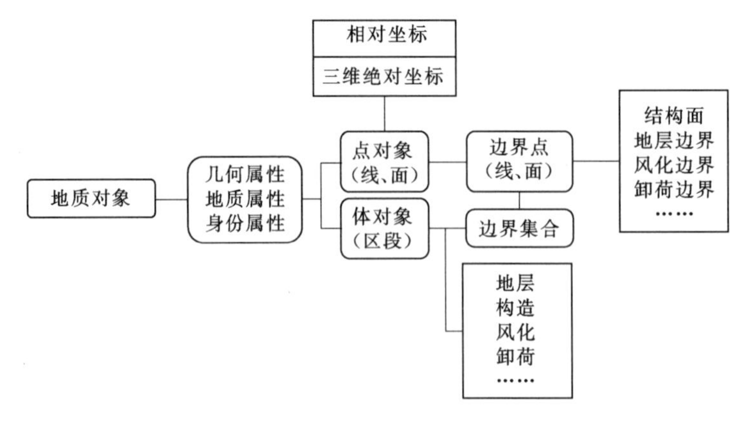

图 3.4-2 地质对象结构抽象示意图

基于地质对象信息结构的地质数据库数据组织方式如图 3.4-3 所示，地质分析过程中对信息的需求均可以归纳为地质对象的实例化。只要把地质对象作为基本信息单元，实现它的增、删、改、查操作，即可完成与数据库的通用访问服务接口，进而实现数据与数据的解释展示分离，客观上达到了地质工作跨平台协同的效果。

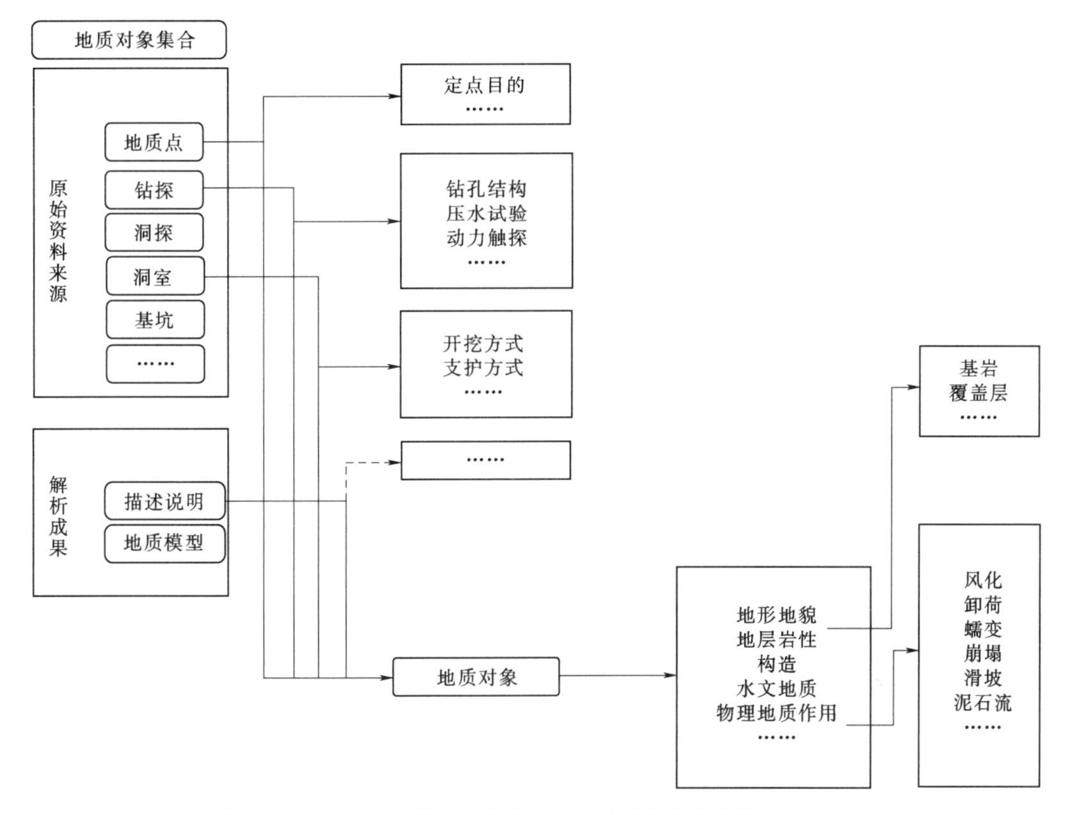

图 3.4-3　基于地质对象信息结构的地质数据库数据组织方式

3.4.3　面向对象的地勘数据库

3.4.3.1　地质研究对象的抽象

一些很常见的概念、主体，本身已经明确含义的名称不在本节讨论范围之内，比如工程、工程阶段、工程部位、工程人员等工程相关的对象，还比如地层代号、地层成因类型等。运用面向对象的思想，对工程地质涉及的研究对象进行抽象而得到设计的类，可以分为地质对象与地质对象集合两大类。地质对象与地质对象集合是对地质数据解离-重构的结果。

1. 地质对象

地质对象分为点线面和体。点线面类是一个可以用中心点（X、Y、Z）代表的点、线或面，具有几何类型、对象类型等属性。体类是一个可以引用数个点线面类来表示，由点线面对象围成的段区体。两者又可以抽象为一个共同的父类，即地质对象类。地质对象关系如 3.4-4 所示。

上面的三个类都是抽象类，是不能实例化的，是对所研究对象的高级抽象。在点线面类和体类下面还可以派生出诸多子类。其中，点线面类的派生类主要有结构面、地层面、

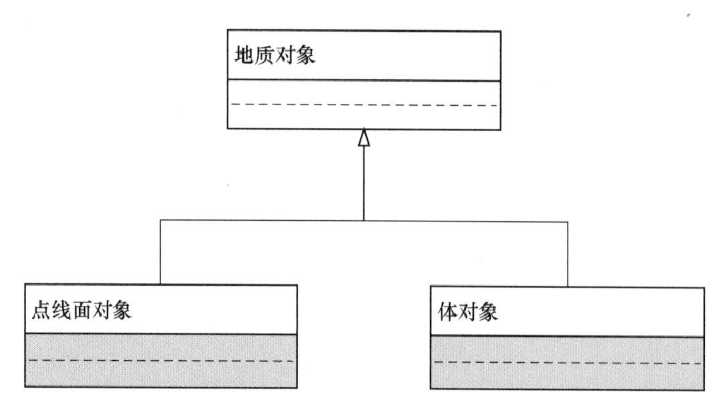

图 3.4-4　地质对象关系图

试验点等；体类的派生类主要有地层、构造分段、风化带、崩塌、泥石流、滑坡等，点线面对象和体对象分别如图 3.4-5 和图 3.4-6 所示。

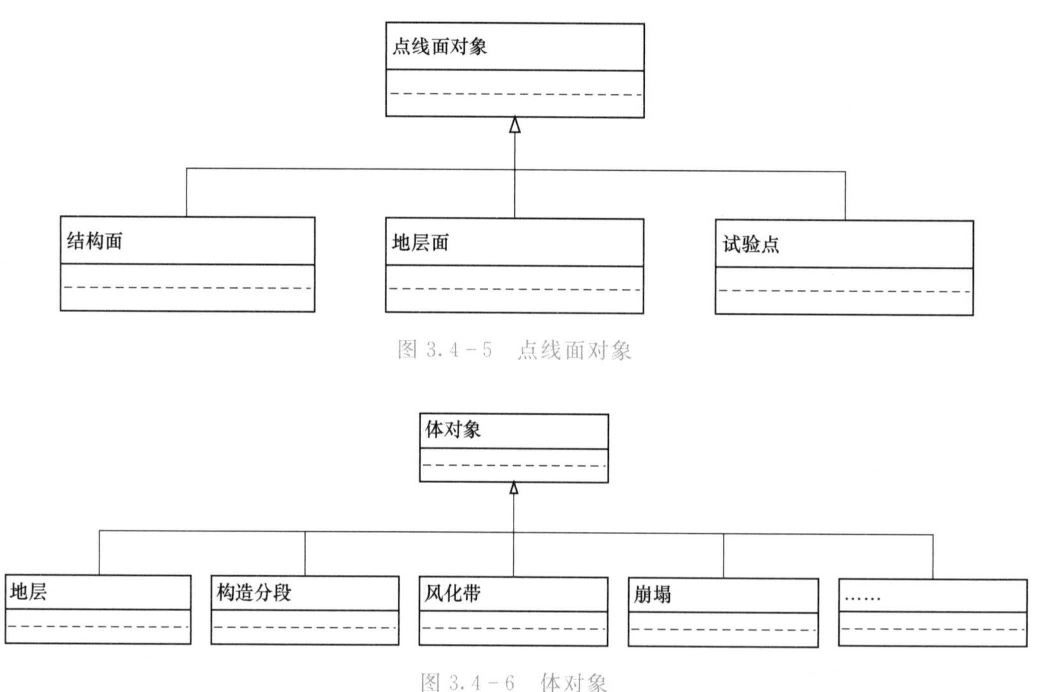

图 3.4-5　点线面对象

图 3.4-6　体对象

2. 地质对象集合

地质对象集合类也是一个抽象类，它与地质对象类之间是组合关系。一个地质对象集合可以包含多个地质对象，两者之间是组合关系（图 3.4-7）。

一个地质对象集合包含多个点线面对象或体对象，这些对象之间不是杂乱无章完全无序的，它们具有空间拓扑关系。地质对象集合的派生类主要有地质点、钻探、坑井、洞室、基础编录、边坡编录、综合描述、试验等（图 3.4-8）。

3.4.3.2　面向对象的数据库设计

面向对象是一种认识方法学，也是一种新的程序设计方法学。把面向对象的方法和数

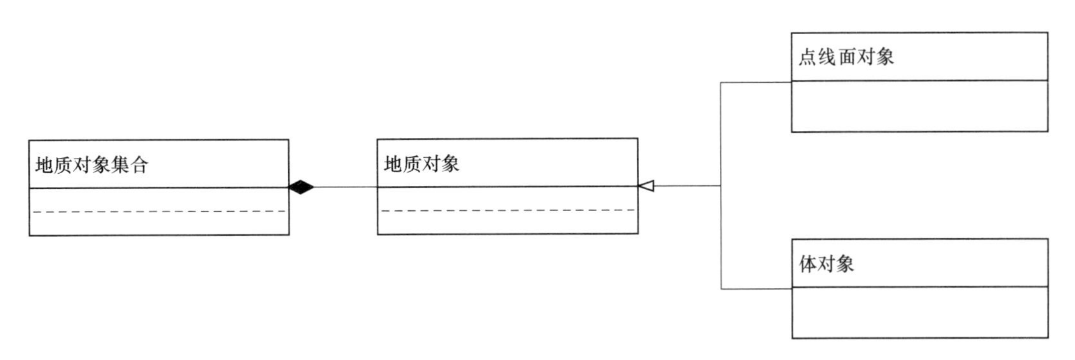

图3.4-7 地质对象集合关系图

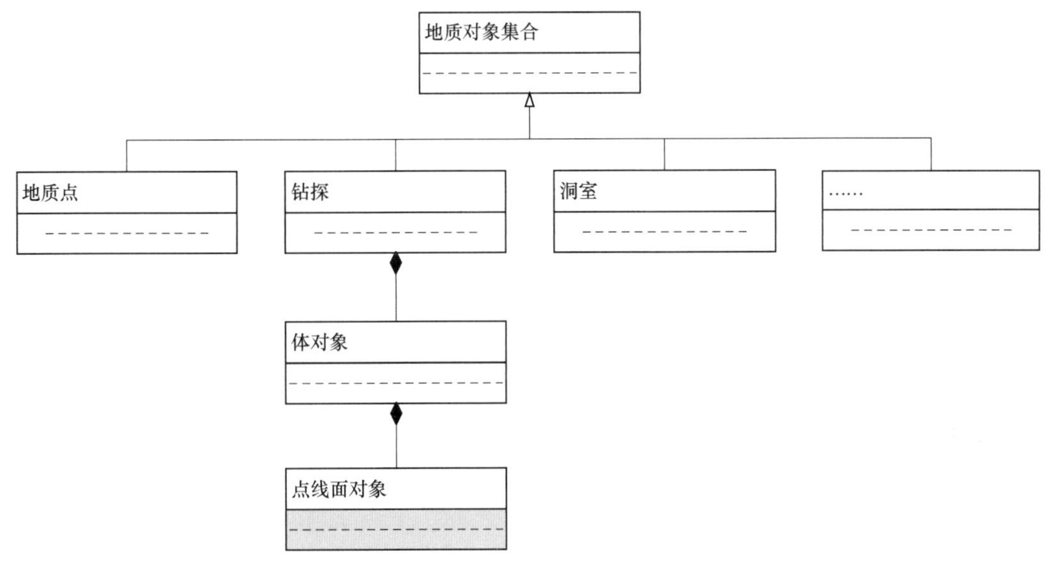

图3.4-8 地质对象集合与地质对象关系图

据库技术结合起来可以使数据库系统的分析、设计最大限度地与人们对客观世界的认识保持一致。

1. 面向对象数据库系统的优点

(1) 能有效地表达客观世界和有效地查询信息。面向对象方法综合了在关系数据库中发展的全部工程原理、系统分析、软件工程和专家系统领域的内容。面向对象的方法符合一般人的思维规律，即将现实世界分解成明确的对象，这些对象具有属性和行为。系统设计人员用ODBMS创建的计算机模型能更直接地反映客观世界，最终用户不管是否是计算机专业人员，都可以通过这些模型理解和评述数据库系统。

工程中的一些问题对关系数据库来说显得太复杂，不采取面向对象的方法很难实现。从构造复杂数据的前景看，信息不再需要手工地分解为细小的单元。ODBMS扩展了面向对象的编程环境，该环境可以支持高度复杂数据结构的直接建模。

(2) 可维护性好。在耦合性和内聚性方面，面向对象数据库的性能尤为突出。这使得数据库设计者可在尽可能少地影响现存代码和数据的条件下修改数据库结构，在发现有不能适合原始模型的特殊情况下，能增加一些特殊的类来处理这些情况而不影响现存的数据。如果数据库的基本模式或设计发生变化，为与模式变化保持一致，数据库可以建立原对象的修改版本。这种先进的耦合性和内聚性也简化了在异种硬件平台网络上的分布式数据库的运行。

（3）能很好地解决“阻抗不匹配”（impedance mismatch）问题。面向对象数据库还解决了一个关系数据库运行中的典型问题，即应用程序语言与数据库管理系统对数据类型支持的不一致问题，这一问题通常称为“阻抗不匹配”问题。

2. 面向对象数据库系统的缺点

（1）技术还不成熟。面向对象数据库技术的根本缺点是这项技术还不成熟，还不广为人知。与许多新技术一样，风险就在于应用。从事面向对象数据库产品和编程环境销售活动的公司还不令人信服，因为这些公司的历史还相当短暂，就和十几年前关系数据库的情况一样。ODBMS 如今还存在着标准化问题，由于缺乏标准化，许多不同的 ODBMS 之间不能通用。此外，是修改 SQL 以适应面向对象的程序，还是用新的对象查询语言来代替它，目前还没有解决，这些因素表明随着标准化的出现，ODBMS 还会变化。

（2）面向对象技术需要一定的训练时间。有面向对象系统开发经验的专业人员认为，要成功地开发这种系统的关键是正规的训练，训练之所以重要是由于面向对象数据库的开发是从关系数据库和功能分解方法转化而来的，人们还需要学习一套新的开发方法使之与现有技术相结合。此外，面向对象系统开发的有关原理才刚开始具有雏形，还需一段时间在可靠性、成本等方面令人可接受。

（3）理论还需完善。从正规的计算机科学方面看，还需要设计出坚实的演算或理论方法来支持 ODBMS 的产品。此外，既不存在一套数据库设计方法学，也没有关于面向对象分析的一套清晰的概念模型，怎样设计独立于物理存储的信息还不明确。

面向对象数据库系统和关系数据库系统之间的争论不同于 20 世纪 70 年代关系数据库和网状数据库的争论，那时的争论是在同一主要领域（即商业事务应用）中究竟是谁代替谁的问题。现在是肯定关系数据库系统基本适合商业事务处理的前提下，对非传统的应用，特别是工程中的应用用面向对象数据库来补充不足的问题。面向对象数据库系统将成为下一代数据库的典型代表，并和关系数据库系统并存（而不是替代）。它将在不同的应用领域支持不同的应用需求。

经过数年的开发和研究，面向对象数据库的当前状况是：对面向对象数据库的核心概念逐步取得了共同的认识，标准化的工作正在进行；随着核心技术的逐步解决，外围工具正在开发，面向对象数据库系统正在走向实用阶段；对性能和形式化理论的担忧仍然存在。系统在实现中仍面临着新技术的挑战。

早期的面向对象数据库由于一些特性限制了它在一般商业领域里的应用。首先，同许多别的商业事务相比，面向设计假定用户只执行有限的扩充事务；其次，商业用户要求有易于使用的查询手段，如结构查询语言（SQL）所提供的手段，而开发商用于商业领域的数据库定义和操作语言未获成功，使得它们对规模较大的应用完全无法适应。面向对象数据库的新产品都在试图改变这些状况，使得面向对象数据库的开发从实验室走向市场。

3.4.3.3　基于面向对象（OO）的数据库设计

虽然面向对象的数据库具备传统关系型数据无可比拟的一些优点，但关系型数据库基础理论完善、技术沉淀深厚，加上面向对象数据本身也还有不够完善的地方，致使很多大型企业在构建数据库系统时一般都会选择传统关系型数据库，比如 Ms SQL Server、Oracle 等。面向对象数据库研究的另一个进展是在现有关系数据库中加入许多纯面向对象数据库的特点和功能。在商业应用中对关系模型的面向对象扩展着重于性能优化，处理各种环境对象的物理表示的优化和增加 SQL 模型以赋予面向对象特征。这种方法可以称为“基于面向对象（OO）的数据库设计”。

基于关系性的数据库怎么实现面向对象的设计方法呢？最基本的要做到两点：一是对象的实现，二是对象间关系的实现。对象的实现相对简单，可以说一个表就是一个对象。表中的字段就是对象的属性。那么关系怎么实现呢？前面说了面向对象的方法中对象之间主要有三种关系，现在一一来看怎么实现。

1. 继承关系

继承关系也是面向对象方法中的一种主要关系。继承关系和数据库主扩展模式有异曲同工之妙。“公共属性表”对应父对象，“专有属性表”对应子对象，公共属性表与每个专有属性表之间都是一对一关系。继承关系的表达如图 3.4-9 所示。

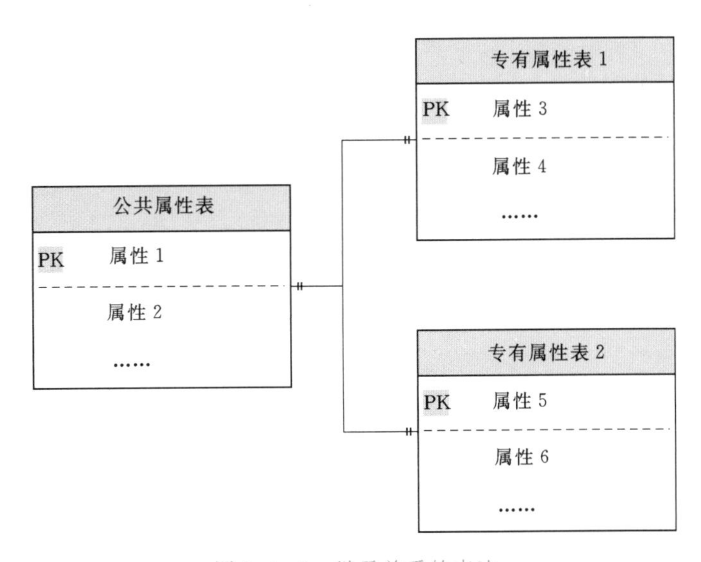

图 3.4-9　继承关系的表达

其中，公共属性表可以看作是面向对象设计方法里面的父类，而专有属性表 1 和专有属性表 2 可以看作是两个子类。

2. 关联关系

地质对象之间关联关系大多都是整体与部分的关系，即 contains-a 的关系。比如点线面对象包括相对坐标明细，地质对象包含产状，等等。contains-a 可以通过数据库主从模式来实现，关联关系的表达如图 3.4-10 所示。

通过分析形成数据库模型，如图 3.4-11 所示。

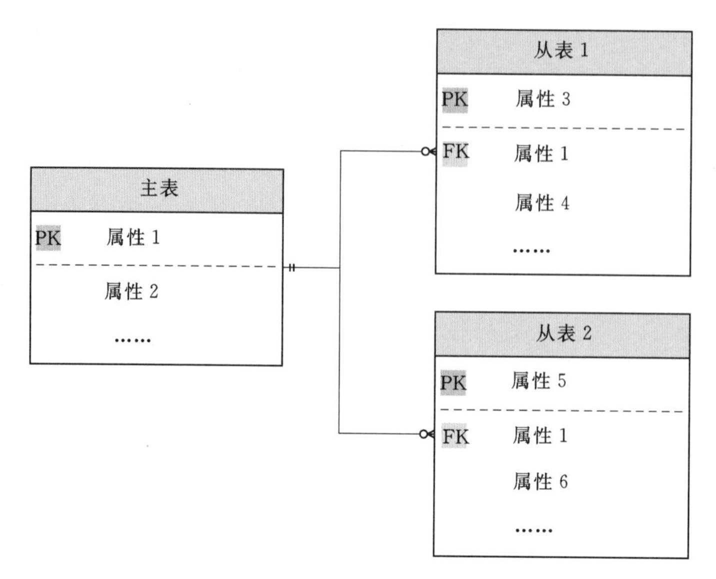

图 3.4-10　关联关系的表达

3.4.4　地勘数据库构建

地勘数据库要处理的实体对象多，对象相互之间关系复杂，既有简单的一对一关系，也有较复杂的一对多关系，甚至还包含了不少更复杂的多对多关系。同时，在数据库结构设计时即使最初考虑得很完善，到最后数据库也难免存在没有顾及的设计缺陷，当这种缺陷影响了系统应用而无法忽略时，就必然要改变原数据库结构以及与之相关的应用程序。如果这种修改不断出现，就会大大拖延项目进度，有时甚至使得项目最终以失败告终。为了从原则上确保数据库项目的成功，前人总结了一些数据库设计的模式，此次地勘数据库设计根据需要采用了这些模式。

3.4.4.1　地质对象归一

地质对象是地质分界面所围限的地质体。分别从点状（地质点）、线状（钻孔或平洞等）、面状（剖面等）、体状（三维模型）来看，地质体的界限元素和地质体本身的表达都是不一样的。地质点作为0维的勘探无法表达一个地质体，仅可以表示自身点位所属的地质体或作为一个线状勘探的分界点。地质点的位置用点坐标 X、Y、Z 表示；线状勘探是一维的，其中地质体的界限为点，地质体是界限点所划分的线段。每个界限点的位置都用 X、Y、Z 表示；在二维剖面里面地质体的界限为线，地质体是界限所围拢的片状区域。分界线可以用一系列有序点表示；在三维模型里面，地质体界限是分界面，地质体就是所有分界面围成的封闭体。分界面可以用非规则三角网（triangulated irregular network，TIN）表示。

另外，地质对象是通过勘探来揭示的。勘探有钻探、坑井、平洞等多种方式。每一种方式的记录格式都是不一样的，但都是多个界限点以及由界限点所区分的多个地质体组成的，可以看成是界限点与地质体的集合。除了勘探以外，施工编录和综合描述也具有这个特征。具有这个特征的对象称为“地质对象集合”。

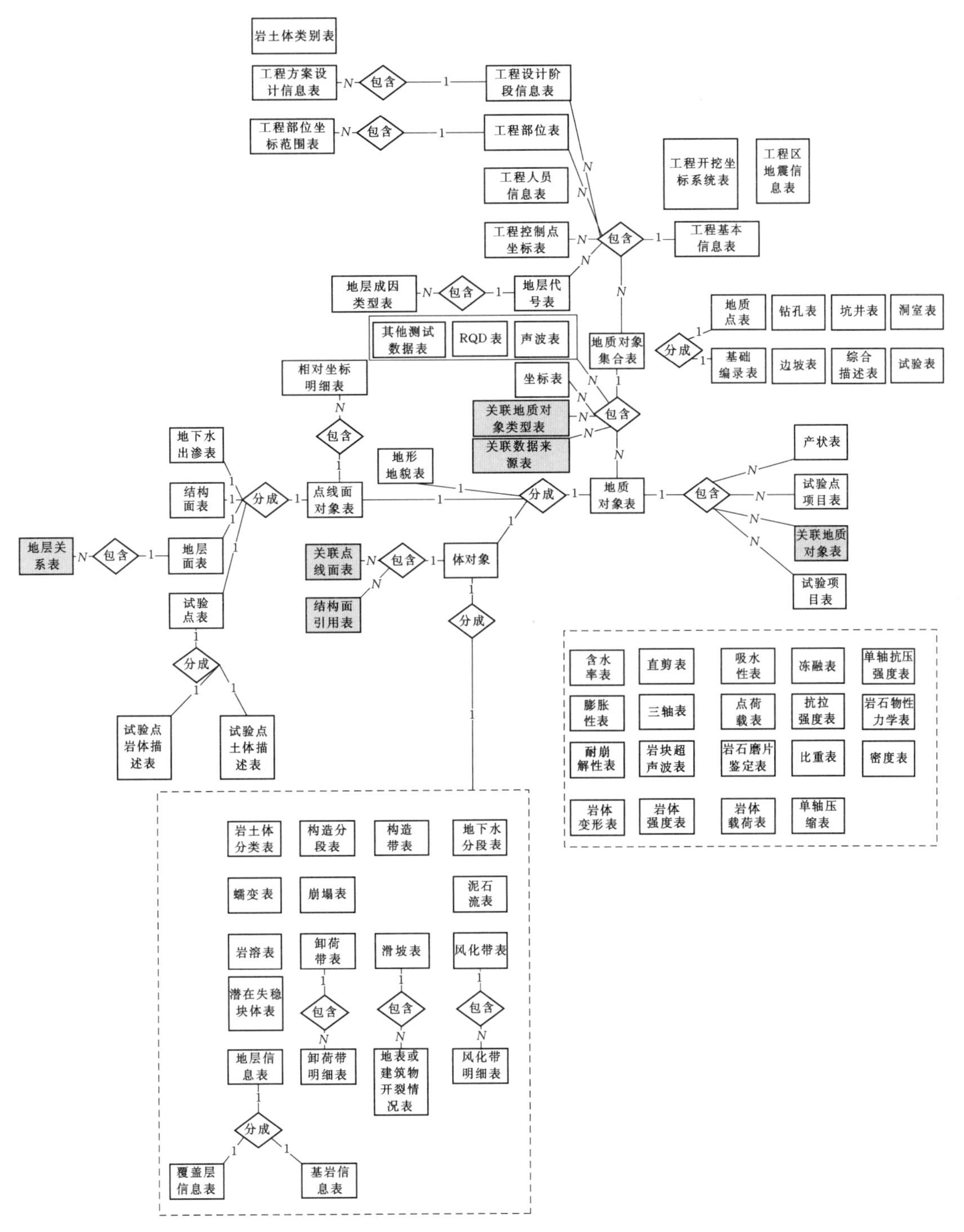

图3.4-11 数据库模型图

归一化需要把这些不同维度的数据和结构以一种统一的方式来储存和使用，包含两个层次上的归一化：地质对象集合的归一化和地质对象的归一化。

1. 地质对象的归一化

地质对象分为两种：一种是地质界限，另一种是地质体。地质界限又分为点、线、面三种。其中，点是空间最基本的定位元素，表示为点（X，Y，Z），其他线、面都是以点为基础构成的，点依次连接而成线，而面（如TIN）也是由点连接而成的，可以存储为一系列满足某种规则的点。不管是分界点、还是分解线抑或是分解面，都可以用一个中心点来表示，界限的归一化首先需要建立一个点线面对象表来存储界限，表中共享属性主要是坐标（X，Y，Z），还包括一个表明几何类型的字段，以区别分界点是点、还是线或者是面。线或者面的数据需建立一个坐标明细表来存储。采用数据库设计模式中的主扩展模式，分解线还可以是闭合线，分解面还可以是闭合面。

地质体在一维、二维和三维下分别表现为段、区和体。不管哪种形式都是对多个界限的引用。段是线状对象上两界限点之间的线段。区是面状对象里多条界限线所围成的封闭面域。体是三维对象面多个界面所围成的封闭空间。段、区、体几何范围的界定分别是通过引用界限点、界限线和界限面来实现的。一个新的地质体只有新的描述信息，不需要产生新的几何信息。可见，在界限点已经归一化存储之后地质体没有归一化问题，只有地质体信息的存储问题。那么地质体信息的存储怎么实现呢？前面已经建立了点线面表来存储地质界限，再建立一个地质体表存储地质体的相关信息。一个地质体可以由多个地质界限组成，同样一个地质界限可以为多个地质体所引用。地质体与地质界限之间是多对多关系。根据前文所述，需要在两者之间加入一个关联表——关联点线面表。

2. 地质对象集合的归一化

地质对象包含地质界限与地质体，地质对象集合就是任意多个地质界限与地质体的集合。在地质意义上可以表示多种对象，包括钻孔、平洞、坑、井、基坑、综合描述、试验等。建立地质对象集合表，就归一化存储了钻孔、平洞等勘探对象。同样，因为地质对象集合定义的限制较少，只要包含多个地质对象即可。而地质对象几乎包括了所有地质专业所研究的对象。所以地质对象集合涵盖的范围很大，不仅包括了所有勘探，同时也包括多种地质模型成果、试验、综合描述、剖面图、平面图等。这种归一化的好处在于设计数据库的时候也可以利用编写代码时的抽象类概念，合并很多重复的业务，使得不管是钻孔、模型还是剖面，在某些场景下都可以同样处理。

3.4.4.2　成果动态固化

1. 地质成果的组成

在水电工程地质领域，地质成果就是地质工作人员通过基础资料分析后形成的与工程建设相关的地质认识，最终是为工程设计建设服务的。具体而言，地质成果就是提交给下游专业所用的对地质体的界限、范围、参数等描述的信息。这些成果信息可以用三维模型＋数据描述信息来表达。

三维模型反映的是地质体的空间位置与几何表达，是点、线、面的组合。因为存在众多的三维建模软件，在每个软件中点、线、面的表达都有差异。为了使数据库能够独立于具体的三维建模软件平台，应该去掉点、线、面信息中的具体软件信息，而只留下最基本的几何元素信息。比如点就只应该有坐标信息，线只保留点坐标信息和点连接信息。另外在存储这些信息时，有结构化存储和非结构化存储两种方式。因为在绝大多数情况下，不需要读取一个线或面中的具体元素点，并且对面这样的由成千上万个节点组成的结构，以非结构化的方式来存储通常比结构化存储的速度更快，所以以非结构化方式存储模型几何形状数据。非结构存储以一个对象为粒度拆分三维模型。

地质成果的每个部分，从模型到模型包含的所有点线面对象都有对应的地质描述数据。这些数据都以结构化的方式存储在数据库的相应表中。

地质成果组成如图 3.4-12 所示。

2. 成果数据库设计

为了满足地质成果动态固化要求，设计了数据库结构（图 3.4-13）。

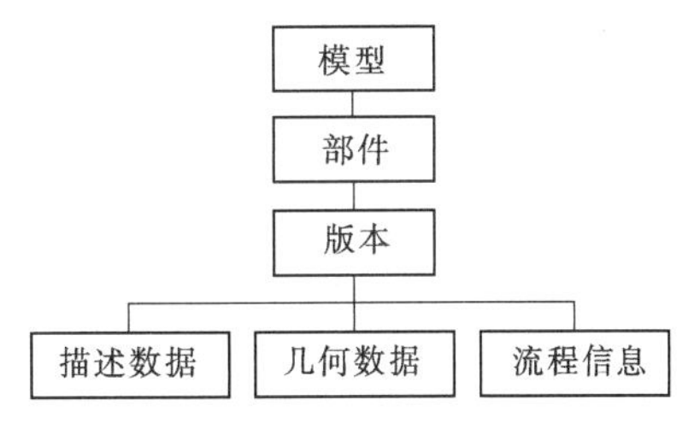

图 3.4-12 地质成果组成图

一个部件可以被多个三维模型引用，一个三维模型也可以引用多个部件。其中，三维模型与地质对象部件之间是多对多关系。因此，需要加入一个“模型引用部件表”来实现两者之间的多对多关系。

当有新的地质资料到来需要对地质对象进行修改时，先根据新的地质资料分析地质对象，然后在三维软件中根据新的分析对地质对象进行修改，包括对地质体形状和描述信息的修改，修改完毕后把新的对象信息提交到数据库系统中。三维模型中保存地质体引用的信息，而非完整的地质体数据，当引用的地质体被更新后，三维模型中地质体形状和描述信息会自动更新，引用了该地质体的其他所有三维模型也将自动更新。这体现了地质成果的动态性。

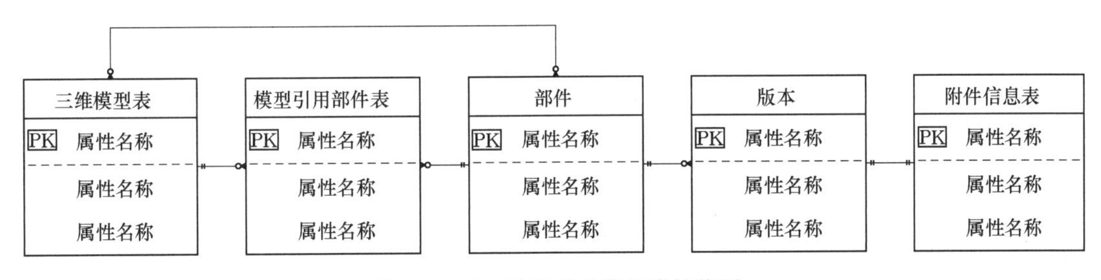

图 3.4-13 地质成果数据库结构图

地质对象成果和地质对象部件版本之间是一对多关系，一个地质对象成果包含多个地质对象版本，当新版本出现后，原来版本默认为“不可见”。一个地质对象成果的所有版本均由其自身拥有和维护，在工程项目的生命周期内地质对象成果版本随着资料更新而更新，版本号逐次递加，最后会形成地质成果版本序列，而默认“可见”的是最大版本号的成果。这体现了地质成果的固化。

3.4.4.3 成果过程可追溯

地质成果的过程信息指的是地质体所依据的原始资料来源。前面已经论述了地质体其实是对点线面对象的引用，本身不具有任何几何信息。那么，所谓地质体所依据的原始资料来源其实就是地质体所引用点线面的资料来源。点线面表结构已经在前面进行了分析。原始资料是什么呢？

原始资料是地质工作者现场采集的第一手资料，可以分为地质测绘、勘探、物探、试验等资料。原始资料是一个地质对象集合，包含多个点线面对象或体对象。要建立地质体与原始资料之间的来源关系，其实就是要建立地质对象与地质对象之间的自引用关系，而且这种自引用关系也是一种多对多关系，因为一个原始资料点可以被多个点线面对象所引用，同样一个点线面对象也可以引用多个原始资料点。

每个一个地质成果都保存了其所依据的原始资料点线面对象，成果过程自然就可追溯了。

3.4.4.4 地勘数据结构

数据库核心设计以工程为主线，工程之下是工程阶段，然后是地质对象集合和地质对象。数据库主干结构如图 3.4-14 所示。

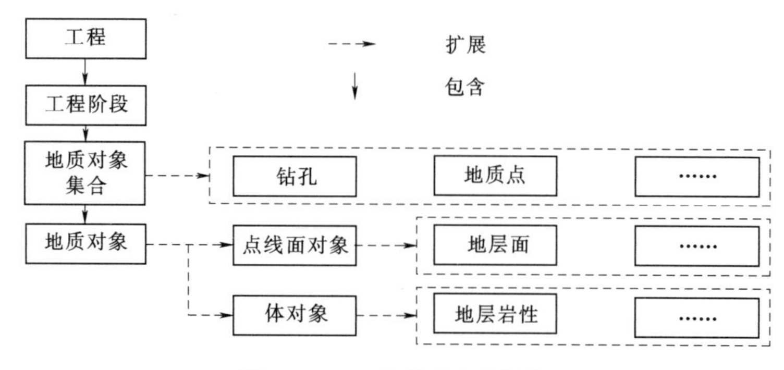

图 3.4-14　数据库主干结构

3.4.5 地勘数据中心

地勘数据中心以地质数据库为基础，信息通过接口进行交互。采用面向服务（service-oriented architecture，SOA）计算体系结构，将不同功能单元模块（即服务），综合在一起构成接口与服务层。接口是采用中立的方式进行定义的，它独立于实现服务的硬件平台、操作系统和编程语言，为接入的各部分提供了统一和通用的交互方式。数据中心架构如图 3.4-15 所示。

应用程序的不同功能单元（称为服务）通过这些服务之间定义良好的接口和契约联系起来。接口是采用中立的方式进行定义的，它独立于实现服务的硬件平台、操作系统和编程语言。这使得构建在各种这样的系统中的服务可以以一种统一和通用的方式进行交互。

这种具有中立的接口定义（没有强制绑定到特定的实现上）的特征称为服务之间的松耦合。松耦合系统的好处有两点：一点是它的灵活性；另一点是，当组成整个系统的每个应用的内部结构和实现方式逐渐发生改变时，它能够继续存在。相反，紧耦合意味着应用程序的不同组件之间的接口与其功能和结构是紧密相连的，因而当需要对部分或整个应用程序进行某种形式的更改时，它们就显得非常脆弱。

以地质数据库加服务接口实现的地勘数据中心是一体化方案的基础。各应用系统可以看作是数据中心的消费者，通过接口消费地质信息，同时将新产生的地质信息返还数据库。任何应用系统都不能据有地质信息，也不能单独解释一个地质信息的全部含义，只能加工改变地质信息的一个侧面。

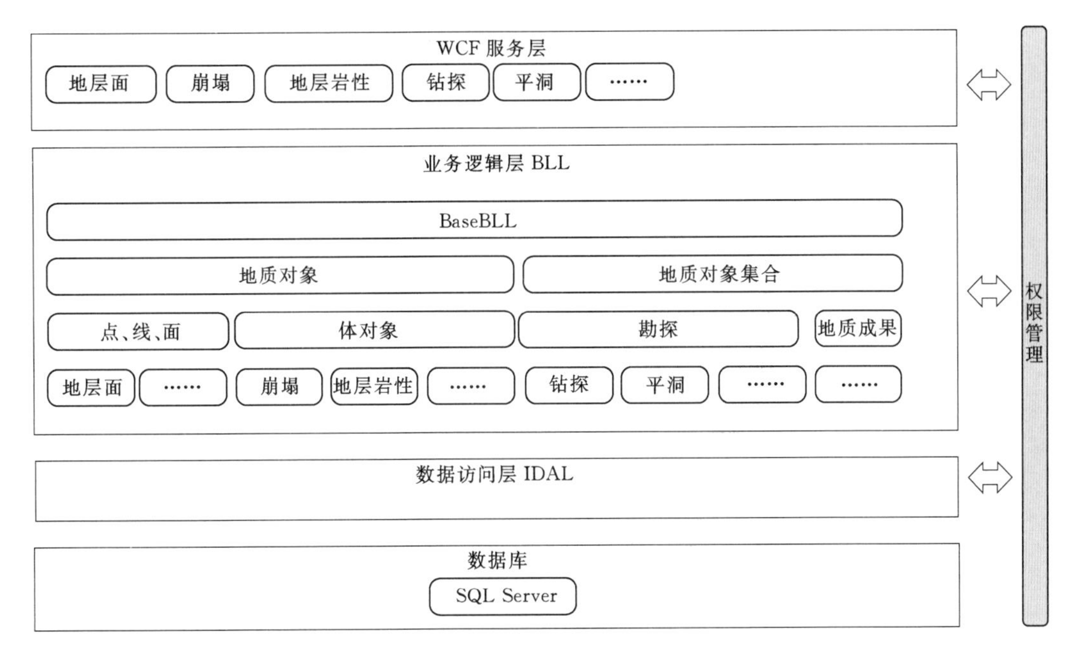

图 3.4-15　数据中心架构图

这样，接口的设计就显得尤为重要。接口又分为专业接口与公共接口。概括而言，专业接口是为了完成专业生产而设计的接口；而公共接口是专业公开出来提供给协同其他各专业调用的接口。从层次上来说，公共接口以专业接口为基础，公共接口是对专业接口的再封装。这样也从层次上确保系统能被成功设计，这样认为的理由在于其他专业对本专业数据的访问广度与深度是小于本专业的，从而决定了公共接口只能是专业接口的子集。而专业设计的要点在于专业接口的设计。

SOA 和其他企业架构的不同之处就在于 SOA 提供的业务灵活性，创建一个业务灵活的架构意味着创建一个可以满足当前还未知的业务需求的架构。

第 4 章

水电工程地质一体化系统概述

该系统将系统功能归结为基础功能和用户应用模块两部分共三个模块，基础功能完成后，通过对这些功能的调用，就可实现各场景的专业应用，本章着重介绍基础功能。

4.1 功能模块概要

4.1.1 功能模块

系统主要功能分为基础功能、专业应用功能、成果输出功能。各功能模块如图 4.1-1 所示。

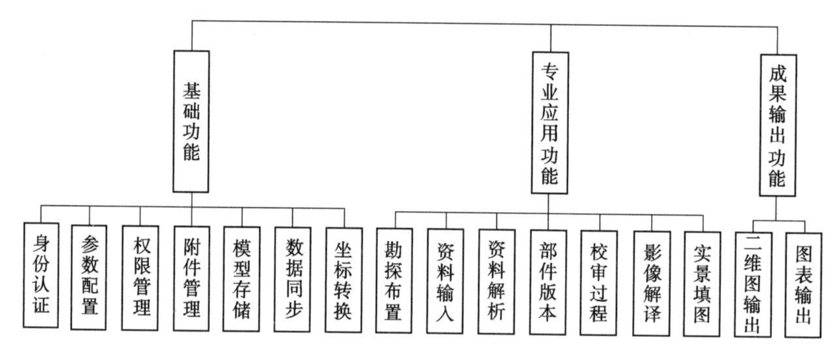

图 4.1-1 功能模块图

系统由现场数据采集的 FieldGeo3D 和内业分析的 GeoSmart 构成，主界面分别如图 4.1-2 和图 4.1-3 所示。

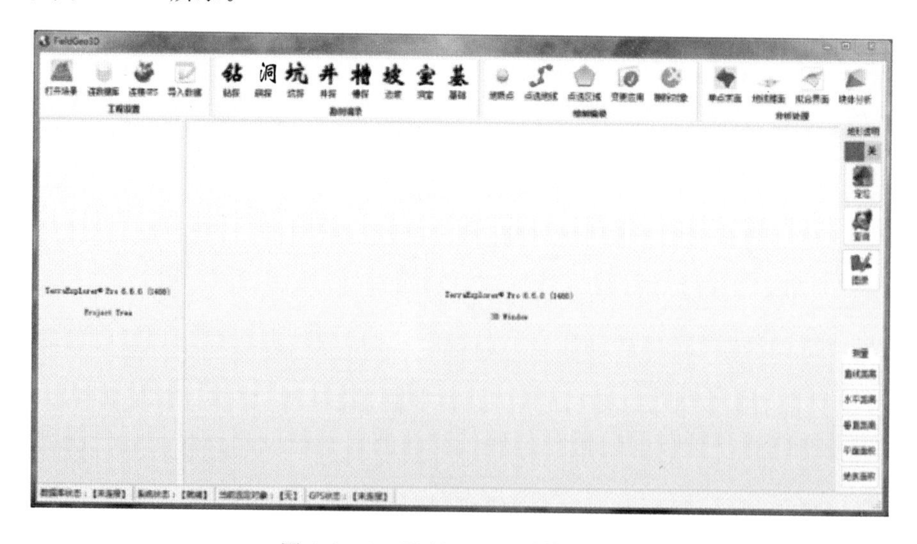

图 4.1-2 FieldGeo3D 系统主界面

图 4.1-3　GeoSmart 主界面及组成

FieldGeo3D 是适用于现场采集的平板系统，主要以离线操作的方式、以三维实景填图的模式记录、编录现场资料。GeoIM 用于采集、管理诸如钻孔、平洞、坑槽井、施工编录、地质测绘、试验等各类地质原始数据，Hydro GOCAD 用于三维建模与分析，GeoIA 用于信息查询管理与综合应用。

4.1.2　软硬件环境

系统硬件要求包括 1 台数据库服务器、1 台应用服务器和多台终端，系统硬件要求见表 4.1-1。

表 4.1-1　　系统硬件要求

设备名称	数量	建议配置
数据库服务器	1	Xeon 2.4GHz * 2/8GB/320GB
应用服务器	1	Xeon 2.4GHz * 2/8GB/320GB
终端	视需要而定	19 英寸以上/Intel 酷睿 i5/4GB/320GB

系统软件环境要求见表 4.1-2。

表 4.1-2　　系统软件环境要求

软件名称	软件厂商	产品 & 版本
操作系统（服务器）	Microsoft	Windows Server 2008
操作系统（终端）		Windows 7 以上
开发工具（语言）（C#、C++）		Visual Studio 2012 .NET
数据库		SQL Server 2012
DevExpress WinForm 控件	DevExpress	2015
应用服务器	Microsoft	IIS 7.0

4.2 系统基础功能

4.2.1 集成登录

1. 身份认证

解决在线、离线用户认证和权限确认问题，并为接入系统的第三方软件提供登录服务。身份认证功能架构如图 4.2-1 所示。

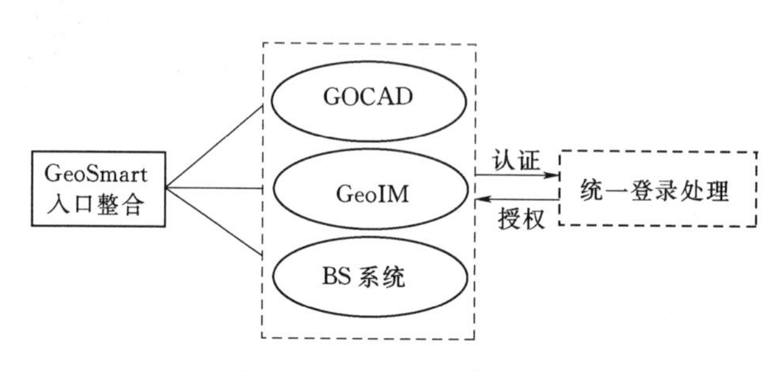

图 4.2-1 身份认证功能架构

2. 在线登录

在局域网内使用时，为了确保数据的安全，登录用户身份必须通过 AD 服务器的验证后方可进入系统。

3. 离线登录

地质勘探时常会在野外作业，当遇到没有网络的情况时，采集的数据如要进入数据库则需要使用离线模式，为了确保数据安全，操作人员的身份必须通过离线验证机制的登录验证后方可进入系统。

退出或注销流程是：当选择注销当前用户时，系统需要检查当前是否有正在运行的使用认证服务的实例系统。若存在，则提示用户先退出这些实例系统；若不存在，则系统清除内存中的数据，并将用户凭据文件中的用户数据删除。系统响应应用程序退出事件，当应用程序退出时清除内存中的用户数据，并将用户凭据中临时的用户数据删除。

4. 集成登录

集成登录包括信息系统集成、系统安全、角色、在线、离线等功能，集成登录界面如图 4.2-2 所示。

5. 权限分配

为了规范用户操作，对用户权限进行如下划分：

(1) 系统管理员。系统管理员是在系统建立之初所设置的一个系统账号，系统管理员在系统中的主要权限是对工程项目、系统字典、系统信息、系统附件等进行管理操作。

(2) 工程负责人。工程负责人是由系统管理员在新建工程项目时指定的对工程项目进行全面管理的唯一人员，是在工程项目中对具体信息数据具有最大操作权限的人员。工程负责人在系统中所分配的权限是对所负责工程项目的所有相关信息进行管理操作。

图 4.2-2　集成登录界面

（3）工程设计人员。工程设计人员权限由工程负责人负责分配。在系统中工程设计人员除未被分配工程信息管理、存档和解锁权限外，其他的权限基本上与工程负责人相同。

（4）工程校审人员。工程校审人员角色可以由工程负责人或工程设计人员进行指定。在系统中工程校审人员被分配的权限是对数据的校审权限和报表的查看权限，不分配其他任何权限。

（5）工程设计校审人员。工程设计校审人员权限由工程负责人负责分配。工程设计校审人员是集工程设计人员及工程校审人员所有权限为一身的一个角色。在系统中该人员既具有工程设计人员对数据的操作权限，同时又具有工程校审人员对送审数据的审批权限。

（6）工程其他人员。工程其他人员角色由工程负责人或工程设计人员进行指定。在系统中工程其他人员的权限是最小的，只具有所属工程项目内容的查看权限，没有任何编辑权限。

4.2.2　数据同步

数据同步包括数据下载、数据同步的功能（图 4.2-3）。

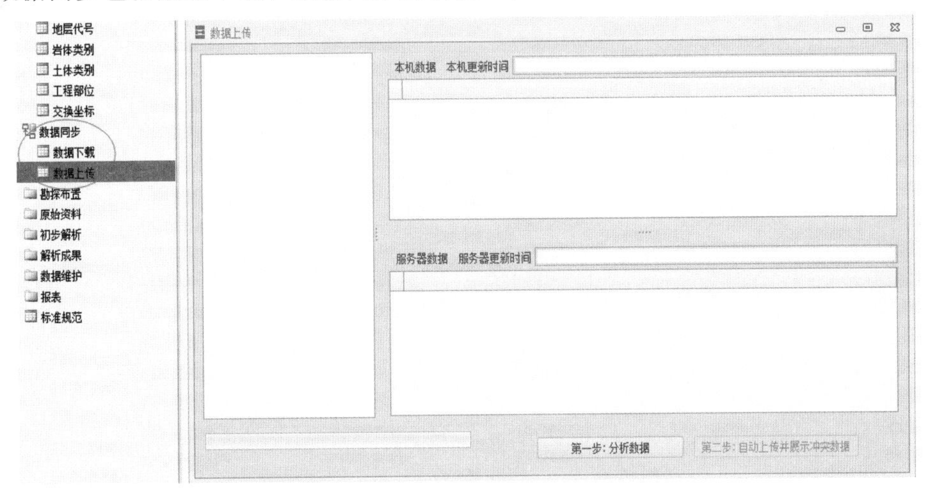

图 4.2-3　数据同步

4.2.3 坐标转换

对各类勘探编录下所有界限及界限明细坐标，利用坐标系统，进行相对坐标与绝对坐标之间的相互计算，以确保坐标系统、界限（或界限明细）相对坐标、界限（或界限明细）绝对坐标三者之间的一致性和坐标值的准确性，为模型部件的绘制和后续其他工作的开展提供支撑。坐标计算包括初算坐标和重算坐标两种方式：

（1）初算坐标。实现对单个界限进行坐标计算。依据控制点坐标或工程开挖坐标，对单个界限的界限相对坐标、界限绝对坐标、界限明细相对坐标、界限明细绝对坐标进行计算。

（2）重算坐标。按照初算坐标的计算逻辑，在控制点坐标或工程开挖坐标调整后，对单个或多个数据来源下所有界限和界限明细坐标进行批量计算。

坐标转换的总体原则：相对坐标到绝对坐标自动计算，绝对坐标到相对坐标手动控制。

初算坐标时，界限及界限明细，从相对坐标到绝对坐标的计算，由系统自动计算实现；从绝对坐标到相对坐标的计算，通过手动控制完成。此操作逻辑存储在“重算标示”中。

重算坐标时，通过界限或界限明细的“重算标示”控制计算逻辑，以复现初算坐标的逻辑顺序。

坐标转换以最后输入值为准，此原则用于存储初算坐标的计算逻辑，并用于重算坐标按此逻辑自动计算。计算逻辑要求存储用户最后手动输入的是相对坐标还是绝对坐标？系统约定用户最后手动输入的值应该为基准值，并以此控制计算方向。例如，如果用户最后输入的是绝对坐标，则按绝对坐标计算相对坐标；如果用户最后输入的是相对坐标，则按相对坐标计算绝对坐标。

坐标计算主要存在以下两种操作方式：一是针对单数据来源进行初算坐标和重算坐标；二是针对一个工程阶段下所有数据来源进行批量重算坐标。单数据和多数据来源流程分别如图 4.2-4 和图 4.2-5 所示。

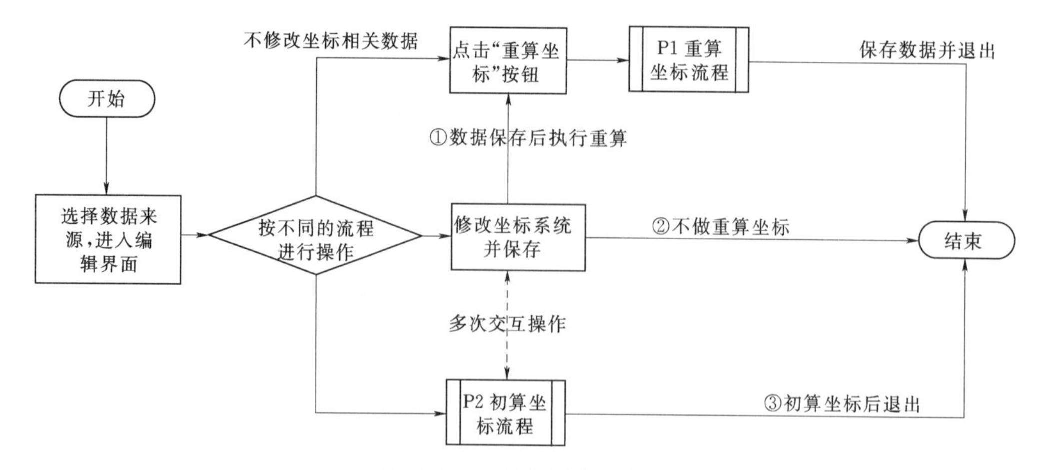

图 4.2-4 单数据来源流程

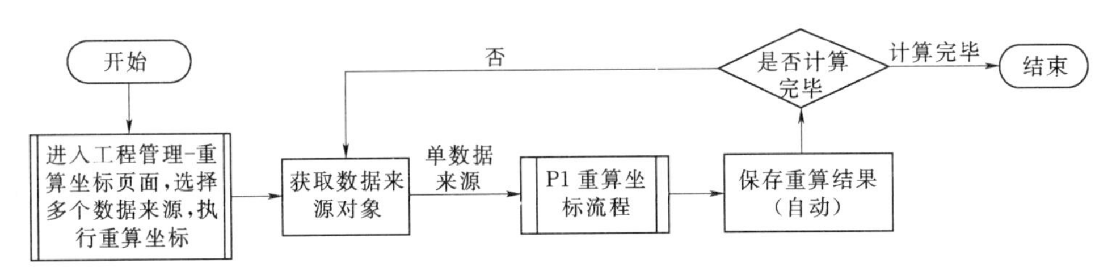

图 4.2-5　多数据来源流程

4.2.4　部件及其版本

在工程设计中一个部件的最终定型有可能涉及多次修改，为了达到部件的每一个修改版本都可追溯以及一个部件对应一个综合描述信息的要求，设计了部件分版本存储的功能，并在其中加入了部件校审流程以及综合描述库的概念和功能。

1. 部件分版本存储

部件以地质对象为基础，用户可以在 GOCAD 中通过三种方式创建地质对象，一个部件可以由多个版本组成，每一个版本是一个地质对象。

一个部件的地质对象类型以发布时的基础地质对象为准，但以后的版本所属地质对象类型不做强制限制，一个模型可以引用多个公共部件。如果部件存在多个版本，要让用户可以自由切换查看。

2. 部件校审

部件校审流程清晰，有明确的状态标识并且可以追溯查看。

3. 综合描述库

工程的每一个设计阶段都存在一个综合描述库，综合描述库包含了不同地质对象类型的多条综合描述记录。一个部件对应一条综合描述记录，并且可以修改综合描述记录内容以及修改引用其他综合描述记录（图 4.2-6）。

部件类型	部件编号	部件名称	最新版本号	可用版本号	位置	工程部位	是否已送审	是否已审批	是否已存档
地层岩性	6	6	1	0		上坝址	✓		
构造分段	11	11	0	0		下坝址			
地层岩性	0010	左岸覆盖层1底界	1	1		坝址区	✓	✓	
地层岩性	002	一层顶界	1	1		下坝址	✓	✓	
构造分段	m	m	0	0		下坝址			
地形地貌	CESHI_001	CESHI_001	1	1		厂址区	✓	✓	
地形地貌	cad_ceshi_001	cad_ceshi_001	1	1		厂址区	✓	✓	
地层岩性	11111	2222	0	0		下坝址			
地层岩性	001	砂层上界	0	0		上坝址			
地形地貌	dx1	地形面（1：1000）	1	1		上坝址	✓	✓	
地形地貌	Dx02	河床地形	1	1		上坝址	✓	✓	
潜在失稳块体	ceshi-0011212	ceshi-0011212	0	0		厂址区			
地形地貌	dx-1	地形面	1	1		厂址区	✓	✓	

图 4.2-6　综合描述库

4.2.5　公共模型

用户创建的公共模型所有用户可见，公共模型进行部件引用时必须是部件的最新可用版本，公共模型创建后可以进行相关的校审流程，送审后不能进行部件的引用修改，但是可以对模型进行相关的出图操作等。模型的解锁状态只能由工程负责人更改，解锁后的公共模型才可以进行部件的引用修改。

主要实现公共模型的创建和公共模型的校审流程以及相关的删除和操作人员的权限控制等。

4.2.6 校审过程

在完成原始资料录入、初步解析、综合分析、建模和信息关联以后，工程地质人员需要把这些工作的成果提交校审。该模块提供的功能是完成原始资料及相关解析成果的校审，其主要流程为：送审→审批→存档→解锁。在数据维护的整个过程中系统都会进行记录，同时在对应数据的“校审记录”地质对象页签中展示记录数据内容，以便于查看数据校审情况和核对校审流程是否正确。

1. 功能设计

功能设计包含部件、地质体发布及校审流程。基本上是按照发布→送审→审批→存档→解锁的系统发布流程进行的，其中也包括相应操作的规则，比如在对对象状态进行判断之后决定流程的走向。

面部件的功能设计有送审、校审、置可改等。

(1) 送审。用户在GOCAD指定部件下的准版本节点上点击“送审”按钮，在弹出的信息框中输入基本信息后点击“确定”按钮启动校审流程，此时数据库中准版本的版本号从－1修改为部件的最大版本号，同时模型部件表中的最新版本号修改为最大版本号，送审完成后当前人员的部件状态为“送审中”，部件下准版本节点被修改为最新版本。

(2) 校审。具有审核权限的人员登录系统后，在打开模型操作界面时能看到“待校审”的部件信息列表，用户可以选择一条记录进行校审，也可以进入模型后查看部件实际图形情况后再校审，如果校审人操作模型时不能看到所校审的部件图形，则应先添加对公共部件的引用后再进行查看校审。

(3) 置可改。当用户认为正式部件需要修改时，由部件创建人员在GOCAD中选择该部件后点击“置可改”按钮，在弹出的界面中指定修改人员，点击“确定”按钮后部件流转到所指定的人员，由其对部件进行修改后再次启动送审流程。

根据所处校审流程，不同部件的状态有4种：送审中、待修改、修改中、正式。部件校审流程如图4.2-7所示。

地质体送审流程包括送审、审批、存档、解锁，“未送审”状态的地质体可以进行送审，送审的地质体被锁定不能被编辑，送审需指定校审人员，而且可以指定多个校审人员，当指定多个校审人员时，只要有一个校审人员未审批通过，则认为此地质体未审批通过，并返回送审人并解除锁定。地质体送审通过后，地质体被锁定不能被编辑，审批通过的地质体可进行存档，存档后的地质体被锁定不能被编辑，在审批、存档的过程中，地质体都是被锁定不能被编辑的，但工程负责人可随时指定修改人对锁定的地质体进行解锁，解锁后的地质体返回“未送审”状态，地质体校审流程如图4.2-8所示。

2. 界面展示

(1) 送审。工程地质人员选定需要送审的对象，通过点击页面上的“送审”按钮，将

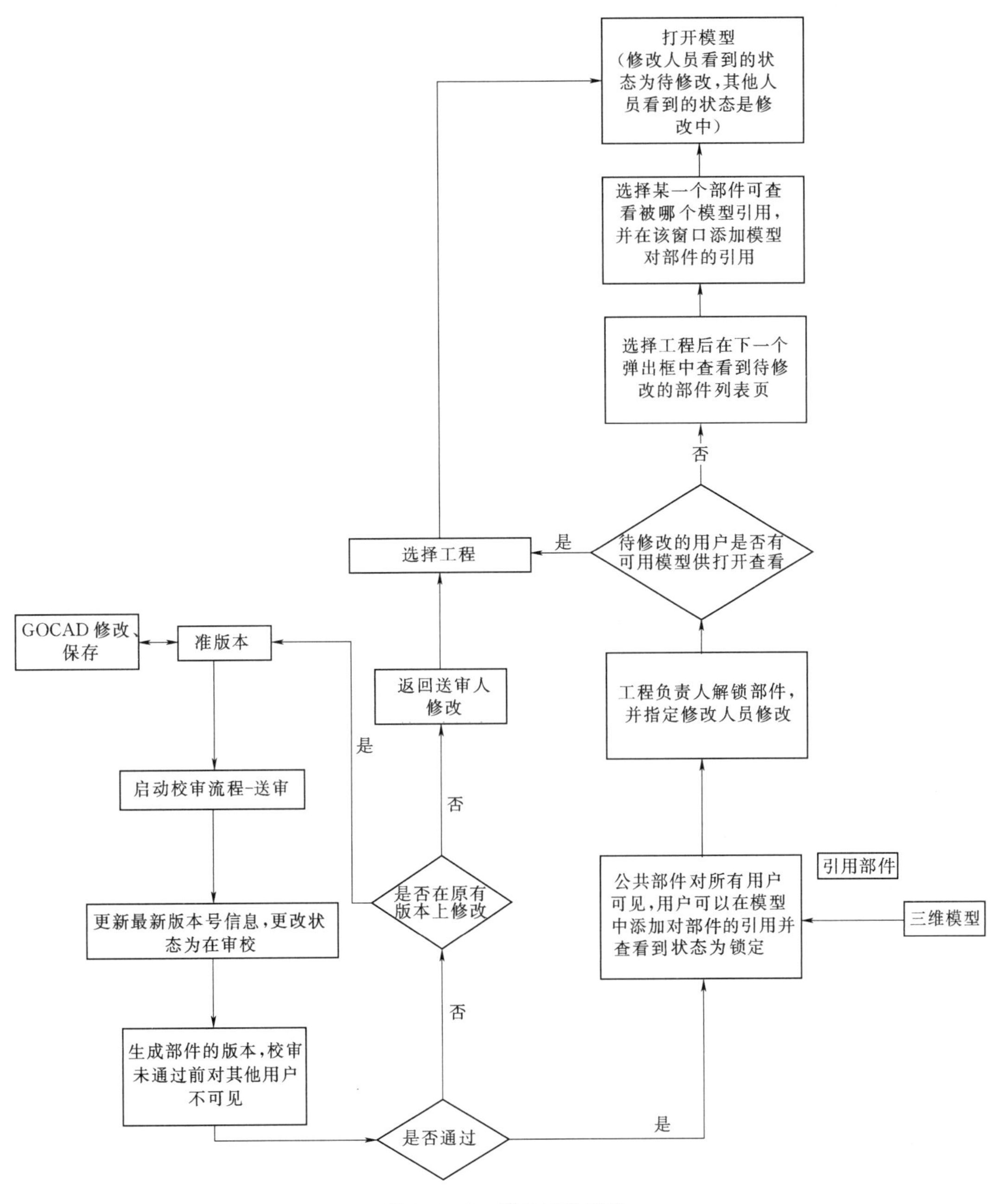

图4.2-7　部件校审流程

该资料提交送审，在弹出的对话框内指定校审人员、填写送审说明等并提交，送审界面如图4.2-9所示。

(2) 审批。数据完成送审后，被指定的校审人员即可在系统内进行数据审批流程操作，在系统提供的校审记录编辑对话框内，读取送审说明，填写校审意见。系统会自动记录校审时间等。当所提交的送审资料需多级校审时，系统还能够自动记录该资料经过了何级校审，逐级记录校审信息，审批界面如图4.2-10所示。

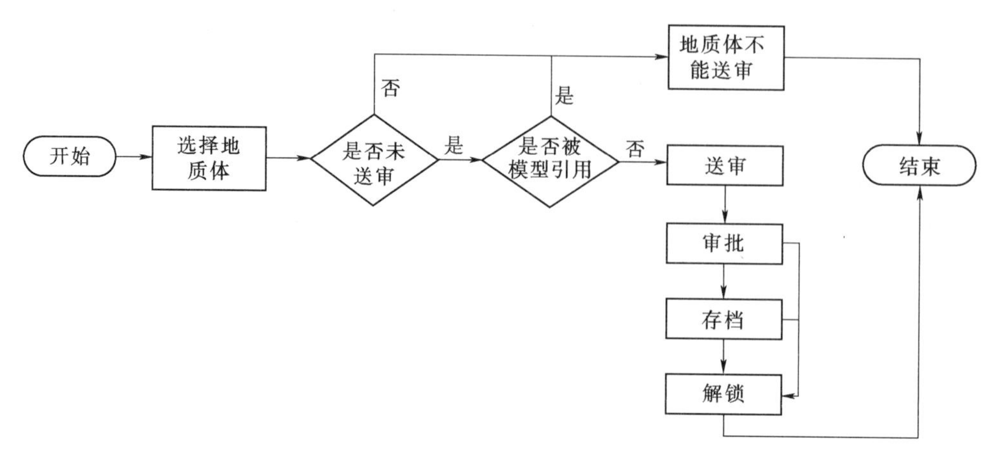

图 4.2-8　地质体校审流程

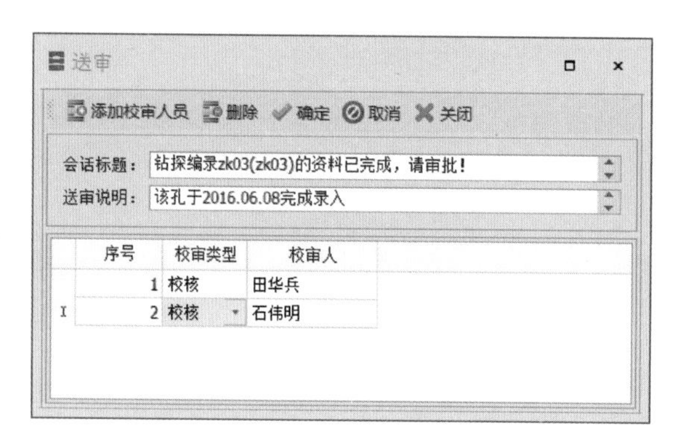

图 4.2-9　送审界面

图 4.2-10　审批界面

当发生某条送审数据审核不通过时，送审数据将会返还给送审人员，送审人员根据审批意见完成修改后进行重新送审，直到审批通过。

（3）存档。在送审工程数据通过审批后，该工程数据即完成审批流程，在此以后不可进行修改，工程地质人员仅可对该数据进行存档操作，存档界面如图 4.2-11 所示。

（4）解锁。在工程地质信息数据完成存档操作后，任何人员将无法对数据进行编辑操作。但在实际工作中，可能会因为具体的情况（如数据的更新等）需要对已存档数据进行编辑，在这种情况下就需要对已存档数据进行解锁，恢复数据的可编辑状态。

为保证工程数据的安全，此功能仅被赋予此权限的人员操作使用。具有该权限的设计人员，通过系统界面左侧的“业务工作”树中的“解锁”选项进入操作界面，通过“增加”按钮选取需解锁的数据，解锁界面如图 4.2-12 所示。

在指定修改人并注明解锁意见后，需对解锁操作再次确认（图 4.2-13）。

解锁完成后，钻探编录列表界面中的校审状态将会恢复到送审之前，并且在对应钻探编录详细数据页面的“校审记录”对话框的“解锁”页面中将会看到该数据的解锁记录（图 4.2-14）。

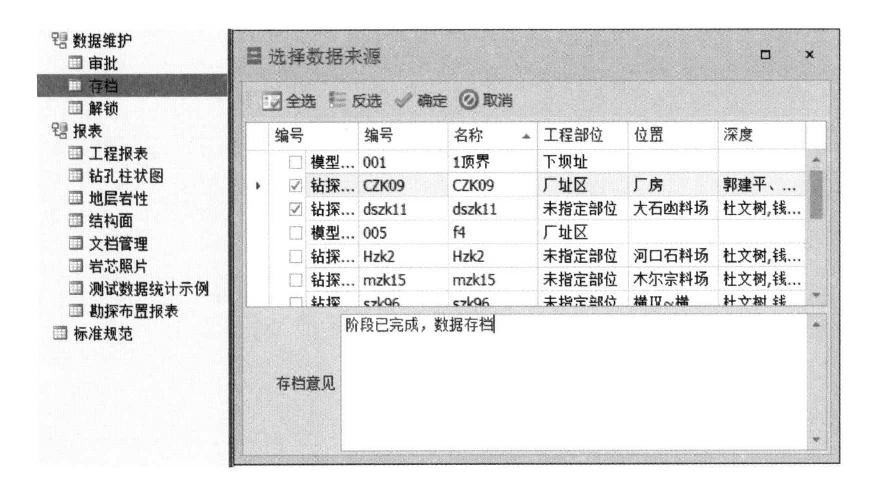

图4.2-11　存档界面

图4.2-12　解锁界面

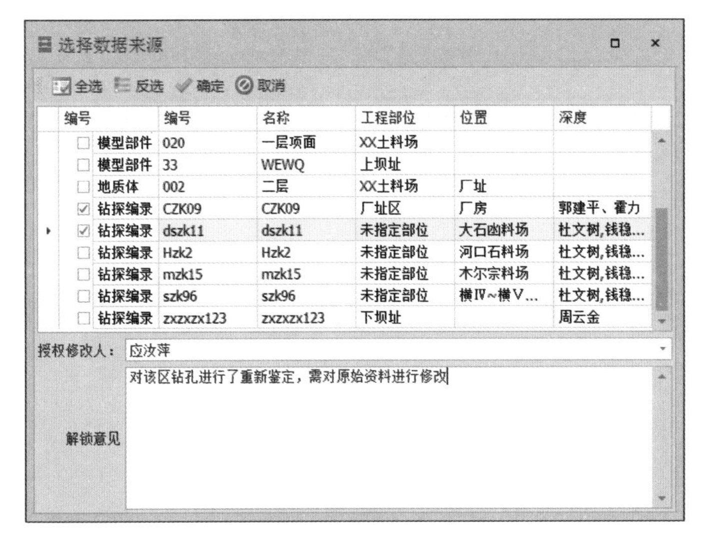

图4.2-13　确认解锁

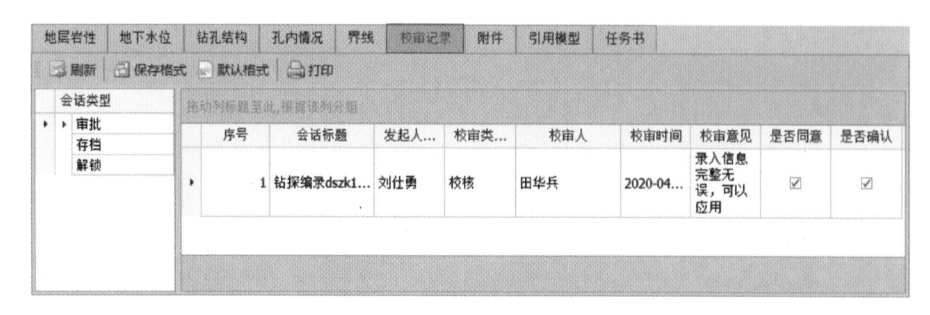

图 4.2-14　查看校审记录

4.2.7　系统字典

系统字典用于定义各类标准化录入的条目、字段、模板等。截至目前，系统内已定义各类字典 15 大类 133 小类共 919 条目。

（1）附件相关。2 个小类，共 96 个条目（图 4.2-15）。

图 4.2-15　附件相关字典

（2）工程相关。15 个小类，共 178 个条目（图 4.2-16）。

（3）界限相关。2 个小类，9 个条目（图 4.2-17）。

（4）地层岩性相关。27 个小类，211 个条目（图 4.2-18）。

（5）构造相关。7 个小类，共 41 个条目（图 4.2-19）。

图 4.2-16　工程相关字典

图 4.2-17　界限相关字典

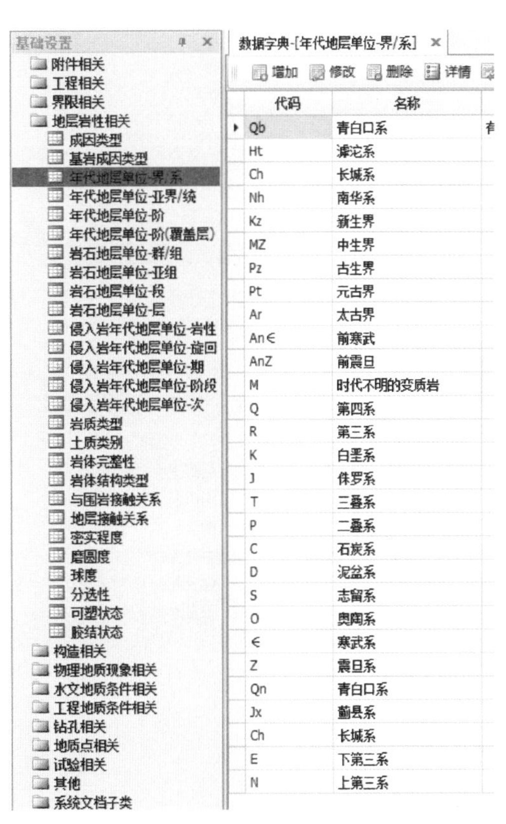

图 4.2-18　地层岩性相关字典

(6) 物理地质现象相关。37 个小类，共 152 个条目（图 4.2－20）。

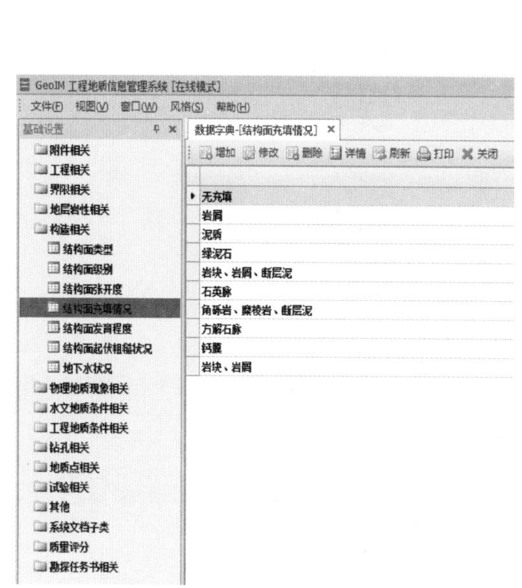

图 4.2－19　构造相关字典

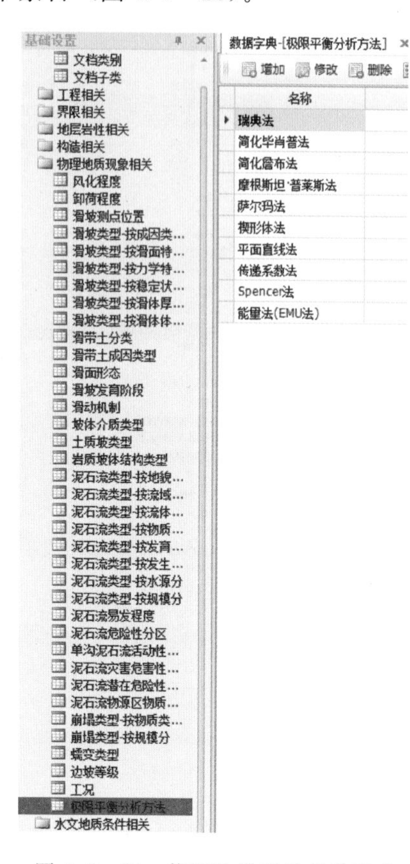

图 4.2－20　物理地质现象相关字典

(7) 水文地质条件相关。2 个小类，6 个条目（图 4.2－21）。

(8) 工程地质条件相关。2 个小类，2 个条目（图 4.2－22）。

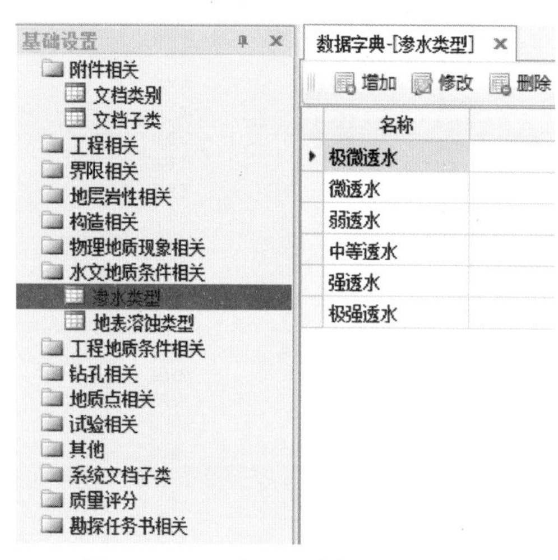

图 4.2－21　水文地质条件相关字典

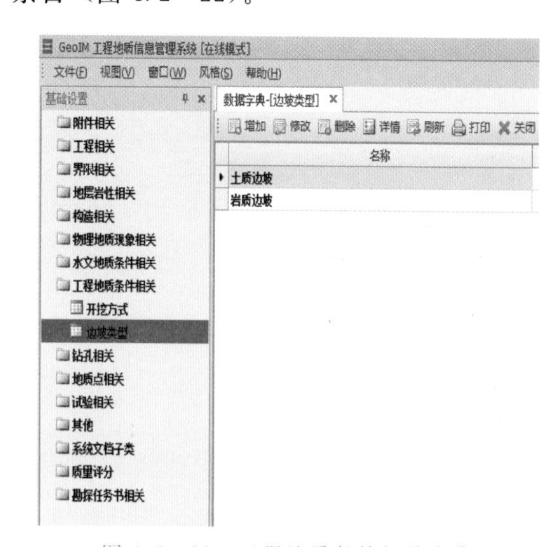

图 4.2－22　工程地质条件相关字典

（9）钻孔相关。5个小类，24个条目（图4.2-23）。

（10）地质点相关。1个小类，4个条目（图4.2-24）。

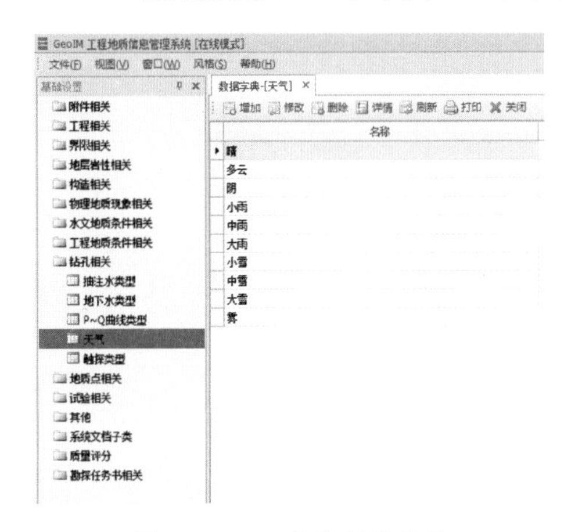

图4.2-23　钻孔相关字典

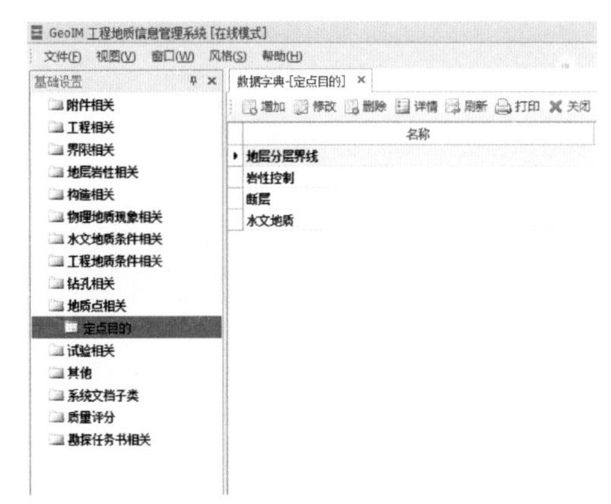

图4.2-24　地质点相关字典

（11）试验相关。9个小类，54个条目（图4.2-25）。

（12）其他。1个小类，7个条目（图4.2-26）。

图4.2-25　试验相关字典

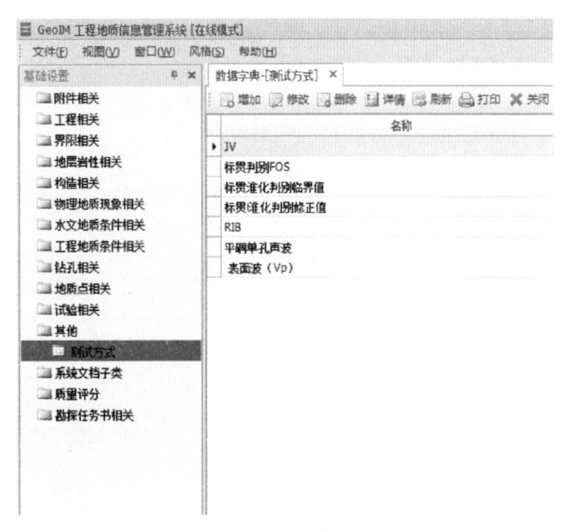

图4.2-26　其他字典

(13) 系统文档子类。1 个小类，12 个条目（图 4.2-27）。

图 4.2-27　系统文档子类字典

(14) 质量评分。17 个小类，119 个条目（图 4.2-28）。

图 4.2-28　质量评分字典

(15) 勘探任务书相关。5 个小类，4 个条目（图 4.2-29）。

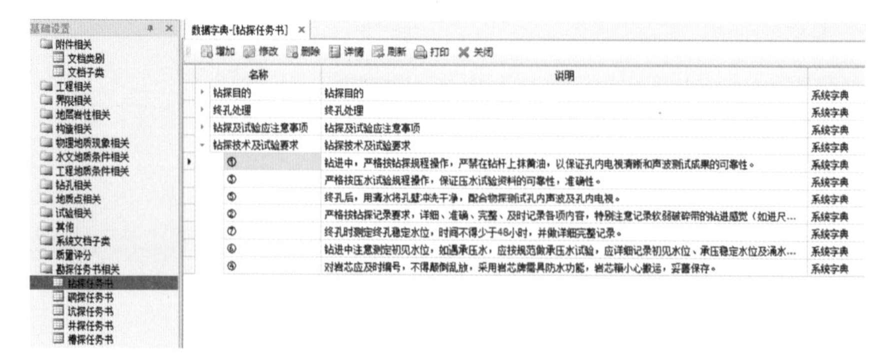

图 4.2-29　勘探任务书相关字典

第 5 章

现场数据采集

三维实景地质填图系统的研发目的是为了更加准确地辅助、指导工程地质野外编录测绘活动，进而为工程勘察、设计和施工建设服务。

传统的水电工程地质野外编录测绘工作仅采用平面地图、地质编录卡、GPS、电子罗盘等设备作为工作工具，数据记录多为纸质版本，保存管理不易，且数据信息不直观，不利于前后数据的对照分析。三维实景地质填图系统以三维实景地图替代平面地图，结合工程地质数据库和GPS、地质罗盘接口，设计了一套采集地质来源数据的三维数字化编录流程，最终将信息保存到数据库中。

5.1 三维实景填图

5.1.1 数据准备

三维实景地质填图系统是服务于工程地质野外编录测绘工作的三维数字化辅助工具，其基本工作要求是在待开展地质测绘区域的三维实景地形地图上，实时呈现当前地质工作的信息和数据。因此，在进行工程地质野外编录测绘工作前，应先准备好必要的地质编录计划，并制作编录区域的三维地形。

三维实景地质填图系统以 Skyline TerraExplorer Pro 的三维引擎为基础图形内核，Skyline 系列平台有其独特的三维地形数据格式和制作处理手段，且其针对三维地形的优化使得浏览展示和细节渲染不再受限于计算机的配置，特别适合在野外现场使用平板电脑进行实际操作。

针对 Skyline 系列平台，目前有两种制作三维实景地形的方法：

（1）采集待编录测绘区域的地形影像资料和地形高程资料，利用 Skyline TerraBuilder 将影像与高程融合处理为三维地形 MPT 文件。其具体步骤如下：

1）获取地形影像信息。可在现场实地，通过卫星、航拍飞机、无人机等获取航拍影像，并按照坐标拼接为编录区域完整的影像。还可通过一定的技术手段从谷歌地图、谷歌地球等一系列开放地图地球云平台获取所需的影像信息。同时，也可通过国土资源部等信息资源平台获取相关影像信息。

2）获取地形高程模型。数字高程模型的实地获取方法主要有 4 种：野外人工测量、立体摄影测量、传统雷达测量和激光雷达测量。其中，激光雷达技术（LiDAR）是近年兴起的一项新技术，它通过集激光、全球定位系统（GPS）和惯性导航系统（INS）三种技术于一身，获得数据并生成精确的数字高程模型。同时，也可通过技术手段从谷歌地球提取相应的高程数据。

3）使用 Skyline TerraBuilder 制作地形 MPT 文件。首先，打开 TerraBuilder，设置

地形工程类型为Planar，并选定坐标系统。接着，导入影像数据和高程数据，分别作为制作地形MPT文件所需的影像图层和高程图层。最后，经过适当的人工区域校准和金字塔解算，即可获得欲编录测绘区域的三维场景地形MPT文件（图5.1-1）。

（2）利用倾斜摄影技术，通过航拍飞机、无人机等设备采集待编录区域的倾斜摄影数据，使用Skyline PhotoMesh或其他同类型倾斜摄影建模工具，解算生成三维地形MPT文件。其具体步骤如下：

1）获取地形实景的倾斜摄影原始数据，一般是具有像元重叠的影像照片。一般通过挂载在无人机或航拍飞机等轻型航摄设备上的影像采集装置获取数据。

2）利用Skyline PhotoMesh处理原始影像数据，通过像元重叠分析和图像定位、建立空三、建立密集点云、建立三维地形模型等一系列流程，最后获得相应的倾斜摄影模型文件。

3）利用Skyline CityBuilder将上一步所获得的倾斜摄影模型文件，融合相应坐标系统和地形参数，解算获得三维实景地形MPT文件。

前期准备工作除了应获取相应的三维实景地形文件以外，还需要在工程地质数据库系统中创建该工程的相关信息，并离线同步至对应的工作平板电脑中。

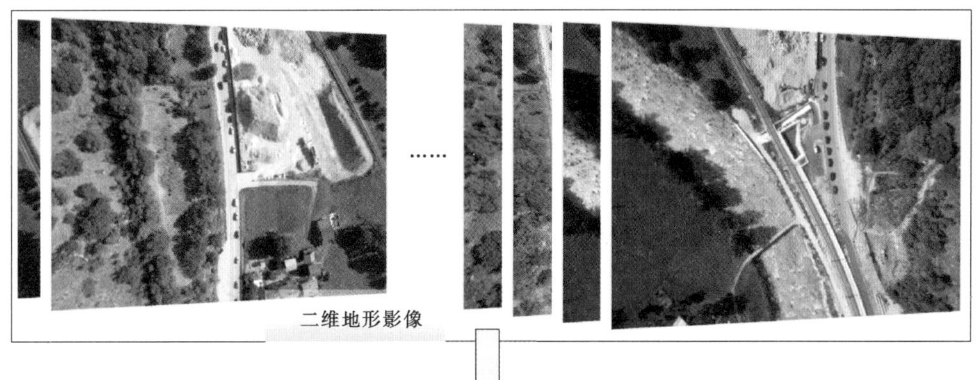

图5.1-1 从二维影像中建立三维地形实景

5.1.2 地质数据实时编录

三维实景地图和工程地质野外编录数据库是三维实景地质填图系统的两大基础，因此在运行三维实景地质填图系统之前，需准备好对应的三维实景地图，打开工程地质野外编录数据库，并保持在后台运行。

系统按照所编录的地质数据类别，将地质来源数据分为钻探编录、洞探编录、坑探编录、井探编录、槽探编录以及边坡、地下洞室、基础编录，分别以系统上方工具栏的“勘测编录”组中对应的按钮作为功能入口。各个类型地质数据的编录遵从相似的数字化编录流程。现以编录钻探信息为例，详细讲解编录地质原始资料的相关流程。

点击“钻探”按钮，系统提示开始进入“钻探编录”模式，在三维实景地图上根据GPS所指示的当前位置或其他信息点选待编录钻探信息的空间位置。随后系统自动呼出对应的钻探标准编录界面，同时其位置坐标信息已被自动填写。

在数字编录信息界面中，按照提示输入该钻探数据的对应地质信息并保存后，该钻探信息存入工程地质数据库，同时还将实时展示至三维实景地图上，用户可直观地观察所编录的钻探信息与周围地形、其他地质对象之间的空间关系，极大地方便了用户进行辅助分析判断。

其工作主界面及窗口布局如下：

主界面中部为三维实景可视化主界面，其左侧为对应工作对象的工程目录树，系统中的大部分可视化操作和地质模型的操作，都依附于这两个窗口。

主界面上方为一排工具按钮，按照功能划分为四组，分别是工程设置组、勘测编录组、绘制编录组和分析处理组。这些工具按钮是系统主要功能的入口。该系统为试配平板电脑和触屏操作，将工具按钮设置为大按钮、大图标，增加触控响应，并以简单方便为功能流程设计的原则，极大地方便了系统在平板电脑等触控式便携设备上的操作使用。

主界面右侧有一列工具栏控件，分别对应一些辅助类型的工具功能，如地形视图操作、查询、呼出图像编录、测量等，使用户在工作的同时更加方便地使用这些辅助工具。

主界面下方为系统状态栏，其实时显示了当前系统的一系列工作状态，有助于用户判断系统行为，提升用户体验。

启动三维实景地质填图系统后，首先应载入三维实景地图。点击工具栏“工程设置”组中的“打开场景”按钮，在弹出的选择文件对话框中选择上一节准备好的地形场景MPT文件，并打开（图5.1-2）。

连接数据库，输入用户名与密码，以离线方式登录后，系统将弹出工程项目及其工程阶段的选择界面（图5.1-3）。选择了对应的工程阶段后，系统将弹出工作模型选择界面（图5.1-4），选择已有的模型或新建模型后，系统便完成了与数据库的连接，此时状态栏中的“数据库状态”已更新为连接的数据库中对应的工程阶段名称。

连接GPS、电子罗盘。该系统所用的GPS、电子罗盘集成为一套外设设备，共用一套统一的数据端口，这将减轻野外工作人员的负担，并节约平板电脑有限且宝贵的端口资源。首先将GPS、电子罗盘一体设备以有线方式或蓝牙方式与平板电脑连接。随后点击工具栏“工程设置”栏中的“连接GPS”按钮，系统将自动搜索连接在平板电脑端口上

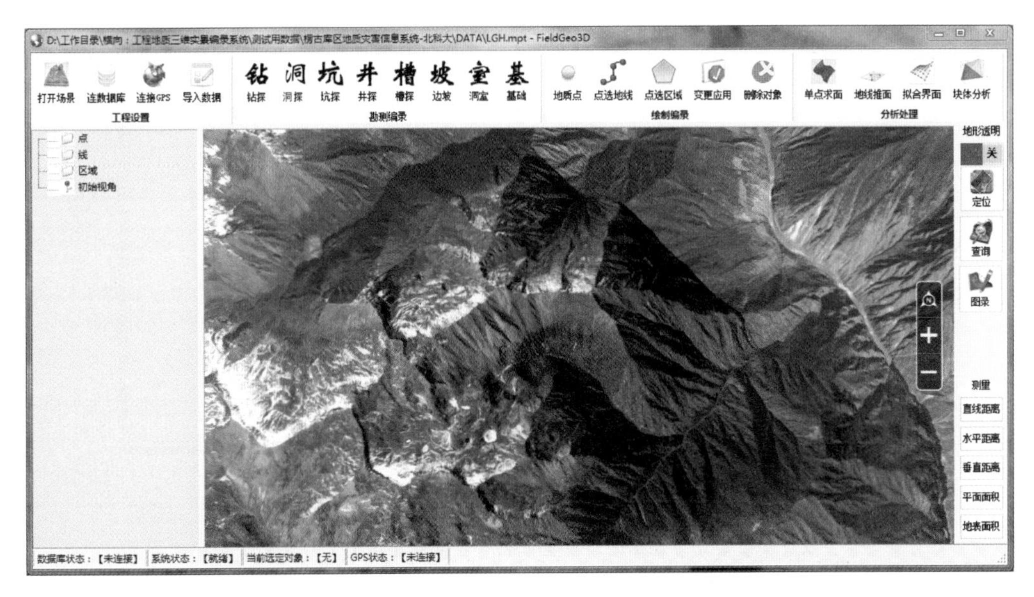

图 5.1-2　FieldGeo3D 载入地形后的工作主界面

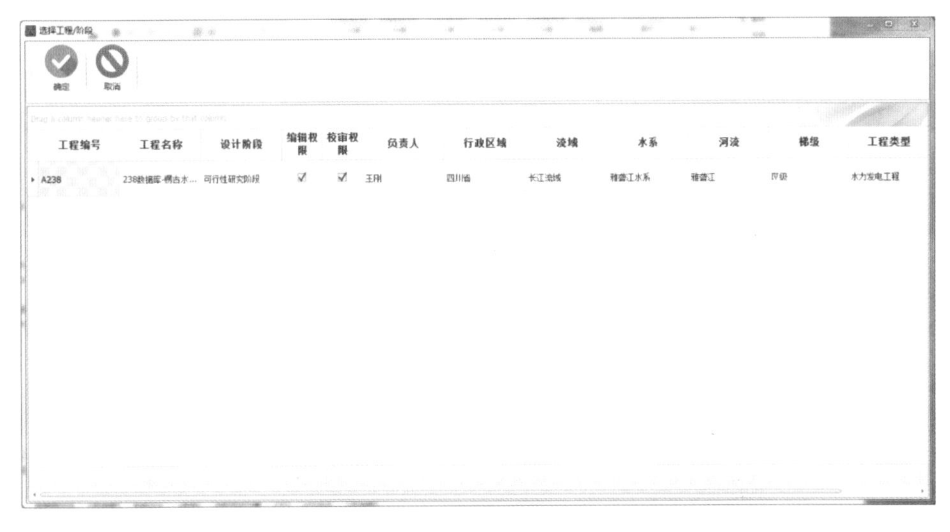

图 5.1-3　选择工程

的 GPS、电子罗盘一体设备，连接成功后，将在系统状态栏中显示相应状态指示，同时三维实景地图上也将指示当前 GPS 定位所在的位置。

导入数据库中已有的地质数据、信息。点击工具栏“工程设置”组的“导入数据”按钮，系统将呼出提取导入数据的界面（图 5.1-5）。该界面列出了当前所连接的数据库系统中，对应的工程阶段中所有已存在的地质数据。可通过每项地质数据之前的选择框进行筛选导入，所有导入的数据将按照其各自的空间坐标在三维地形场景中展示出来。值得一提的是，由于各种各样的原因，数据库中的数据并不能保证其记录的空间坐标在三维地形场景的范围以内，因此在左侧的工程目录树中，那些坐标在三维地形场景范围以外的地质数据，将

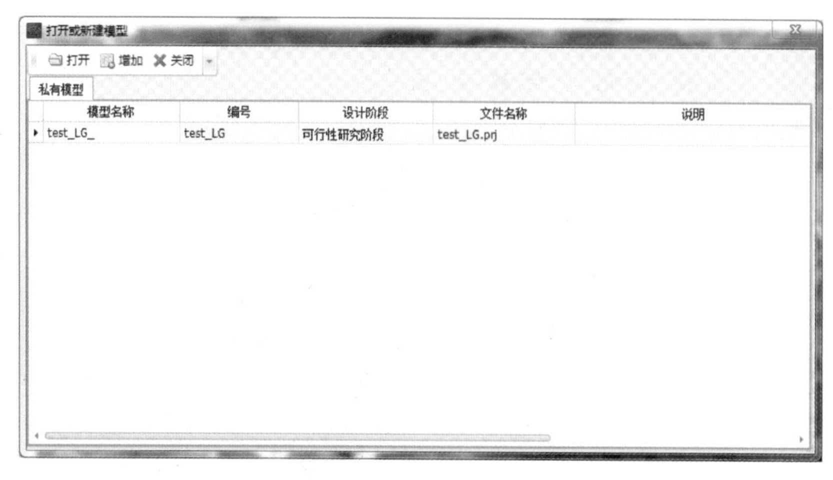

图 5.1-4　工程项目及工程阶段选择界面

图 5.1-5　导入数据界面

被附加上特殊标记，以示区别（图 5.1-6）。

在右侧的工具栏中，可选择三维实景地形的透明模式，以方便查看地质模型在地表以下的分布情况。“定位”按钮可以手动刷新 GPS 设备所读取的实时位置，并显示在三维实景地图中。“查询”按钮可根据用户在图中选定的地质对象，在数据库中查询对应的详细地质信息。“图录”按钮则是面向二维地质图件的绘制工具，其在后续章节中会有详细介绍。另外，系统还提供了一系列的测量工具，如直线测距、水平距离测量、垂直距离测量，以及平面面积、地形面积的估算。

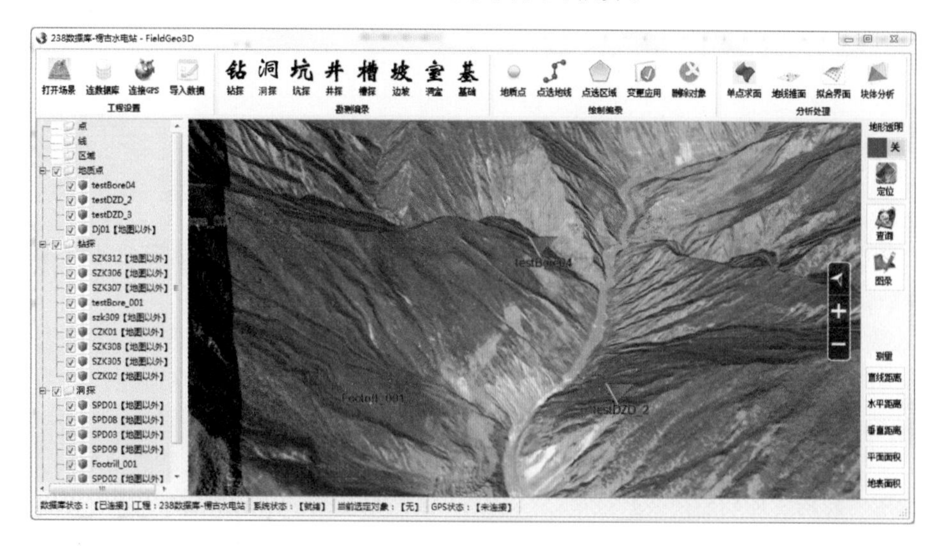

图 5.1-6　三维实景内的地质数据展示界面

按照所编录的地质数据类别，系统将地质来源数据分为钻探编录、洞探编录、坑探编录、井探编录、槽探编录以及边坡、地下洞室、基础编录，分别以系统上方工具栏中“勘测编录”组中对应的按钮作为功能入口。各个类型地质数据的编录遵从相似的数字化编录流程。现以编录钻探信息为例，详细讲解编录地质原始资料的相关流程。

点击“钻探”按钮，系统提示开始进入“钻探编录”模式，在三维实景地图上根据GPS所指示的当前位置或其他信息点选待编录钻探信息的空间位置（图5.1-7），随后系统自动呼出对应的钻探标准编录界面，同时其位置坐标信息已被自动填写（图5.1-8）。

图5.1-7　在三维实景地图上点选位置

图5.1-8　编录卡自动获取坐标

在数字编录信息界面中，按照提示输入该钻探数据的对应地质信息后，保存并关闭，该钻探信息即被保存进入工程地质数据库，同时还将实时展示至三维实景地图上。用户可在三维实景地图上直观地观察所编录的钻探信息和周围地形、其他地质对象之间的空间关系，极大地方便了用户进行辅助分析判断。

5.1.3 地质数据实时绘制

三维实景地质填图系统还为绘制类型地质对象的绘制和标记设计了业务功能，其功能入口在工具栏的“绘制编录”分组之内。主要功能有地质点绘制、地质界线绘制、地质区域绘制。

地质点绘制是所有绘制功能的数据基础。地质点绘制流程与上一节所述的地质原始资料的记录流程相似，此处不再赘述。

地质界线的绘制流程如下：点击“点选地线”按钮，系统弹出界面，按照提示输入该地质线的类型、名称和颜色，点击“确定”按钮后，系统提示“开始进入绘制地质线状态”；在三维实景地图上依次点击地表相应位置，则所绘制的地质线将依次通过这些位置（值得一提的是，选取地质线通过的位置时，可以通过点击地图中的地质对象，让系统自动捕捉该地质对象的空间位置，使地质线依照该地质对象的位置来绘制）；点击“变更应用”按钮或单击鼠标右键，即可完成此次地质线的绘制，所绘制的地质线将依照其类型、名称、颜色和关键点集，以模型部件的形式存入数据库中（图 5.1-9）。

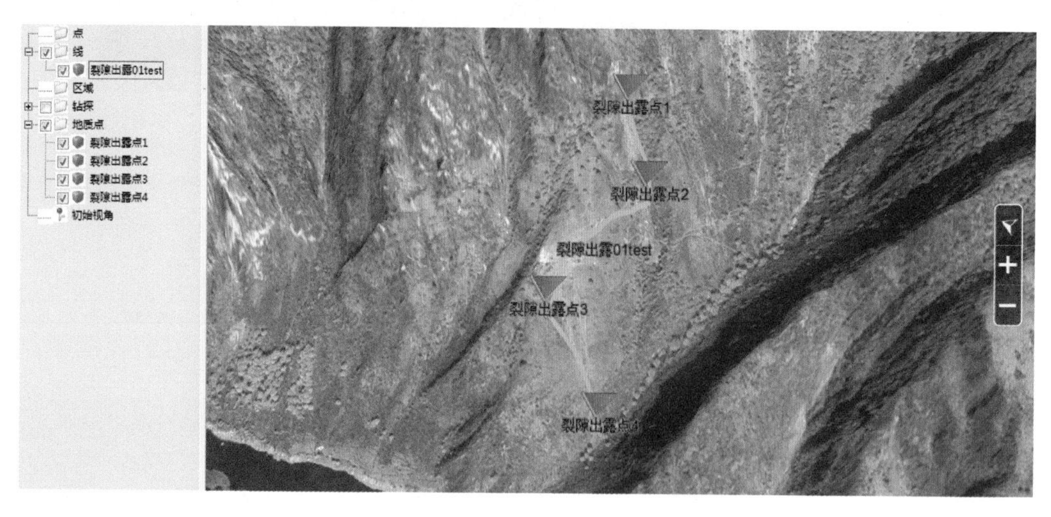

图 5.1-9　绘制地表地质界线

地质区域的绘制流程与地质界线类似，但是其与绘制地质界线的区别在于，地质区域的绘制必须严格依照三维实景图上已有的地质点或其他地质对象，即所绘制的地质区域的所有顶点，都必须是具有明确标识的地质对象（图 5.1-10）。

同时，系统还提供删除地质对象等功能，该功能通过选取所要删除的地质对象，以完成删除操作。为防止用户误操作，删除地质对象的功能增设了警示询问，提示用户的操作将对系统本身和数据库中的数据操作同时生效，以保证用户指示的有效性，避免用户因失误导致数据丢失。

图 5.1－10　绘制地表地质区域

5.2　现场编录

在原始资料中，主要是针对于基本数据的编辑操作，包括对各原始资料的基本数据编辑，同时也包含对各原始资料的地质对象的编辑操作。

在原始资料的编辑中存在有不同权限的区分：系统管理员无权限对原始资料进行新增、修改、删除、详情查看等操作；工程审核人员只能对已送审的原始资料数据进行详情查看操作且只能查看已送审的原始资料数据，但不具备任何可编辑操作权限；工程其他人员可以查看所有原始资料数据，但只能进行详情查看操作，同样不具备任何可编辑操作权限，工程设计人员和工程负责人可对原始资料数据进行任何编辑及查看操作。

在不同的原始资料中，可能存在相同的地质对象属性（如地形地貌等）的编辑，故在本章中，针对此类相同数据的编辑将以说明引入式的方式进行，其他地质对象编辑操作说明将参照已有的地质对象编辑说明内容进行介绍。

地质测绘与编录包括地质测绘、勘探编录和施工编录的原始数据，本节主要介绍对于地质测绘与编录所有原始资料数据的编辑配置操作流程。

5.2.1　地质测绘

根据数据形式，地质测绘的主要内容大体可分为地质点编录和地质界线编录，而地质界线实则可被视为地质点的集合。因此，地质测绘的基础就是地质点编录。

与其他地质资料不同的地方在于，地质点信息本身只是对一个坐标点的描述。对地质点信息本身，系统提供了对应的增加、修改、保存、详情查看、删除、刷新等操作，同时也提供了对于地质点信息列表显示格式的修改和保存功能。

在基本信息编辑中，主要是对基本信息的罗列和编辑，且为独立编辑、显示模块，与其他信息编辑不冲突。但是在地质对象信息编辑中却存在两种编辑方式，一种方式是在页面选择【增加】按钮，然后在对应地质对象编辑信息中填写内容增加相关信息，添加完成后以列表形式显示在地质对象页签中；另外一种方式就是直接在页签的列表页上填写对应的数据，然后点击【保存】对信息进行保存后，信息以列表形式显示在地质对象页签中。

在对地质点的地质对象信息编辑中，各自有独立的增加、修改、保存、详情查看、删除、刷新等操作，同时可以对所编辑的信息进行格式的修改和保存。

地质点信息共包括【基本信息】、【地形地貌】、【地层岩性】、【构造带】、【裂隙】、【岩体结构】、【风化】、【卸荷】、【地表水】、【地下水】、【地下水分段】、【试验点】、【界线】和【附件】等。

使用离线下载数据库时使用的用户登录系统，选择“地质点测绘”选项卡（图 5.2-1）。

图 5.2-1　地质点编录界面

在“地质点测绘”选项卡中选择【地质点】按钮进入地质点数据列表界面（图 5.2-2）。

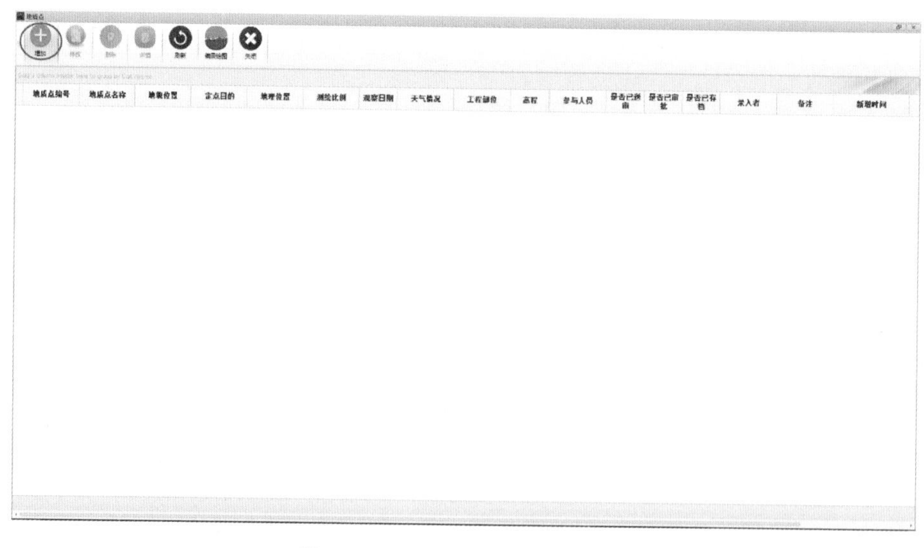

图 5.2-2　地质点数据列表界面

在地质点数据列表界面中点击【增加】按钮进入地质点新增编辑界面（图5.2-3）。

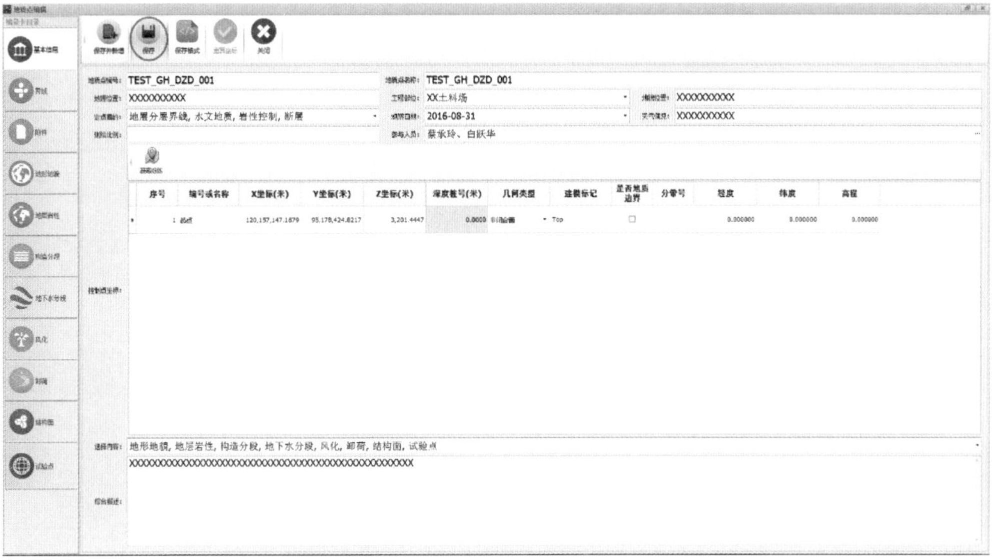

图5.2-3　地质点新增编辑界面

选择“基本信息”选项卡并填写新增页面上的地质点基本信息（确保内容填写正确、完整）后保存数据，重新打开数据后，显示数据与新增数据时填写的数据一致（图5.2-4和图5.2-5）。

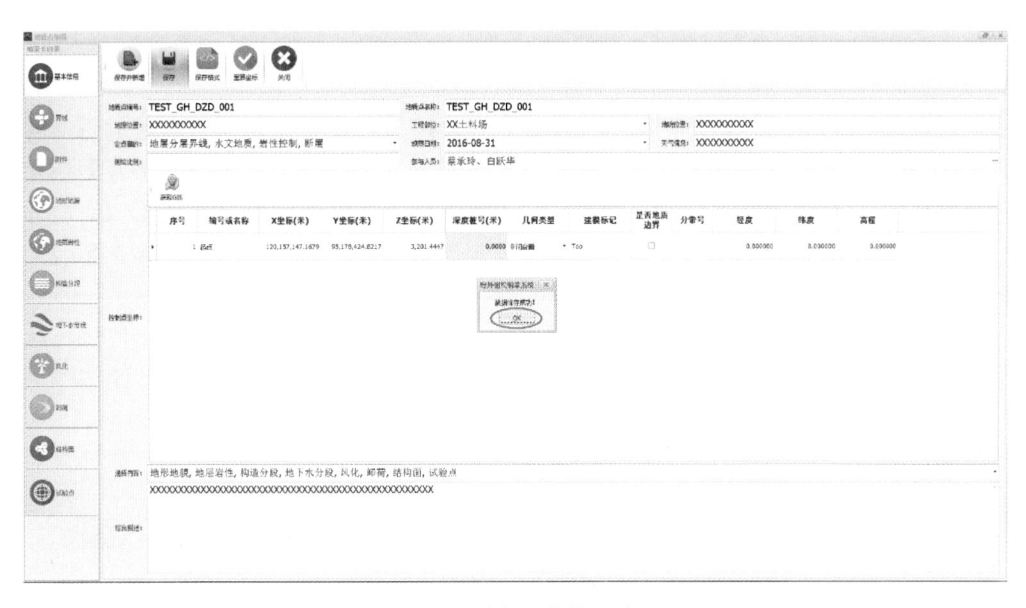

图5.2-4　地质点基本信息编录界面

5.2.2　勘探编录

勘探编录的主要内容包括钻探、洞探、坑探、井探和槽探，对不同勘探对象的编录过

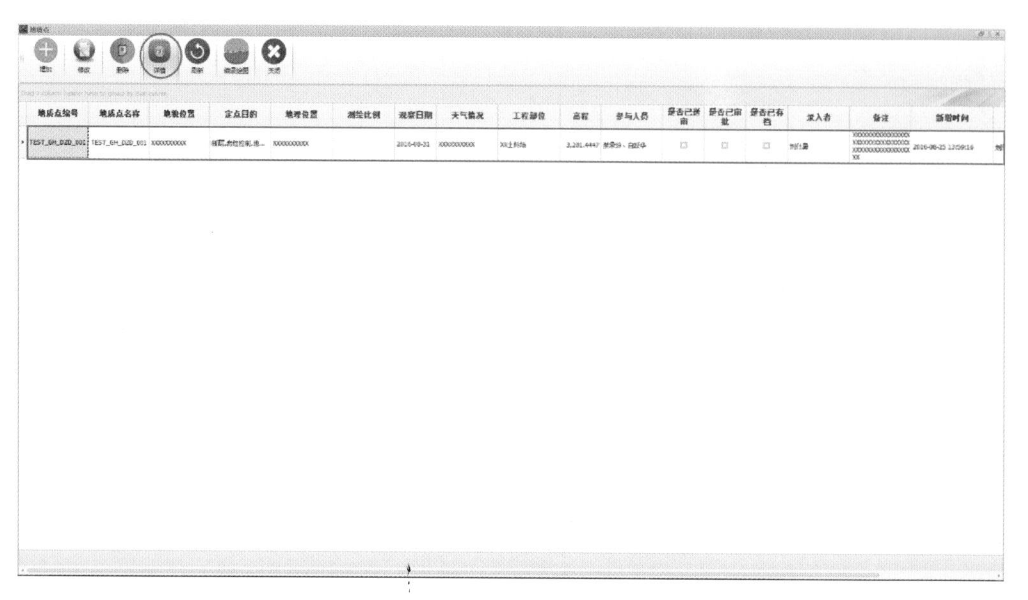

图 5.2-5　增添数据后的地质点数据列表

程相同，且与地质点编录基本一致，主要区别在于所需填写的表单。本节先以钻探为例介绍勘探编录的具体流程，再分别对不同勘探对象编录过程的特点加以说明。

5.2.2.1　钻探编录

与地质点编录过程类似，钻探编录信息编辑中系统对钻探编录信息提供了对应的增加、修改、保存、详情查看、删除、刷新等操作，以及对信息列表显示格式的修改功能。钻探编录信息编辑内容分为基本信息和地质属性两部分，其操作流程与地质点编录一致。

钻探编录信息共包括【基本信息】、【地形地貌】、【地层岩性】、【构造带】、【裂隙】、【构造分段】、【风化】、【卸荷】、【地下水分段】、【地表水】、【地下水】、【试验点】、【岩体综合分区分段】、【岩体质量评分】、【RQD】、【声波】、【其他测试】、【压水】、【抽注水】、【地下水位】、【动力触探】、【标准贯入】、【孔内情况】、【钻孔结构】、【长期观测】、【岩芯获得率】、【界线】和【附件】等地质对象信息。

使用离线下载数据库时使用的用户登录系统，选择“勘探编录”选项卡（图 5.2-6)。

在“勘探编录”选项卡中选择【钻孔编录】按钮进入钻探编录数据列表界面（图 5.2-7)。

选择“基本信息”选项卡并填写相关内容后，点击保存并关闭按钮保存数据后，钻探编录列表页面中将会显示新增数据。

5.2.2.2　洞探编录

相比于钻探编录，洞探编录的主要区别在于其编录信息内容。洞探编录信息共包括【基本信息】、【地形地貌】、【地层岩性】、【构造带】、【裂隙】、【构造分段】、【风化】、【卸荷】、【地表水】、【地下水】、【地下水分段】、【潜在失稳块体】、【岩体综合分区分段】、【岩体质量评分】、【试验点】、【RQD】、【声波】、【其他测试】、【界线】和【附件】等。

在“勘探编录”选项卡中点击【洞探编录】按钮可新增钻孔数据，钻孔信息编录界面如图 5.2-8 所示。

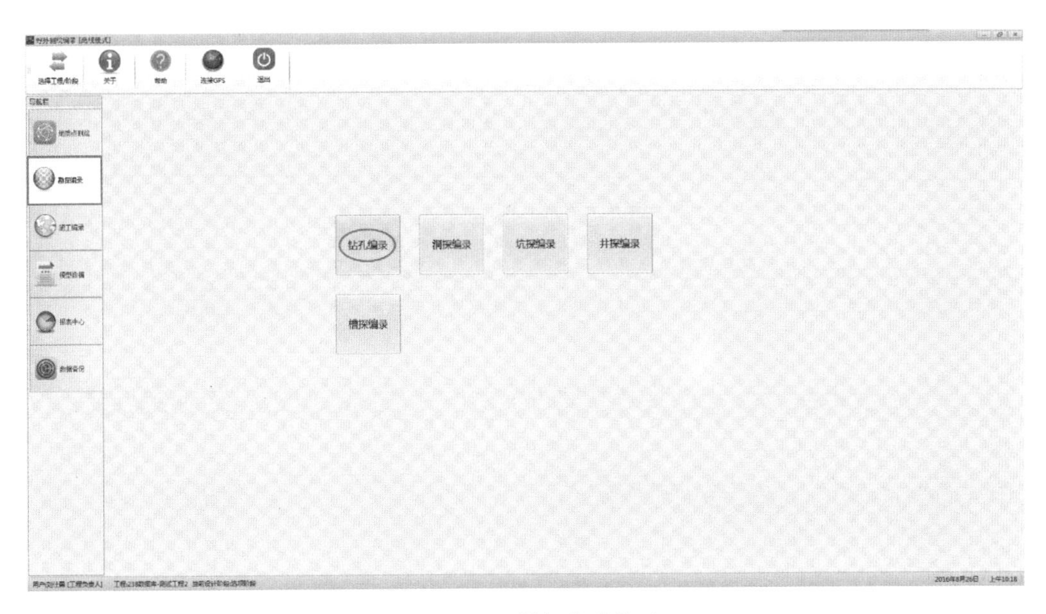

图5.2-6 勘探编录界面

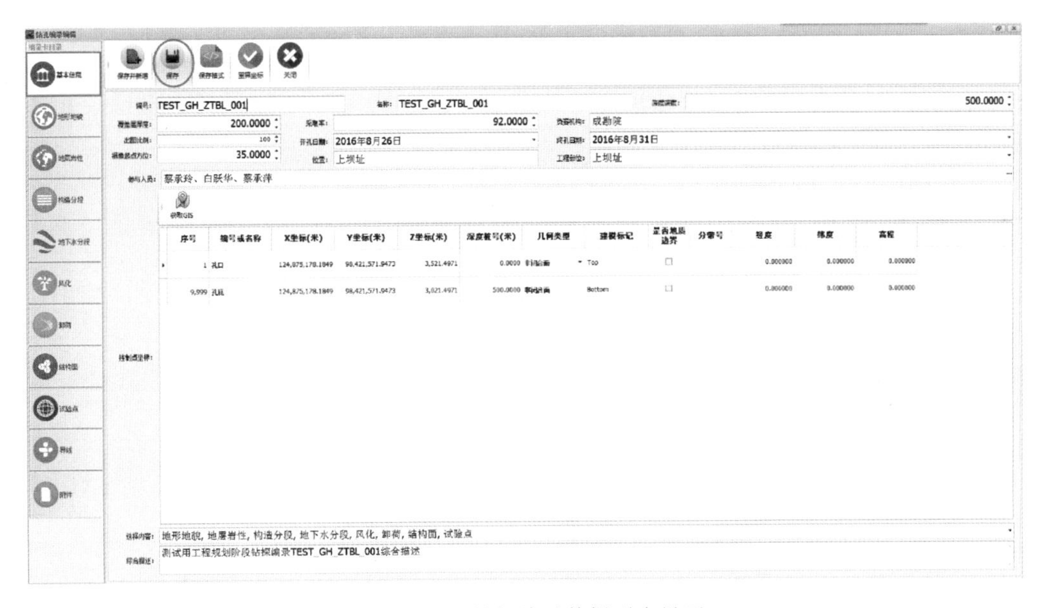

图5.2-7 钻探编录数据列表界面

选择“基本信息”选项卡并填写相关内容后，点击保存并关闭按钮保存数据，洞探编录列表页面中将会显示新增数据。

5.2.2.3 坑探编录

坑探编录信息共包括【基本信息】、【地形地貌】、【地层岩性】、【构造带】、【裂隙】、【构造分段】、【风化】、【卸荷】、【地下水分段】、【地表水】、【地下水】、【岩体综合分区分

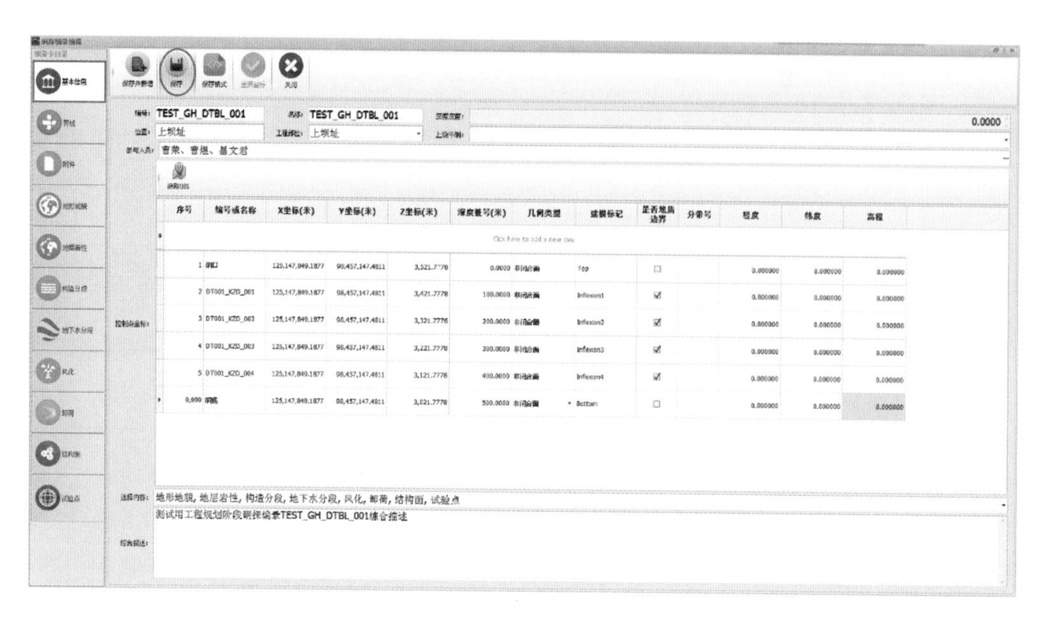

图 5.2-8　洞探编录信息新增编辑界面

段】、【岩体质量评分】、【RQD】、【声波】、【其他测试】、【试验点】、【界线】和【附件】等。

使用离线下载数据库时使用的用户登录系统，选择图 5.2-6 中的【坑探编录】按钮可新增坑探数据，坑探信息编录界面如图 5.2-9 所示。

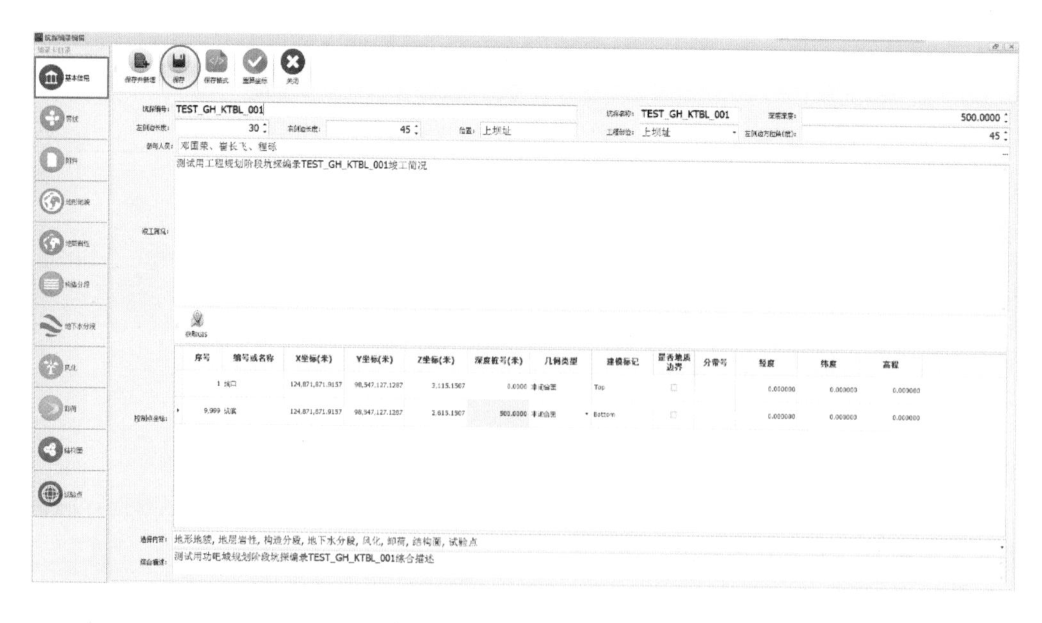

图 5.2-9　坑探编录信息新增编辑界面

5.2.2.4　井探编录

井探编录信息与坑探一致。使用离线下载数据库时使用的用户登录系统，选择图 5.2-6 中的【井探编录】按钮可新增井探数据，井探信息编录界面如图 5.2-10 所示。

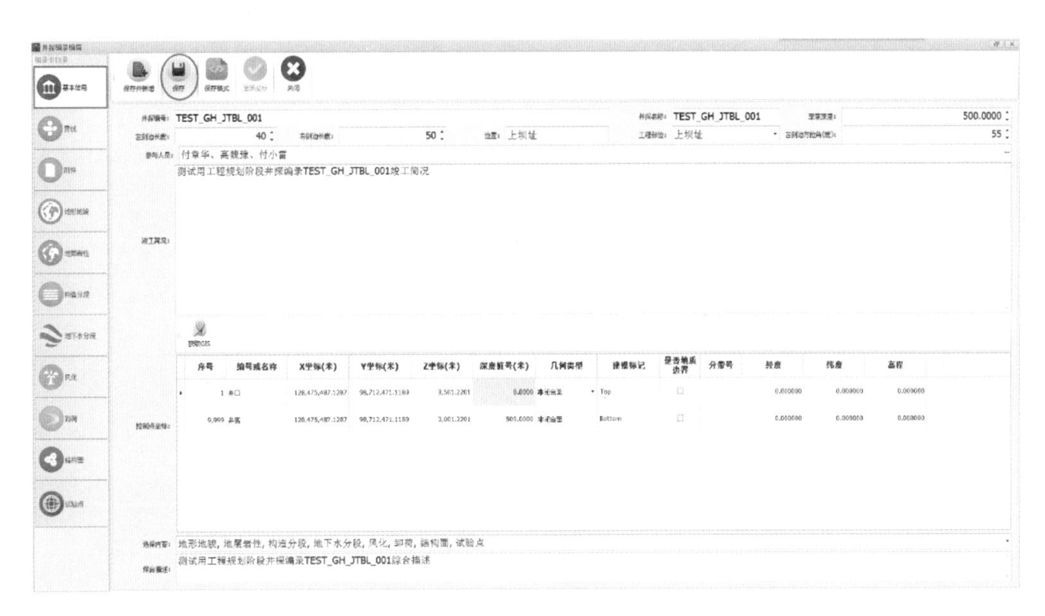

图 5.2-10　井探编录信息新增编辑界面

5.2.2.5　槽探编录

槽探编录信息与洞探一致。

使用离线下载数据库时使用的用户登录系统，选择图 5.2-6 中的【槽探编录】按钮可新增槽探数据，槽探信息编录界面如图 5.2-11 所示。

5.2.3　施工编录

施工编录的主要内容包括洞室、基础和边坡编录，三者的基本流程相同，且与勘探编录以及地质点编录基本一致，其主要区别在于所需填写的表单。本节先以洞室编录为例介绍施工编录的具体流程，再分别对基础和边坡编录过程的特点加以说明。

5.2.3.1　洞室编录

与勘探编录过程相似，洞室编录信息编辑中系统对洞室编录信息提供了对应的增加、修改、保存、详情查看、删除、刷新等操作，以及对信息列表显示格式的修改和保存功能。洞室编录信息编辑内容分为基本信息和地质属性两部分，其操作流程与地质点编录以及勘探编录一致。

洞室编录信息共包括【基本信息】、【地形地貌】、【地层岩性】、【结构面】、【构造分段】、【风化】、【卸荷】、【地下水分段】、【试验点】、【界线】和【附件】等地质对象信息。

使用离线下载数据库时使用的用户登录系统，选择“施工编录”选项卡（图 5.2-12）。

在“施工编录”选项卡中选择【洞室编录】按钮可新增洞室编录数据，其编录界面如图 5.2-13 所示。

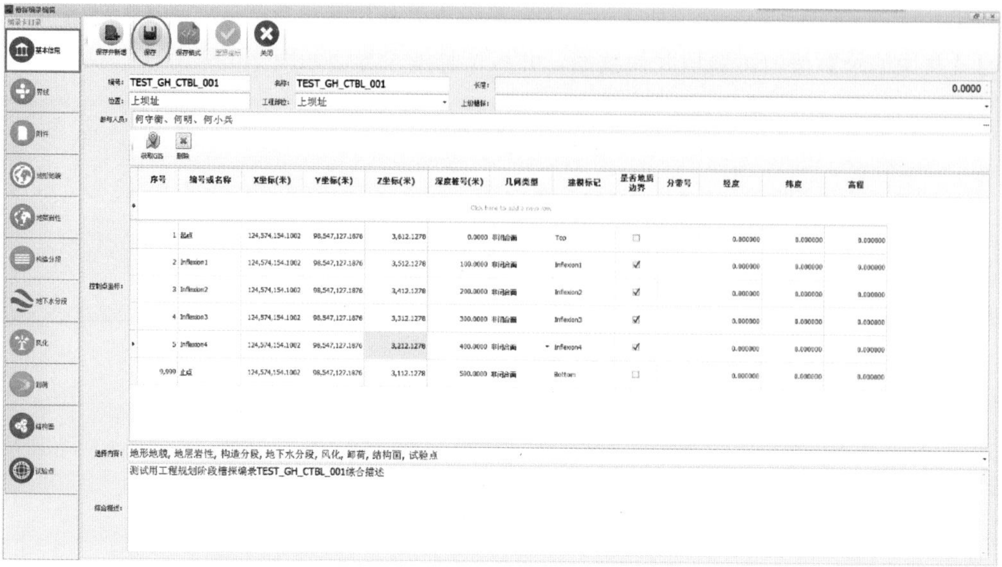

图 5.2-11　槽探编录信息新增编辑界面

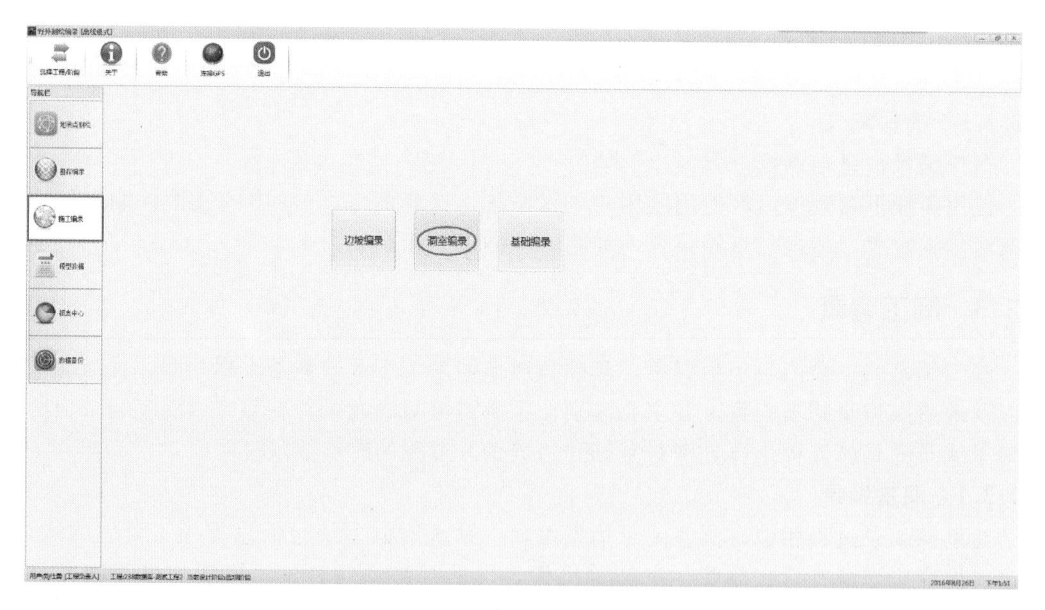

图 5.2-12　“施工编录”选项卡

选择“基本信息”选项卡并填写相关内容后，点击“保存并关闭”按钮保存数据，施工编录列表页面中将会显示新增数据。重新打开数据后，显示数据与新增数据时填写的数据一致。

5.2.3.2　基础编录

基础编录信息与洞室编录一致。

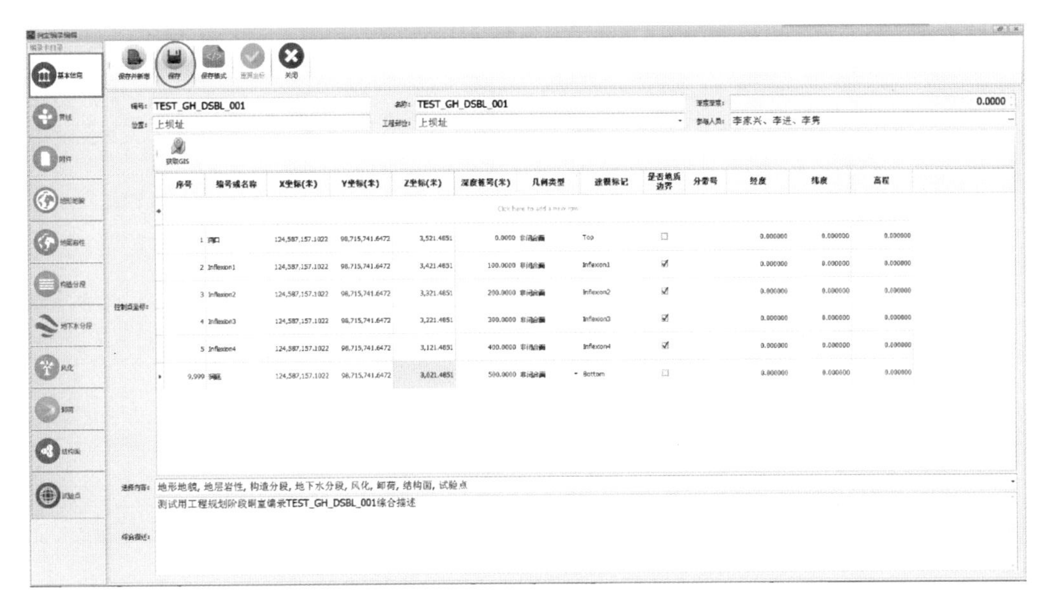

图5.2-13 施工编录信息新增编辑界面

使用离线下载数据库时使用的用户登录系统，选择图5.2-12中【基础编录】按钮可新增基础编录数据，其编录界面如图5.2-14所示。

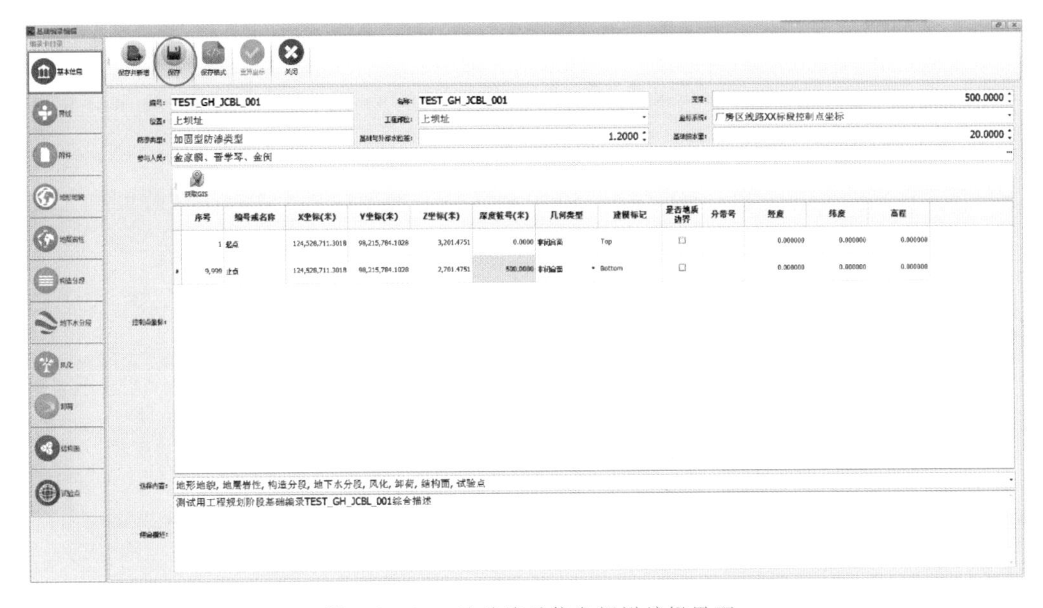

图5.2-14 基础编录信息新增编辑界面

5.2.3.3 边坡编录

边坡编录信息与洞室编录一致。

使用离线下载数据库时使用的用户登录系统，选择图5.2-12中的【边坡编录】按钮可新增边坡编录数据，其编录界面如图5.2-15所示。

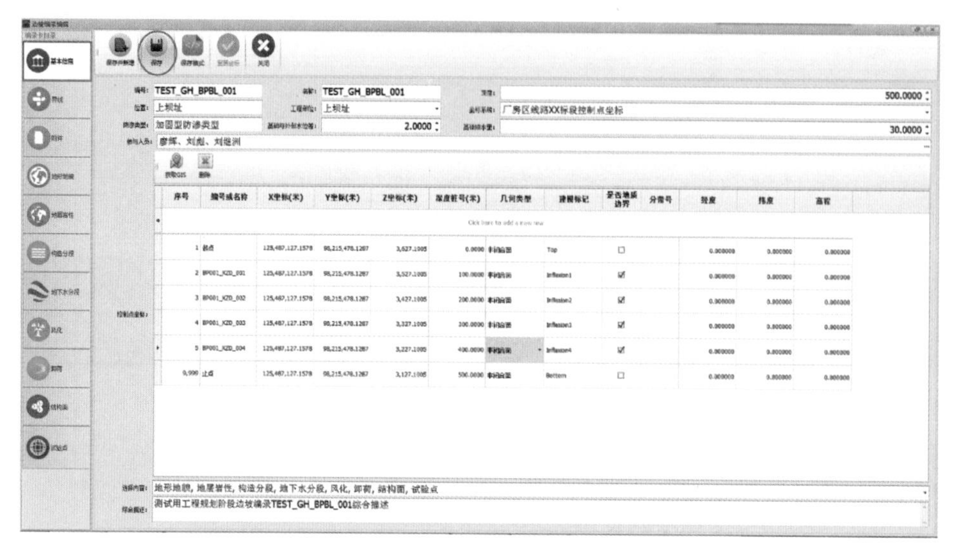

图 5.2-15　边坡编录信息新增编辑界面

5.3　现场影像解译及建模

在解析成果中，三维模型是由 Skyline 端来进行新建或调用的，故在野外测绘编录系统端无法对三维模型进行编辑操作。

使用离线下载数据库时使用的用户登录系统，然后选择“模型数据”选项卡并点击【三维模型】按钮（图 5.3-1）。

图 5.3-1　“模型数据”选项卡

点击【三维模型】按钮后可进入三维模型数据列表界面（图 5.3-2）。

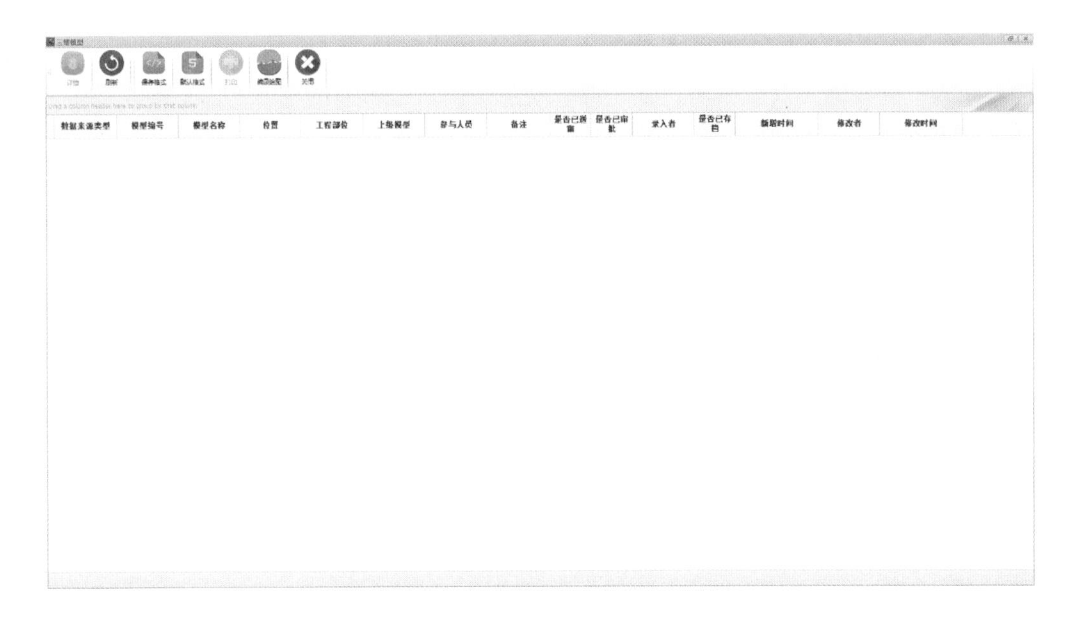

图 5.3-2　三维模型数据列表界面

5.3.1　二维地质影像的信息表达

二维地质影像的应用场景多是以几何信息为主的测绘类型地质对象，如边坡、基坑等。在工程地质野外测绘编录现场，这些地质对象大多可视为平面，所有的几何地质信息都以测绘平面作为基准面。

可通过摄影编录的方式记录这些地质信息，其获得的是以数字影像为载体的二维地质图件（图 5.3-3）。

图 5.3-3　二维地质影像示例

数字影像中的地质信息主要由线和面构成，面一般由线经过延伸而成，相关几何特性和地质属性一并依附于这些线或面。这些线和面通过特定像素的位置来记录，若要记录这些地质信息，需要保存整张影像，这无疑给数据库造成一定存储压力。而且这些地质信息很难通过提取其几何模型来协助后期的建模、分析工作。因此，FieldGeo3D在测绘型地质数据子系统中设计了二维地质影像快速解译工具。

5.3.2 二维地质影像的快速解译建模步骤

二维地质影像进入FieldGeo3D的二维地质图件快速解译子模块后，其地质影像解译流程如图5.3-4所示。首先通过影像畸变纠偏以消除非线性畸变关系；随后进入人工标记阶段，地质工作者根据纠正后的影像上的相关地质特征，描绘标记；紧接着该子模块将标记线所对应的二维信息根据虚平面校正模型解译为具有三维真实坐标的地质模型；最后以模型部件的形式存入数据库。

其操作流程及相关界面如图5.3-5～图5.3-9所示。

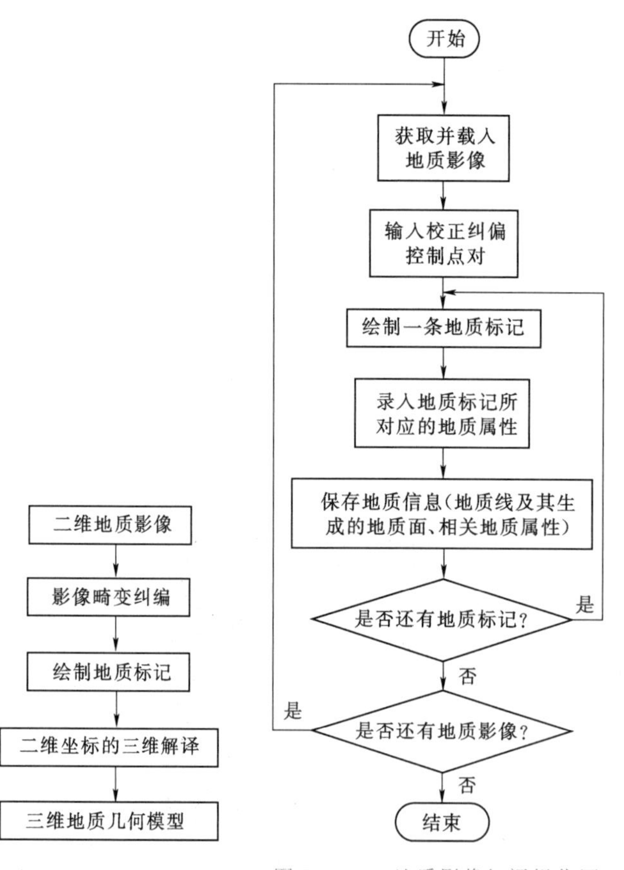

图5.3-4 地质影像解译流程图

图5.3-5 地质影像解译操作图

图5.3-6 设置校准控制点

地质标记线绘制完成后，系统对每条标记线及其自动生成的延伸面进行快速解译，根据转换纠偏算法将二维像平面坐标解译为相应的三维真实坐标，并以模型部件的形式保

图 5.3-7　载入二维地质影像

图 5.3-8　校准控制点设置完毕

存。该模型部件可直接导入地质建模软件中进行进一步操作。地质影像的三维解译成果如图 5.3-10 所示。

图 5.3-9 绘制地质标记线

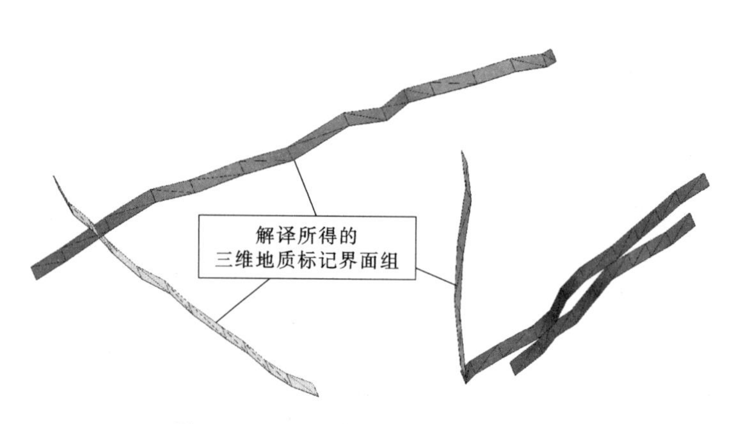

图 5.3-10 地质影像的三维解译成果

5.4 现场报表

5.4.1 钻孔柱状图

【钻孔柱状图】是对钻孔信息数据的一个报表处理，通过导出钻孔数据在 AutoCAD 中展示来实现。

使用离线下载数据库时使用的用户登录系统，然后点击“报表中心”选项卡进入报表类型选择界面（图 5.4-1）。

在“报表中心”报表类型选择界面中选择需要进行报表输出的“钻孔柱状图”按钮，进入对应的钻孔报表导出列表界面（图 5.4-2）。

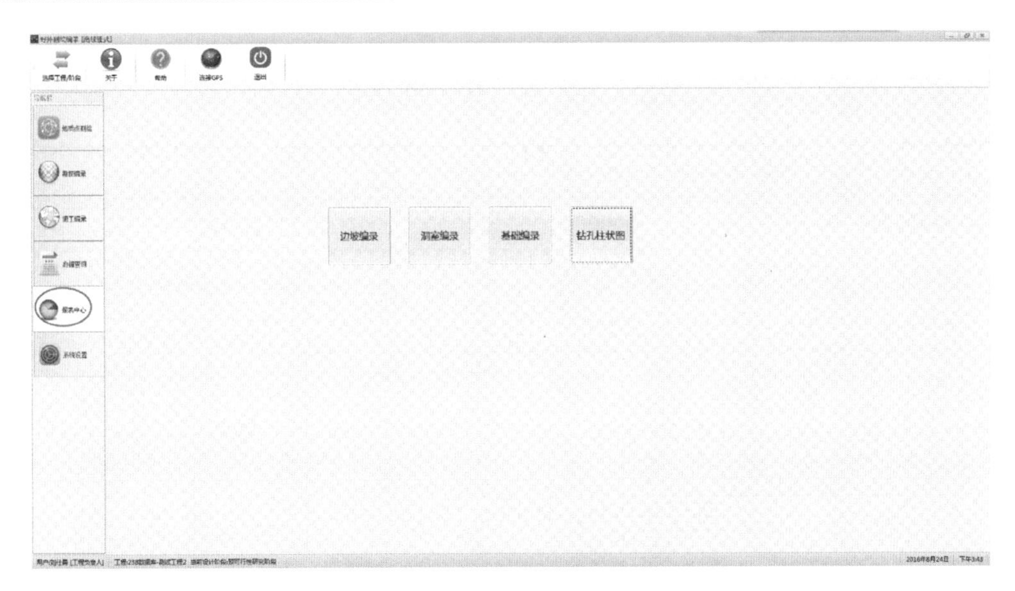

图5.4-1　报表类型选择界面

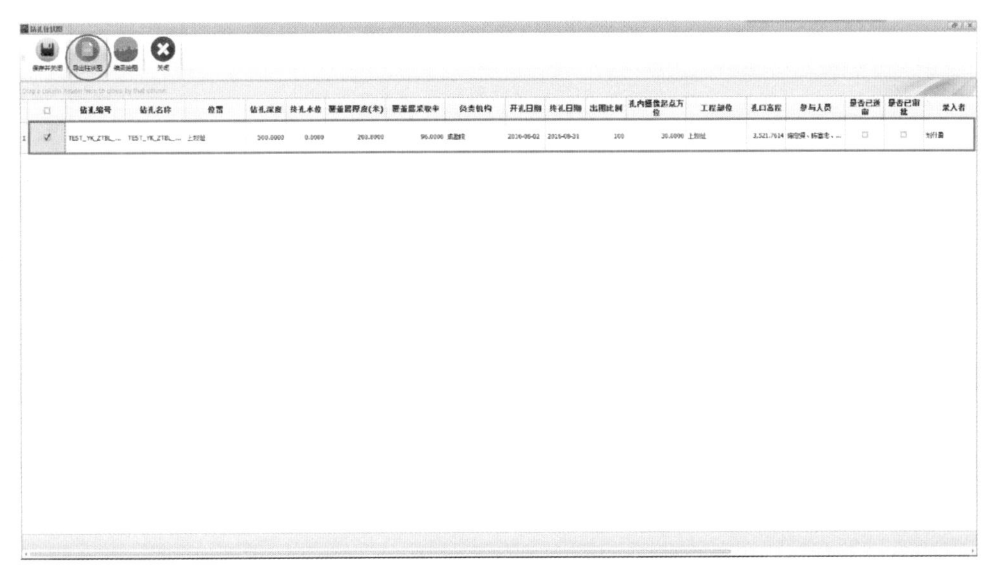

图5.4-2　钻孔报表导出列表界面

打开AutoCAD软件，然后选择需要生成钻孔柱状图的钻探编录数据，点击【导出柱状图】按钮（图5.4-3）。

5.4.2　边坡编录记录卡

【边坡编录】报表是将勘探数据中包含边坡编录所对应的构造分段的分层数据以记录卡形式进行输出展示。

使用离线下载数据库时使用的用户登录系统，然后点击“报表中心”选项卡进入报表类型选择界面（图5.4-4）。

钻 孔 柱 状 图

第1页　共1页

工程名称	杨溪湖湿地公园示范段建设工程						
工程编号				钻孔编号	KZZZK03		
孔口高程/m	434.96	坐标/m	X=219237.67	开工日期	2018-10-5	稳定水位深度/m	
孔口直径/mm			Y=266159.49	竣工日期	2018-10-5	稳定水位日期	

地层编号	时代成因	层底高程/m	层底深度/m	分层厚度/m	柱状图 1∶100	地层描述	标贯深度/m	标贯击数/击	附注
③	Q_4^{el+dl}	434.66	0.30	0.30		粉质黏土:灰褐色,可塑状,稍湿,稍密,切面光滑,无光泽,干强度较高			
④$_1$		430.96	4.00	3.70		强风化泥质粉砂岩:紫红色,主要呈碎块状—柱状,柱长为5～10cm,主要位于1.1～1.4m,其余为碎块状,碎块大小为3～8cm			
④$_2$						中风化泥质粉砂岩:紫红色—砖红色,主要呈柱状,柱长为8～50cm,部分位置呈碎块状,碎块大小为3～6cm,主要位于7.2～7.3m处及8～8.4m处,在7.2m处有一组裂隙,倾角较缓,为30°,裂面强锈染,在7.2～7.3m处为泥岩			

图5.4-3　生成的钻孔柱状图

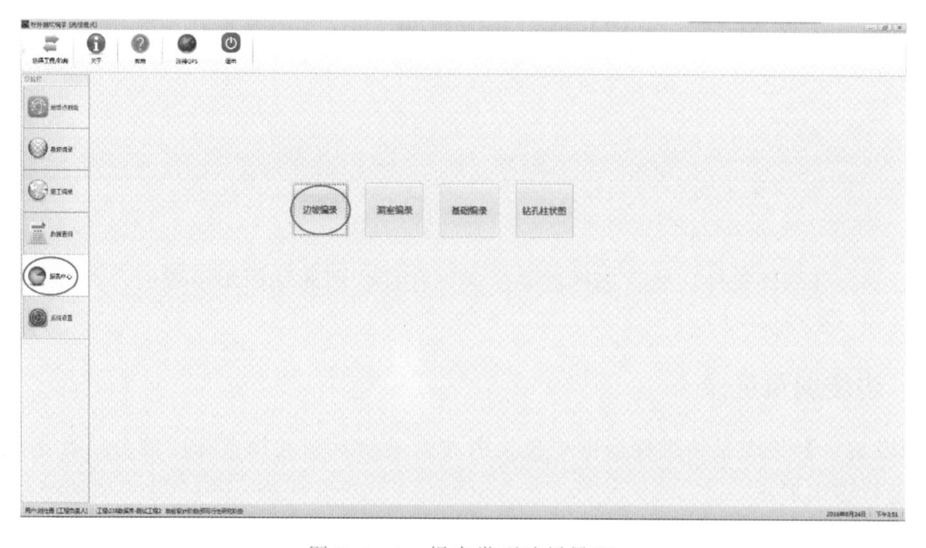

图5.4-4　报表类型选择界面

在“报表中心”报表类型选择界面中选择需要进行报表输出的【边坡编录】按钮，进入对应的边坡报表导出列表界面（图5.4-5）。

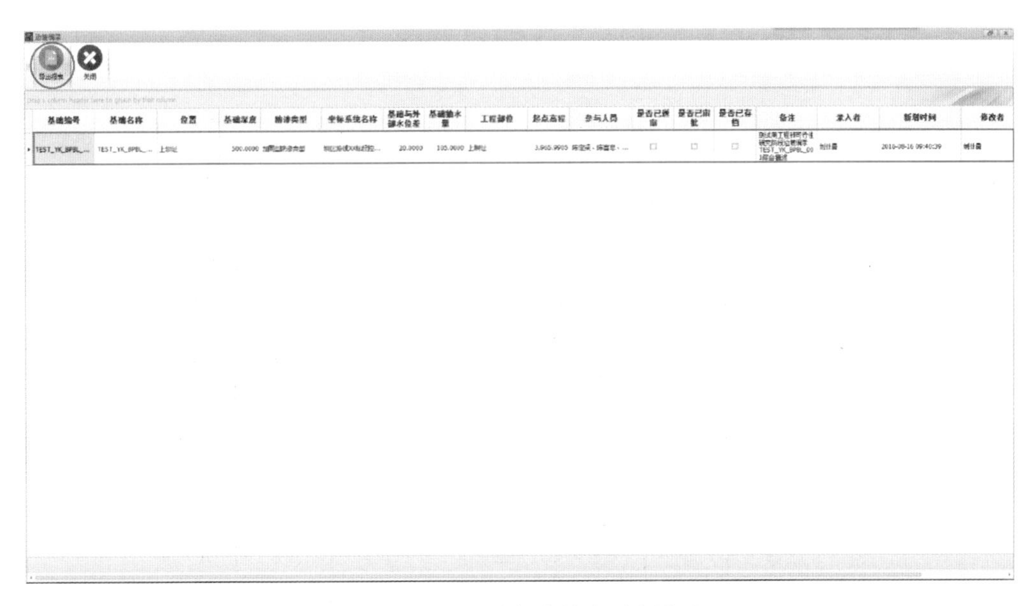

图5.4-5　边坡报表导出列表界面

选择需要生成边坡编录记录卡的边坡编录数据，点击【导出报表】按钮进入“构造分段”分层数据指定界面（图5.4-6）。

选择分段信息

输出报表

序号	构造分段编号	构造分段名称	岩体完整程度	结构面发育程度	结构面发育组数	间距(米)	张开度	充填情况	起伏粗糙状况	延伸长度	
1	TEST_BP001_GZ...	TEST_BP001_GZ...	破碎	较发育	10	0.1000	张开	石英脉	平直粗糙	100.0000	SOLI
2	TEST_BP001_GZ...	TEST_BP001_GZ...	完整	不发育	20	0.2000	闭合	无充填	起伏光滑	200.0000	ANGL
3	TEST_BP001_GZ...	TEST_BP001_GZ...	较破碎	中等发育	30	0.3000	微张	岩屑	起伏粗糙	300.0000	ANSI
4	TEST_BP001_GZ...	TEST_BP001_GZ...	完整性差	很发育	40	0.4000	张开	角砾岩、糜棱岩、...	平直光滑	400.0000	ANSI
5	TEST_BP001_GZ...	TEST_BP001_GZ...	较完整	轻度发育	50	0.5000	闭合	方解石脉	平直粗糙	500.0000	ANSI
6	TEST_BP001_GZ...	TEST_BP001_GZ...	破碎	发育	60	0.6000	微张	钙膜	起伏光滑	600.0000	ANSI
7	TEST_BP001_GZ...	TEST_BP001_GZ...	完整	较发育	70	0.7000	张开	泥质	起伏粗糙	700.0000	ANSI
8	TEST_BP001_GZ...	TEST_BP001_GZ...	较破碎	不发育	80	0.8000	闭合	岩块、岩屑、断层泥	平直光滑	800.0000	ANSI
9	TEST_BP001_GZ...	TEST_BP001_GZ...	完整性差	中等发育	90	0.9000	微张	绿泥石	平直粗糙	900.0000	ANSI

图5.4-6　“构造分段”分层数据指定界面

选择指定的分段数据，单击【输出报表】按钮进行对应分层数据的报表输出（图5.4-7）。

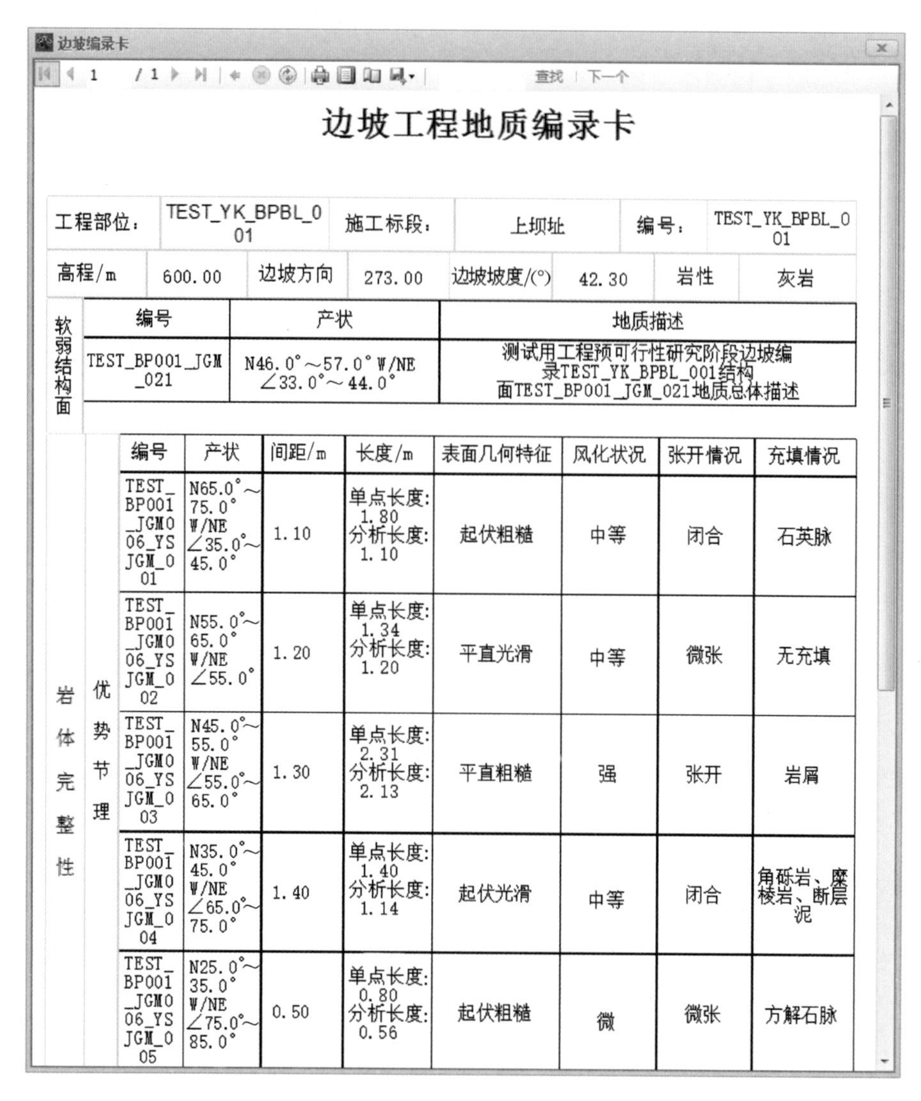

边坡编录卡

1 /1 查找 下一个

边坡工程地质编录卡

工程部位：	TEST_YK_BPBL_001	施工标段：	上坝址	编号：	TEST_YK_BPBL_001

高程/m	600.00	边坡方向	273.00	边坡坡度/(°)	42.30	岩性	灰岩

软弱结构面	编号	产状	地质描述
	TEST_BP001_JGM_021	N46.0°～57.0° W/NE ∠33.0°～44.0°	测试用工程预可行性研究阶段边坡编录TEST_YK_BPBL_001结构面TEST_BP001_JGM_021地质总体描述

岩体完整性	优势节理	编号	产状	间距/m	长度/m	表面几何特征	风化状况	张开情况	充填情况
		TEST_BP001_JGM006_YSJGM_001	N65.0°～75.0° W/NE ∠35.0°～45.0°	1.10	单点长度：1.80 分析长度：1.10	起伏粗糙	中等	闭合	石英脉
		TEST_BP001_JGM006_YSJGM_002	N55.0°～65.0° W/NE ∠55.0°	1.20	单点长度：1.34 分析长度：1.20	平直光滑	中等	微张	无充填
		TEST_BP001_JGM006_YSJGM_003	N45.0°～55.0° W/NE ∠55.0°～65.0°	1.30	单点长度：2.31 分析长度：2.13	平直粗糙	强	张开	岩屑
		TEST_BP001_JGM006_YSJGM_004	N35.0°～45.0° W/NE ∠65.0°～75.0°	1.40	单点长度：1.40 分析长度：1.14	起伏光滑	中等	闭合	角砾岩、糜棱岩、断层泥
		TEST_BP001_JGM006_YSJGM_005	N25.0°～35.0° W/NE ∠75.0°～85.0°	0.50	单点长度：0.80 分析长度：0.56	起伏粗糙	微	微张	方解石脉

图 5.4-7 分段数据的报表输出

第 6 章

水电工程地质信息管理

水电工程地质信息管理系统包括工程管理、勘探布置、原始资料、初步解析、解析成果、数据维护、报表等七个子系统。工程人员借由此七个子系统的顺序工作，可以实现水电工程地质勘察设计当中各设计阶段的自原始资料到最后成果的全流程所有资料信息的数据库管理。借助该系统，工程人员能够充分发挥计算机数据库自动化、高效率的优势，大幅提高工作效率，并且由于该系统工作本身的流程化，也因而实现了水电工程地质勘察设计工作的流程化、系统化。

6.1 工程管理

该子系统主要由工程负责人及系统管理员操作，包括工程基本信息、建模设置、重算坐标设置、修改引用、清理界线、地层代号、岩体类别、土体类别与工程部位等。

6.1.1 工程基本信息

在该类目内，工程负责人可以在对话框的选项卡内输入工程名称、负责人、工程类型、工程等级、水系、流域、梯级、行政区域、坐标系、工程简介等基本信息（图 6.1-1）。

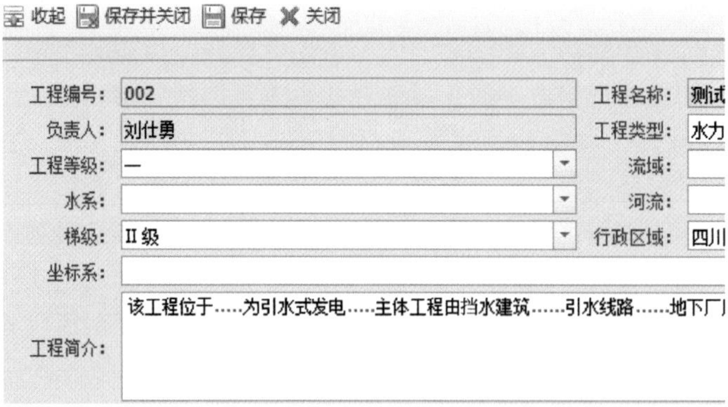

图 6.1-1 工程基本信息

在该对话框下部工程负责人还可以依次在工程人员信息、工程设计阶段信息、工程控制点坐标信息、工程开挖坐标系统信息、工程地震信息表、工程附件信息、工程方案信息等各选项卡内编辑输入工程信息。

如工程人员信息，用以指定、分配参与该工程的校审、负责、主设等各参与人员的工程信息管理权限（仅能查看部分内容，或是能查看所有内容，或是既能查看也能编辑等）、所属单位（部门）、职责等（图 6.1-2）。

工程设计阶段信息，用以设置信息所属的工程设计阶段，如规划、预可行性研究、可

工程人员信息 | 工程设计阶段 | 工程控制点坐标 | 工程开挖坐标系统 | 工程区地震信息表 | 工程方案信息 | 工程

增加　删除　保存　刷新　保存格式　默认格式　打印　生成授权文件

人员	工程责任	所在单位	是否停用	是否有编辑…	是否有校审…
		地质处西藏室	☐	☑	☑
		地质处溪洛渡嘉陵…	☐	☑	☑
		生产管理室	☐	☑	☑
		地质处大渡河中游室	☐	☑	☑
		地质处领导	☐	☑	☑

图 6.1-2　工程人员及权限

行性研究、技施等阶段，并对各阶段分别编号，设置各阶段的起止时间（图 6.1-3）。

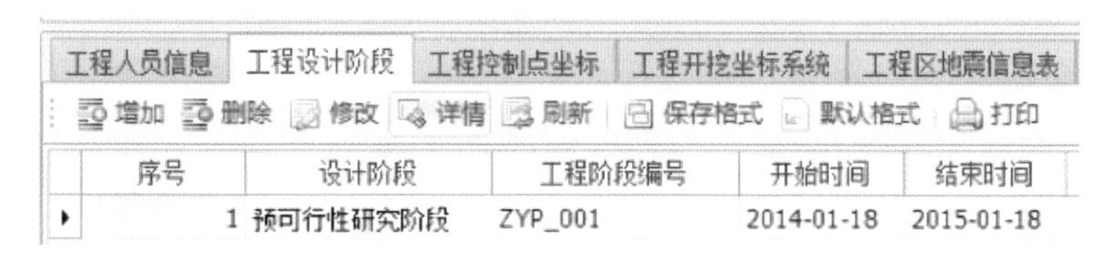

工程人员信息 | 工程设计阶段 | 工程控制点坐标 | 工程开挖坐标系统 | 工程区地震信息表

增加　删除　修改　详情　刷新　保存格式　默认格式　打印

序号	设计阶段	工程阶段编号	开始时间	结束时间
1	预可行性研究阶段	ZYP_001	2014-01-18	2015-01-18

图 6.1-3　工程设计阶段

工程控制点坐标与工程开挖坐标系统信息（图 6.1-4），前者用于定义该工程的控制点大地坐标（或经纬度），后者用于定义以前者坐标为原点而设立的相对坐标，以适应工程施工中普遍采用的坐标系统，如大坝基坑开挖时常采用的“坝（横）0＋0、坝（纵）0－20”等。

工程人员信息 | 工程设计阶段 | 工程控制点坐标 | 工程开挖坐标系统 | 工程区地震信息表

增加　删除　修改　详情　刷新　保存格式　默认格式　打印

控制点名称	工程区域	专业编号	经度	纬度	高程	分带号
纵1			0.000000	0.000000	0.000000	
闸址控制点	闸址区	A066-SG	0.000000	0.000000	0.000000	
横1			0.000000	0.000000	0.000000	

图 6.1-4　开挖控制点坐标

一个工程的开挖施工当中，往往不止一套相对坐标系统，如坝基开挖当中有其平面坐标系统，而隧洞开挖当中则有线状坐标系统。为适应这些工程施工当中的实际需要，在该系统中，可以由此两个选项卡为工程设置数个相对坐标系统，并独立编号，彼此互不干扰（图 6.1-5）。

工程区地震信息在“工程区地震信息表”选项卡内输入、保存（图 6.1-6）。

工程方案信息选项卡用于输入工程各设计方案的基本设计指标，如坝址以上流域面积、调节库容、总库容、机组数、单机容量、总装机等数十项工程设计指标，内容详

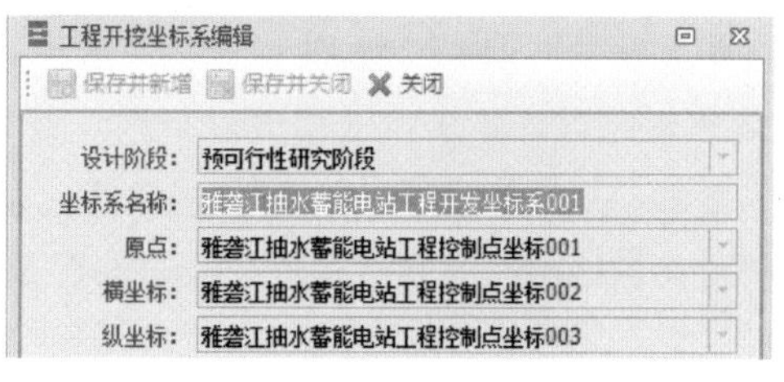

图 6.1-5　开挖坐标系

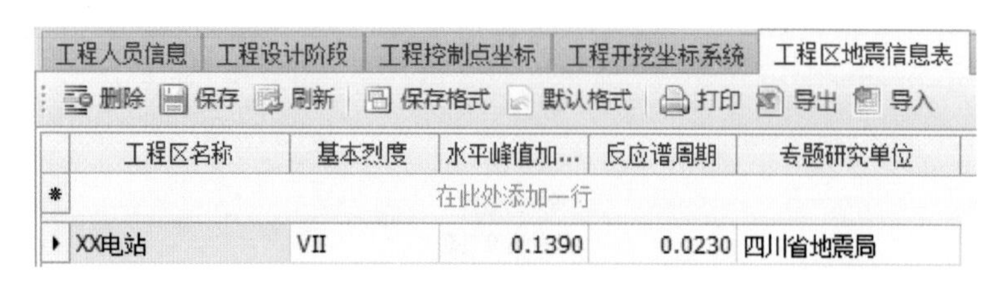

工程区名称	基本烈度	水平峰值加…	反应谱周期	专题研究单位
XX电站	VII	0.1390	0.0230	四川省地震局

图 6.1-6　工程区地震信息

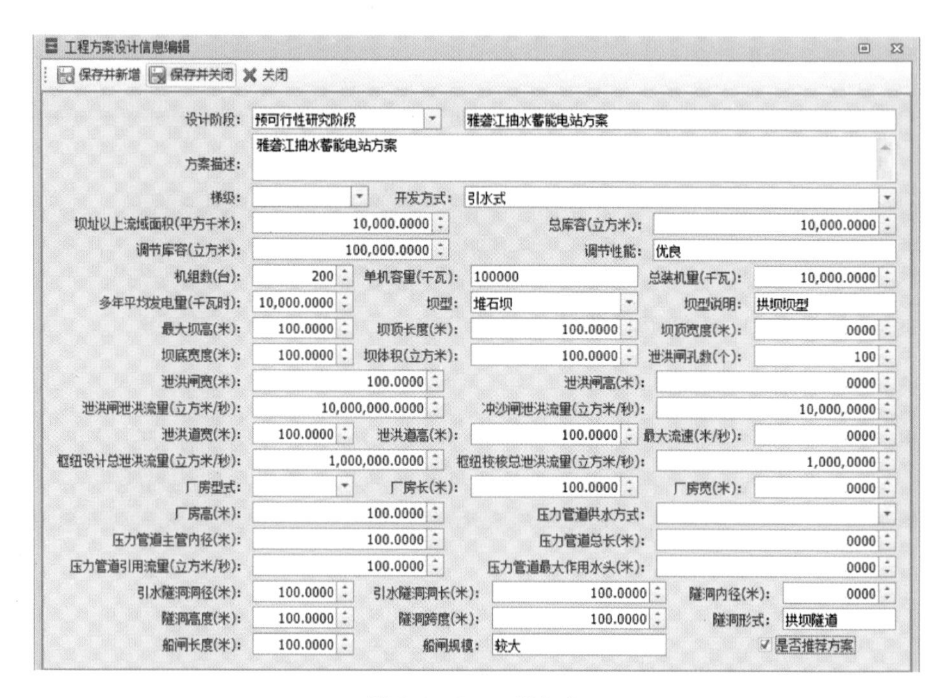

图 6.1-7　工程方案

尽，一目了然（图 6.1-7）。

如需保存与工程相关的多媒体资料，或有版权保护的 PDF 文件、带红章的批文照片（扫描件、复印件）等无法用键盘输入的文档资料，或照片、视频、高清卫星照片截图、软件截图，或其他格式的文件等，可在“附件”选项卡内将文件上传至云端保存，以供工程各级相关人员查阅（图 6.1-8）。

附件信息编辑
保存并新增 保存并关闭 关闭
文件路径: D:\ZYP\测试管理\测试数据\图片文件\Tulips.bmp
文件类型: 图片文件 文档类别: 原始资料
文件编号: XXXX_001 文档细类: 签署完整的地质点记录卡
文件名称: Tulips
文件标签: XXXX
文件说明: XXXXXXXXX

图 6.1-8　工程附件

上述所有信息输入完善以后，均可上传至云端服务器保存，除输入人员可查阅外，所有被分配了相关权限的人员亦可通过 GeoIA 系统查阅、下载相关信息，给协同设计带来了便利。

6.1.2　建模设置与重算坐标设置

由于 Hydro GOCAD 系统仅可识别六位坐标系统，因而，由工程负责人（仅负责人有此权限）在此类目内设置工程坐标平移量，以适应 Hydro GOCAD 系统应用。其他设计人员亦依据此类目内的设置统一建模、分析、应用（图 6.1-9）。

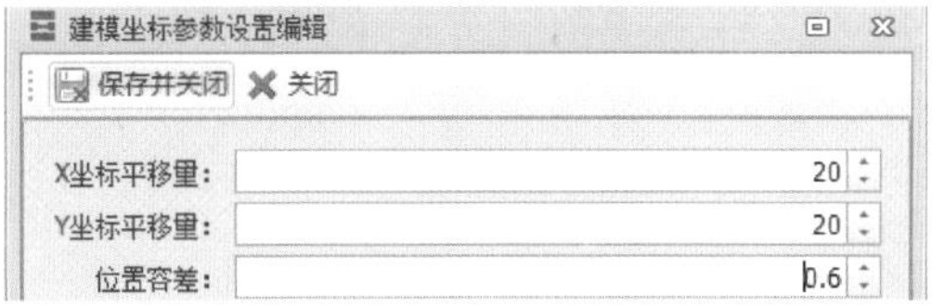

建模坐标参数设置编辑
保存并关闭　关闭
X坐标平移量：20
Y坐标平移量：20
位置容差：0.6

图 6.1-9　建模相关设置

经过前面的设置以后，原始的工程相关数据点坐标通过“重算坐标设置”功能批量重新计算坐标（图 6.1-10）。一个工程当中的数据点数量庞大，应用此模块可以批量处理修改数据，在提高数据处理效率的同时，也充分发挥了计算机海量数据的处理能力，减少、避免人工搜索修改的遗漏。

工程信息　重算坐标

全选　反选　开始重算　打印　关闭

拖动列标题至此,根据该列分组

选择	数据来源类型	工程部位	位置	
☐	洞探编录	坝址区	下游抗力体	3
☐	洞探编录	混凝土人工骨料场		33223
☐	洞探编录	混凝土人工骨料场	拉最块石料场	LPD03
☐	洞探编录	混凝土人工骨料场	拉最块石料场	LPD07
☐	洞探编录	下坝址	aaa	pd01
☐	地质点	引水线路	XX沟沟口下游	D01
☐	地质点	引水线路	XX沟沟口下游	D01-Cop

图 6.1-10　重算坐标

6.1.3　修改引用

“修改引用”功能可实现快速查找地层代号、地层信息、地质对象、数据字典和行政区域等字段的各数据，并对其进行修改，使用该功能能够提高查询、修改数据处理效率（图 6.1-11）。

6.1.4　清理界线

工程设计阶段，有一些录入的原始数据并未最终使用在设计当中，成为冗余数据。在此页面下，工程负责人可以将未被工程模型引用的该工程的所有界线数据进行清理。系统自动将未被引用的界线数据显示在页面列表中，工程人员可以根据具体情况来清理删除（图 6.1-12）。

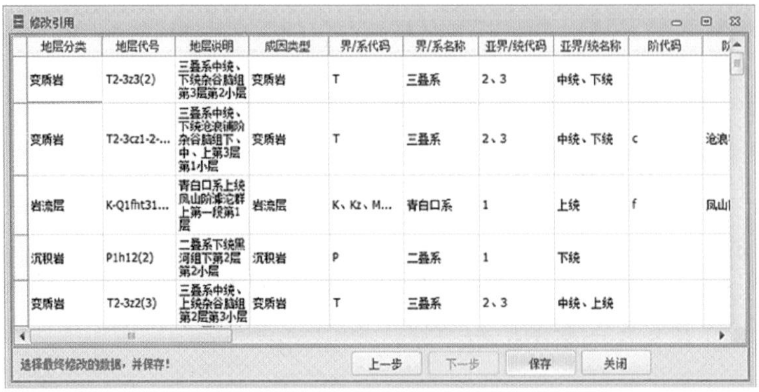

修改引用

地层分类	地层代号	地层说明	成因类型	界/系代码	界/系名称	亚界/统代码	亚界/统名称	阶代码	阶
变质岩	T2-3z3(2)	三叠系中统、下统杂谷脑组第3层第2小层	变质岩	T	三叠系	2、3	中统、下统		
变质岩	T2-3cz1-2-...	三叠系中统、下统沧浪铺阶杂谷脑组下、中、上第3层第1小层	变质岩	T	三叠系	2、3	中统、下统	c	沧浪
岩流层	K-Q1fht31...	青白口系上统凤山阶滹沱群上第一段第1层	岩流层	K、Kz、M...	青白口系	1	上统	f	凤山
沉积岩	P1h12(2)	二叠系下统黑河组下第2层第2小层	沉积岩	P	二叠系	1	下统		
变质岩	T2-3z2(3)	三叠系中统、上统杂谷脑组第2层第3小层	变质岩	T	三叠系	2、3	中统、上统		

选择最终修改的数据，并保存！ 上一步 下一步 保存 关闭

图 6.1-11　批量修改引用数据

工程信息 清理界线

删除 刷新 保存格式 默认格式 打印 关闭

设计阶段	来源类型	来源编号	来源名称
可行性研究阶段	地质点	D01-Copy2016040...	D01-复制2016040...
可行性研究阶段	地质点	D01-Copy2016040...	D01-复制2016040...
可行性研究阶段	模型部件	0010	一、二层界
可行性研究阶段	模型部件	0030	二层底
可行性研究阶段	模型部件	020	一层顶面
可行性研究阶段	私有模型	123456ui	123456ui_asdf
可行性研究阶段	私有模型	123456ui	123456ui_asdf
可行性研究阶段	私有模型	123456ui	123456ui_asdf
可行性研究阶段	私有模型	123456ui	123456ui_asdf
可行性研究阶段	私有模型	123456ui	123456ui_asdf

图 6.1-12　物理清除冗余数据

6.1.5　地层代号、岩体类别及土体类别

此三个类目用于输入工程涉及的地层代号、岩体类别和土体类别，并保存到本机和云端服务器，以便工程人员查阅、应用（图 6.1-13）。

工程信息 清理界线 地层代号 岩体类别 土体类别

复制 增加 修改 删除 详情 刷新 保存格式 默认格式 打印 关闭

拖动列标题至此，根据该列分组

地层分类	地层代号	地层说明	成因类型	界/系代码	界/系名称	亚界/统代码	亚界/统名称
变质岩	T3z1	三叠系上统0杂谷脑组第1层	变质岩	T	三叠系	3	上统0
覆盖层	Q4-lpl	第四系全新统龙王庙阶	洪积	Q	第四系	4	全新统
覆盖层	Q4mc	第四系全新统	三角洲堆积	Q	第四系	4	全新统
覆盖层	Q4del	第四系全新统		Q	第四系	4	全新统
覆盖层	Q4gl	第四系全新统	冰碛堆积	Q	第四系	4	全新统

图 6.1-13　工程字典-地层代号

6.1.6 工程部位

该类目用于对工程项目的工程部位字典进行编辑，并且在数据添加过程中，系统会以工程部位为基础来进行工程报表数据统计。在对“工程部位”内容进行新增编辑时，可以使用手工方式点击“新增”按钮手动新增地层代号数据，以方便原始资料和相关数据引用，一经引用，无法再删除、修改，保证了数据安全，并统一了同一工程当中各工程部位的名称（图6.1-14）。

工程信息 | 清理界线 | 地层代号 | 岩体类别 | 土体类别 | 工程部位 ×

增加 修改 删除 详情 刷新 | 保存格式 默认格式 打印 关闭

拖动列标题至此，根据该列分组

代码	名称	说明	是否停用
混凝土人工...	混凝土人工骨料场		☐
天然砂砾石...	天然砂砾石料场		☐
tl	XX土料场		☐
堆筑料场	堆筑料场		☐
上坝址	上坝址	预可阶段的上坝址	☐

图6.1-14 工程字典-工程部位

6.2 勘探布置

勘探布置是工程地质勘察设计当中的一项重要工作，在何处布置勘探，需要多大的勘探量，以何种勘探形式进行，需要通过勘探获取怎样的地质信息，达到什么目的，需要地质工程师在勘探实施前提前计划、预估。勘探布置作为该系统中的一个子系统，供地质工程师对地质数据信息进行预估布置操作。该子系统主要包括五大类：钻探布置、洞探布置、坑探布置、井探布置和槽探布置。在工作中，勘探布置信息分为几何信息（位置、深度、层位等）和属性信息（地质体属性、任务目的、要求等）两个部分，几何信息部分在Hydro GOCAD中完成，该子系统完成属性信息部分。工程地质人员在该子系统内将属性信息完善后，可直接形成任务书初始版以供参阅修改，之后可将完成流程的任务书上传到该项目附件中。

勘探布置流程如图6.2-1所示。

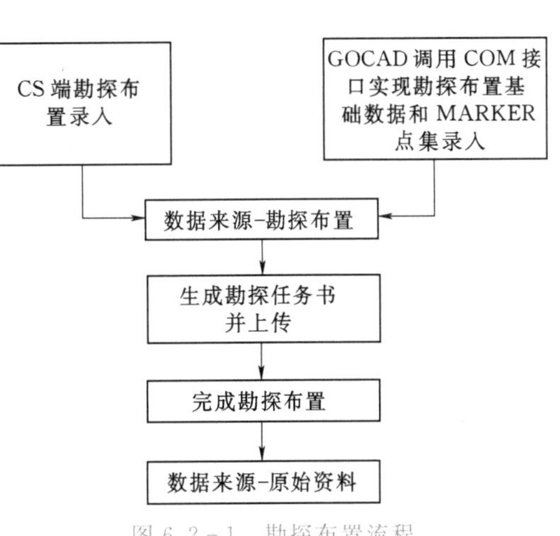

图6.2-1 勘探布置流程

以钻探布置为例介绍勘探布置的方法与流程。

工程地质人员在该子项内可以依次布置钻孔，布置完成的钻孔以表格形式罗列在子系统界面（图6.2-2）。

双击任意一个钻孔，可以进入该钻孔的详细信息对话框，编辑修改该钻孔的详细信息（图6.2-3）。依据对话框内相应

钻探布置 ×

复制 增加 更改设计阶段 修改 删除 完成布置 详情 刷新 保存格式 默认格式 打印 关闭

拖动列标题至此，根据该列分组

钻孔编号	钻孔名称	位置	钻孔深度	终孔水位	覆盖层厚度(米)	覆盖层采取率
zk2121	zk21212		1.0000	0.0000	0.0000	0.0000
111	111	ghfghg	90.0000	0.0000	30.0000	95.0000
1112	1112		90.0000	0.0000	30.0000	95.0000

图 6.2-2　钻探布置

项的提示，输入、完善包括钻孔名称、(计划) 深度、(预计) 覆盖层深度、要求采取率、负责 (施工) 机构、(任务书) 出图比例、(计划) 开孔日期、(要求) 终孔日期、布置人员、工程部位、参与人员、综合描述等钻孔任务书内的相关内容。其中，在“控制点坐标”输入框内可输入预计各地层界限的出露孔深。

钻探布置编辑

收起 保存并新增 保存并关闭 保存 生成任务书 重算坐标 关闭

编号：111　名称：111　深度：90.0000

覆盖层厚度：30.0000　采取率：95.0000　负责机构：dsdsa

出图比例：200　开孔日期：2015年8月24日　终孔日期：2015年8月24日

布置人员：陈龙\fghjg

摄像起点方位：0.0000　位置：ghfghg　工程部位：厂址区

参与人员：dsads

保存格式 默认格式 打印

控制点坐标：

序号	编号或名称	X坐标(米)	Y坐标(米)	Z坐标(米)	深度桩号(米)	
1	孔口	0.0000	0.0000	0.0000	0.0000	非闭合
9,999	孔底	0.0000	0.0000	-90.0000	90.0000	非闭合

选择内容：

综合描述：

界线 校审记录 附件 引用模型 任务书

增加 删除 修改 详情 刷新 保存格式 默认格式 打印

地质对象类型	序号	点线面编号	点线面名称	X坐标(米)	Y坐标(米)	Z坐标(米)	水平偏移(米)	垂直偏

图 6.2-3　钻探信息预估

完成上述输入后，在对话框界面点击“生成任务书”按钮，即可生成模板化任务书文档，并保存到本机指定位置（图 6.2-4）。

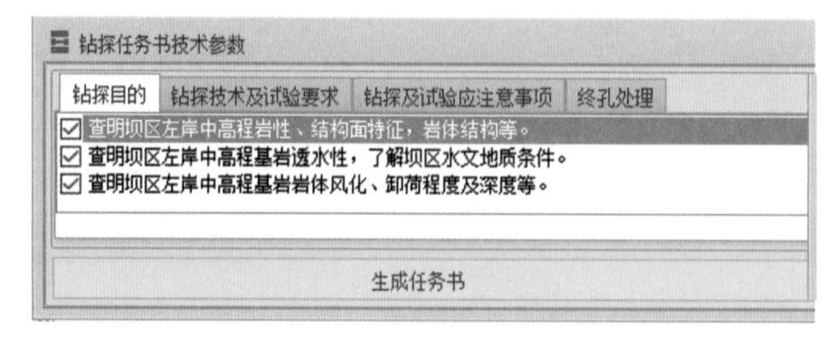

图 6.2-4　钻探布置-技术要求

经工程地质人员校验、修改后，即可将任务书在本机存储，同时亦可选择将生成的任务书上传至云端服务器存储（图 6.2－5）。

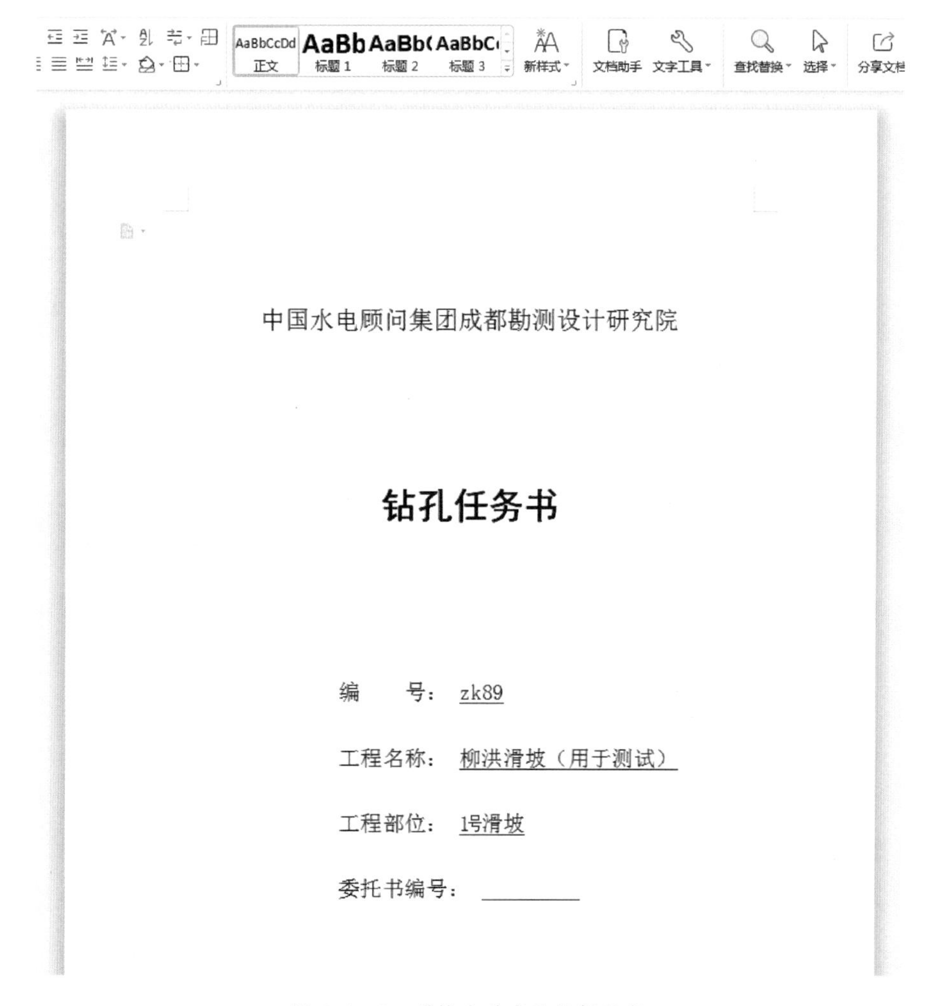

中国水电顾问集团成都勘测设计研究院

钻孔任务书

编　　号：zk89

工程名称：柳洪滑坡（用于测试）

工程部位：1号滑坡

委托书编号：________

图 6.2－5　系统自动产生的任务书

洞探、坑探、井探、槽探等四项与钻探同属该子系统内平行的五个子类目，可实现的功能与钻探基本一致，实际运用也均为先在该类目内依次布置勘探编号（平洞编号、探坑编号、探井编号及探槽编号等），点击进入某一项，在对话框内编辑输入其详细信息，并生成相应的模板化任务书文档，经校验、修改后，将文档保存在本机并上传至云端服务器存储。

6.3　原始资料

工程地质人员在野外勘察、勘探、试验等工作中获取的地质点、测绘资料、勘探成果、试验成果等原始资料，是工程地质三维应用的基础信息，资料数量、种类、形式众多。在过去的生产工作当中，这些资料数量多、种类不一，并且随着工程设计阶段的逐步推进，获取的时间也各有先后，这些客观情况使得资料的储存、分类本身工作量大，也给后续工作当中的设计分析应用带来不少的困难和重复工作。在信息化设计中，将这些原始资料集中到一个数据库中分类管理，对于过去工作当中不系统的、分散的储存管理模式而言，是一个巨大的进步。

原始资料作为该系统的一个子系统（图 6.3-1），其主要目的就是实现对工程地质工作中各种原始资料的统一、系统管理，不但实现了海量原始资料的安全储存和方便查阅，同时也能够在设计当中迅速、直接应用，提高了设计效率。

业务工作
系统管理
工程管理
数据同步
勘探布置
原始资料
地质测绘与编录
地质测绘
地质点
勘探编录
钻探编录
洞探编录
坑探编录
井探编录
槽探编录
施工编录
试验
试验点
试验成果

地质点 钻探编录

复制 增加 更改设计阶段 修改 删除 送审

拖动列标题至此,根据该列分组

钻孔编号	钻孔名称	位置
szk73	szk73	上坝址堆石坝轴线…
szk17	szk17	上坝址左岸SPD3洞底
dszk23	dszk23	大石凼料场
Hzk2	Hzk2	河口石料场
ZK01	ZK01	左岸半坡
Hzk8	Hzk8	河口石料场
dszk24	dszk24	大石凼料场
szk28	szk28	上坝址右岸可尔因…
Dzk55	Dzk55	当卡料场
szk96	szk96	横Ⅳ～横Ⅴ之间
Dzk42	Dzk42	当卡料场
sgzk1	sgzk1	双江口水电站松岗…
Fzk4	Fzk4	飞水岩料场
sgzk6	sgzk6	双江口水电站松岗…
Dzk52	Dzk52	当卡料场

图 6.3-1　钻探信息列表

6.3.1　地质测绘与编录

地质点类目用于输入、编辑地质勘察当中的地质定点，如岩层分界点、基岩覆盖层界线点、岩性特征点、产状量取点等所有性质的地质定点，均在此类目内输入、编辑、储存，并依据对话框表格提示输入各点相应的编号、名称、地貌位置、地理位置、工程位置、高程、定点目的、定点日期、天气、参与人员等信息，各点以列表形式在系统页面呈现（图 6.3-2）。

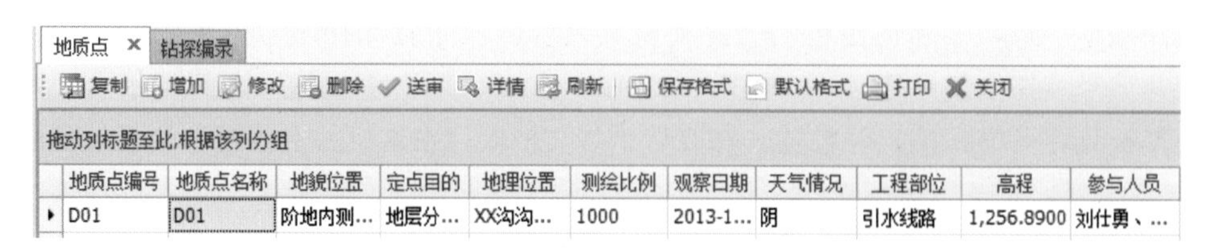
地质点 钻探编录

复制 增加 修改 删除 送审 详情 刷新 保存格式 默认格式 打印 关闭

拖动列标题至此,根据该列分组

地质点编号	地质点名称	地貌位置	定点目的	地理位置	测绘比例	观察日期	天气情况	工程部位	高程	参与人员
D01	D01	阶地内测…	地层分…	XX沟沟…	1000	2013-1…	阴	引水线路	1,256.8900	刘仕勇、…

图 6.3-2　地质点基本信息

工程人员可进入任意一个地质点编辑其详细内容，并将原始资料扫描件、现场照片等其他格式文档以附件形式上传至云端服务器存储，以供工程设计人员查阅、参考引用（图 6.3-3）。

图 6.3-3　地质点详细信息编辑

通过该类目的录入、编辑、存储，体量庞大、种类繁杂的地质点信息实现了基本信息、地形地貌、地层岩性、结构面、构造分段、风化、卸荷、地下水分段、泥石流、崩塌、滑坡、蠕变、潜在失稳块体、地表水、地下水、现场试验布置位置、是否通过校审等与工程地质专业相关的全要素信息承载，巨细无漏，系统有序。

6.3.2　勘探编录

该类目用于输入、编辑钻探、洞探、坑探、井探、槽探等五大类地质勘探工作的原始资料。工程地质人员依据勘探类型在相应的页面内依次输入勘探信息（图 6.3-4）。

地质点　钻探编录 ×

复制 增加 更改设计阶段 修改 删除 送审 详情 刷新 保存格式 默认格式 打印 关闭

拖动列标题至此,根据该列分组

钻孔编号	钻孔名称	位置	钻孔深度	终孔水位	覆盖层厚度…	覆盖层采取率	负责机构	开孔日期	终孔日期	孔口高程	参与人员	是否已送审	是否已审批	录入者
Hzk2	Hzk2	河口石料场	50.2300	0.0000	20.5700	92.0000	成勘院地…	2006-08-25	2006-09-02	2,412.2270	杜文树,…	☑	☐	刘仕勇
ZK01	ZK01	左岸半坡	57.2800	13.4200	12.5400	98.0000	水建司	2013-10-28	2013-10-28	2,507.4500	田华兵、…	☐	☐	刘仕勇
Hzk8	Hzk8	河口石料场	100.0200	0.0000	36.2000	90.0000	成勘院地…	2007-04-25	2007-05-19	2,429.8900	杜文树,…	☐	☐	刘仕勇

图 6.3-4　勘探详细信息编辑

同时可进入每一个钻孔（平洞、探坑、探槽、探井等）编辑其详细信息，并可在对话框内的选项卡部分，选择不同的选项卡输入孔内地层岩性、风化、试验点、RQD、地下水水位、岩芯获得率、钻孔结构、孔内情况、界线、校审记录等信息，还可上传钻孔岩芯照片、孔内电视录像、钻孔鉴定表扫描件等相关的文档附件在云端服务器进行存储，以便设计人员查阅（图 6.3-5）。

系统能够依据地质人员输入的信息自动生成相应勘探形式的报表、图件。

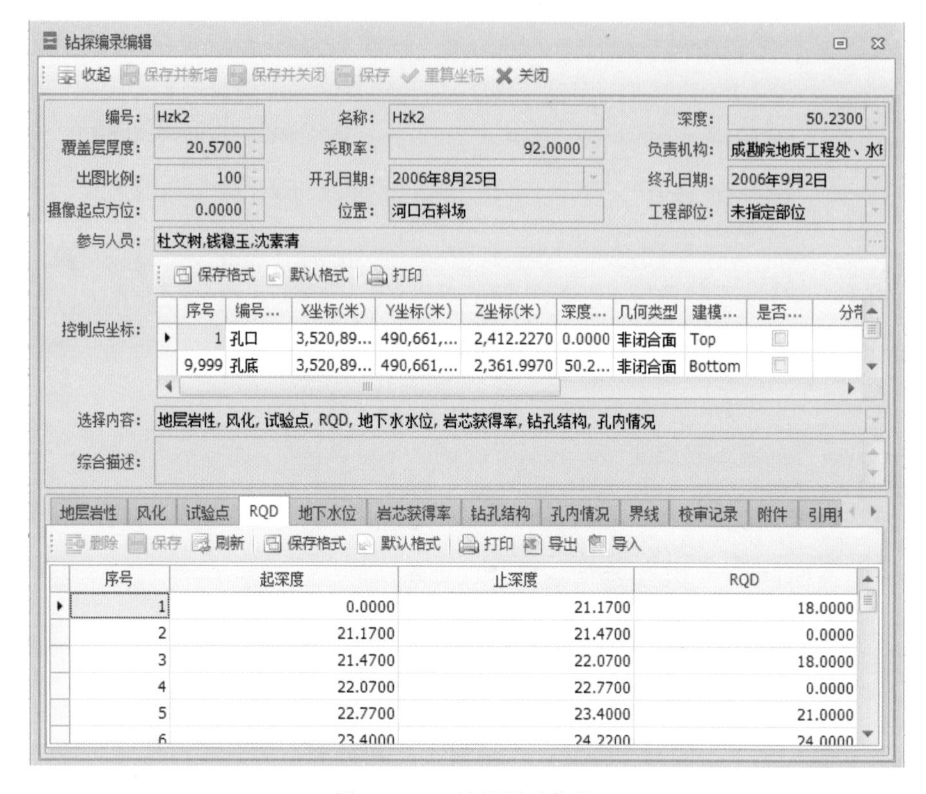

图 6.3-5 钻探测试数据

6.3.3 施工编录

在工程的技施阶段，开挖基础（边坡、基坑）的编录，开挖地下隧洞、大型洞室的编录等，是水电工程地质技施工作的重要内容。该类目的页面，主要用于对上述工作当中收集的原始资料的录入、存储和查阅（图 6.3-6）。

在基础、洞室页面输入编录基本内容的同时，亦可在页面下方的选项卡里输入地层岩性、结构面、构造分段、风化、卸荷、潜在失稳块体、试验点、地表水（基础开挖）、地下水（基础开挖、地下洞室开挖）、边坡（边墙、洞室）变形、支护、RQD、声波值、界线、其他、校审记录等信息，并可以将编录部位的现场照片、录像、手绘原始资料扫描件等文件上传至附件保存至云端服务器，以供所有相关设计人员查阅、下载、应用。

6.3.4 试验

此处单独的“试验”类目，主要功能是将“地质测绘与编录”中所有试验点数据以列表形式集体呈现，并允许相应权限的人员在列表中选取各试验点进行编辑操作，为后续的相关实验成果编辑及试验成果整理提供方便的查找功能，同时也能够在该页面中进行相关数据的添加、删除、修改等编辑操作（图 6.3-7）。另外，在试验点部分可以对特殊要求的试验项目进行编辑操作。

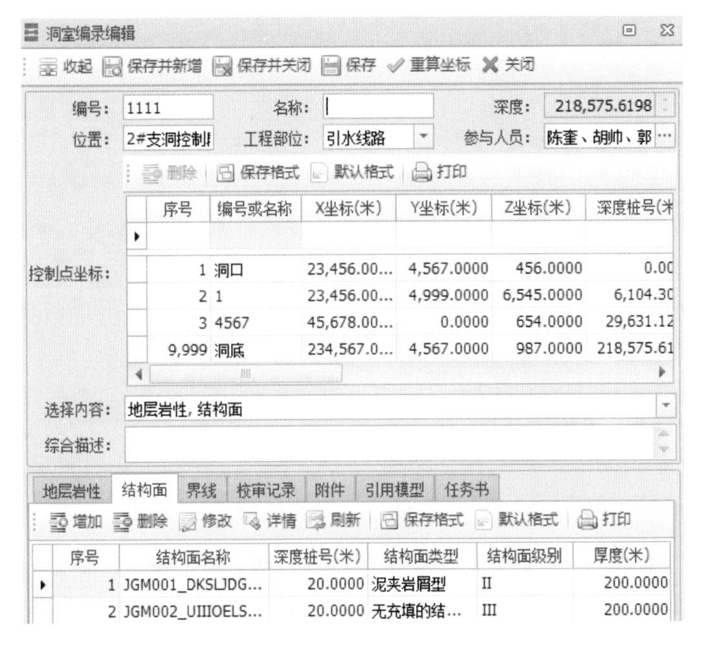

图 6.3-6　洞室编录资料录入

图 6.3-7　试验点信息

对任意一个试验点，可进入试验点弹出对话框详细输入、编辑其名称、编号、试验批次、序号、位置、取样方法、试验项目等基本信息，同时，明确试验要求，描述试验点的地质总体情况，需补充的信息可在备注中标明。该对话框也在下部提供了试验点几何信息、岩体描述、引用模型、附件等选项卡，工程地质人员可依据实际试验资料在相应的选项卡内输入信息，并保存上传。

6.4 初步解析

原始资料是地质工程师赖以开展工程地质分析、设计的基础。完成原始资料输入以后，就进入下一步的资料（信息）初步解析工作。在GeoSmart当中，初步解析主要是对系统原始资料数据中地质对象的分层进行分析的过程。此过程中，可以由GeoSmart中的GeoIM客户端或Hydro GOCAD客户端对原始资料发起初步解析，主要通过对原始资料地质对象的地层分层详细分析后，进行合并层、插入层等，从而形成初步解析数据，完成后将初步解析数据保存、上传，以便于工程相关人员使用。

初步解析流程如图6.4-1所示。

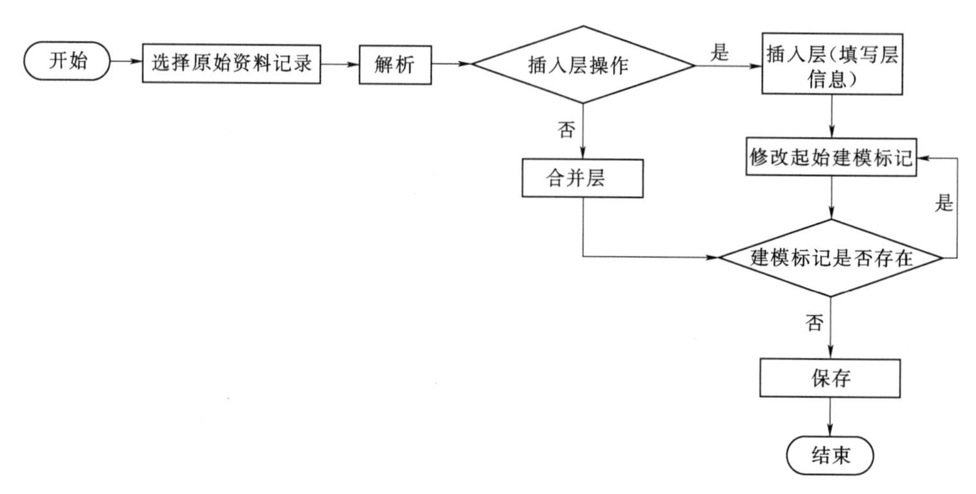

图6.4-1 初步解析流程

6.4.1 地质测绘与编录

该类目用于对地质测绘、勘探编录和施工编录的原始数据中的单勘探点进行分析整理，如层次合并、风化界线重置、综合分段、岩体质量分级等（图6.4-2）。

在所要解析的地质属性选项卡当中，包括单因素分析的地层岩性、构造分段、风化、卸荷、地下水分段等选项卡；综合分析的岩体质量评分、土体综合分层、岩体综合分区分段等选项卡；其他内容如界线、校审记录、附件、引用模型等选项卡。

由这些选项卡组成的几个层次的解析，它们之间是由简单至综合的递进关系：单因素分析是综合分析的依据，其得到的地质界面用以构建基础地质模型。综合分析当中，岩体质量评分又是工程地质分区分段的依据，用以构建工程地质属性模型（图6.4-3）。

在点击“解析”按钮弹出的对话框中，地质人员可以填写建模标记，将同一地层的资料合并，也可以新加入地层等（图6.4-4）。

自动化是该系统的设计目的之一。在该系统的诸多具体应用当中，这一精神均有体现。如上述的数个选项卡当中的“岩体质量评分”项，即是基于《水力发电工程地质勘察规范》当中对于岩体质量分级的相关规定，将岩体质量评分的各项囊括其中，实现在对话

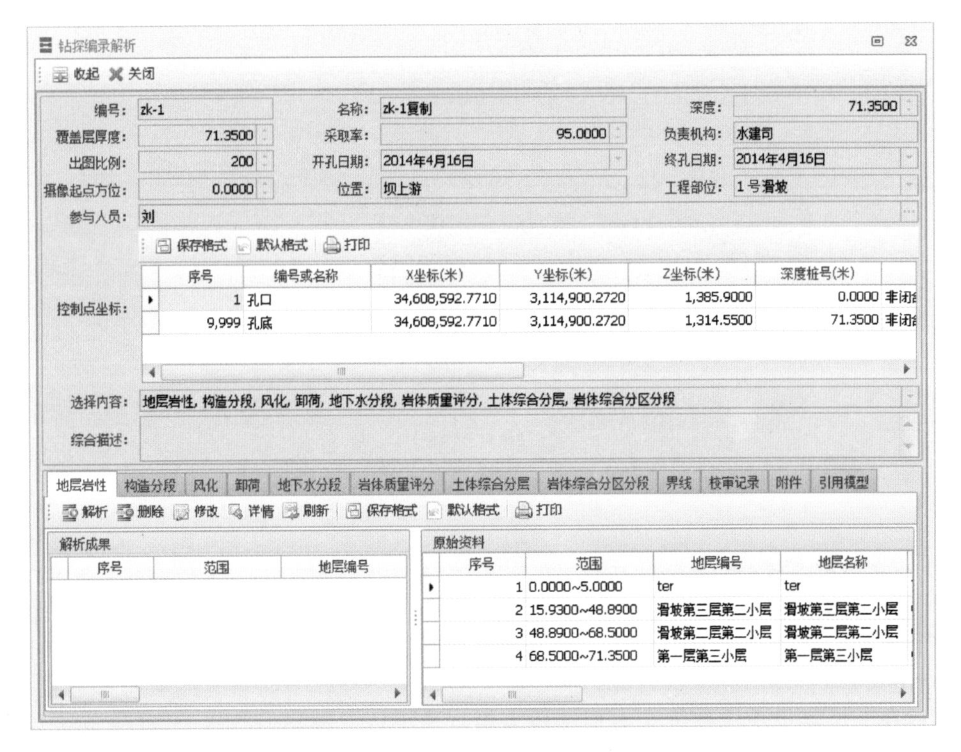

图 6.4-2　初步解析

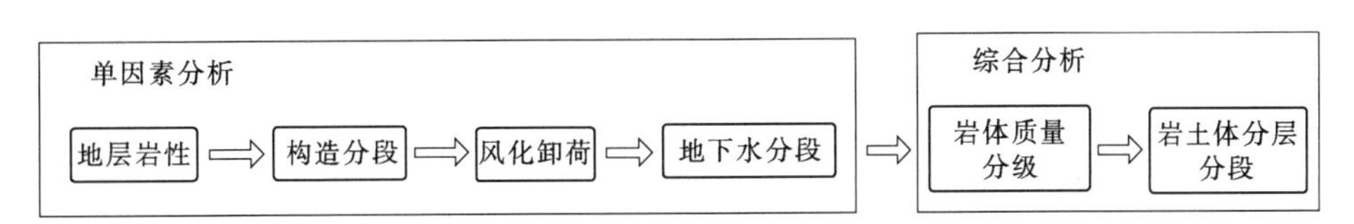

图 6.4-3　初步解释递进关系图

解析分层向导

插入层　确定　取消　保存格式　默认格式　合并　打印

拖动列标题至此，根据该列分组

序号	起点	起点建模标志	止点	止点建模标志	地层编号	
1	0.0000		5.0000		ter	ter
2	15.9300		48.8900		滑坡第三层第二小层	滑坡
3	48.8900		68.5000		滑坡第二层第二小层	滑坡

图 6.4-4　初步解析向导

框内据实填写或选取相关评分项，系统即可自动计算得到评分结果，从而得到相应评分段的岩体类别（图 6.4-5）。

其他的数个选项卡，其操作方式与上述类似，均是在相应的对话框内据实填写或选取相应的内容、参数，由系统自动得到初步解析成果。工程人员可将得到的初步解析成果在本地保存并上传至云端服务器，以方便相关人员查阅、应用。

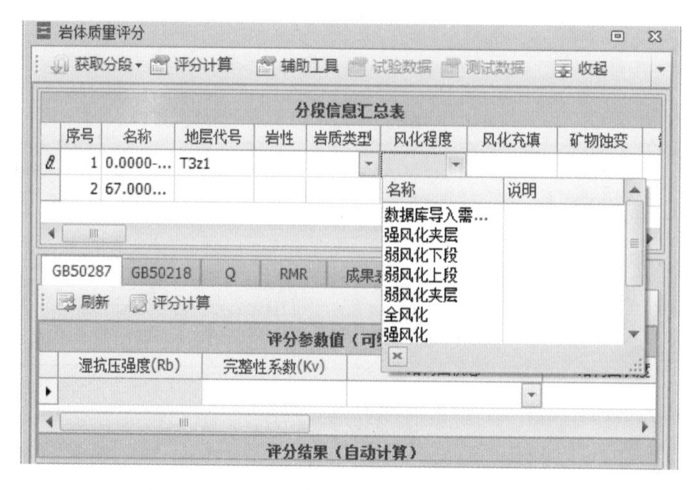

图 6.4-5　岩体评分——自动分段并汇总信息

6.4.2　试验成果整理

该类目内，工程地质人员可以根据需要设置试验项目统计组（不限组数，依实际需要而定），对已录入的各种类型的试验成果成组整理，并对同组的试验成果自动统计。工程地质人员在下拉菜单中选择统计类型（最大值、最小值、平均值等），自动生成统计表格，同时将统计成果成组储存在本机以及云端服务器，以便相关工程设计人员查阅（图 6.4-6）。

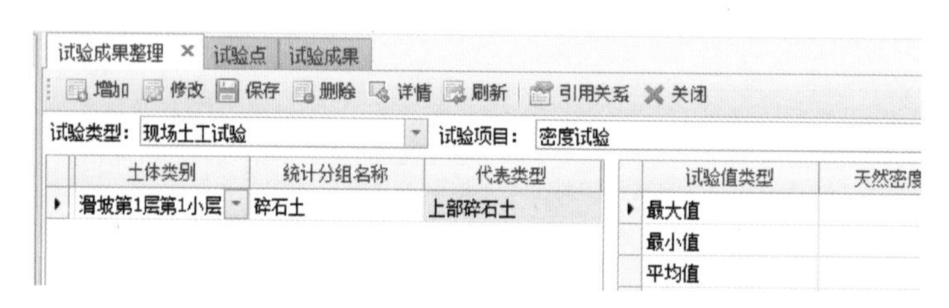

图 6.4-6　试验数据基本统计

6.5　解析成果

在完成地质原始资料录入、整理、存档和初步解析以后，地质工程师已经得到了一些模型部件和与工程有关的各地层、各构造、各物理地质现象、地下水等地质体的发育展布和属性（包括基础属性和工程地质属性）等信息，同时也建立了这些地质体的三维信息模型部件。此时，就需要把这些信息综合形成综合的工程地质描述，把各地质体三维模型部件组装成总体的三维信息模型，以分析各地质体部件之间的相互空间关系、各地质体与工程建筑之间的相互关系等综合信息。

上述中，模型部件反映的地质体之间的几何空间关系以及各地质体与工程建筑之间的相互关系等，依赖 AutoCAD 以及 Hydro GOCAD 等设计环境。该系统的主要功能是综合描述工程区各类地质体、地质现象、地质界面、试验等的综合分析结果，同时也可在此提出岩体物理力学参数等。综合描述的内容可被三维地质模型引用（在 Hydro GOCAD 中引用）（图 6.5-1）。

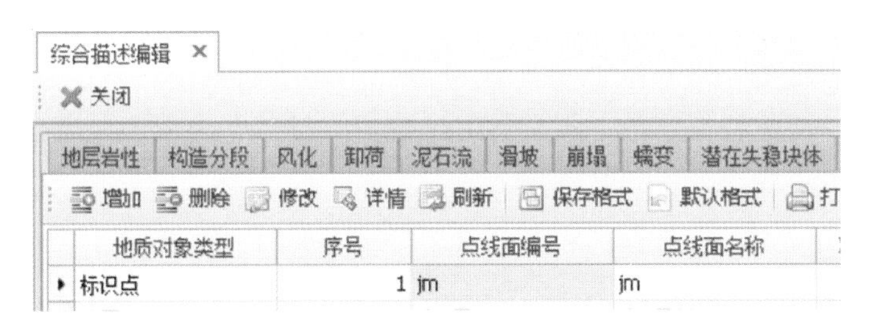

图 6.5-1　地质综合描述

6.5.1　基础地质

在该模块内，提供了地层岩性、构造分段、风化、卸荷、滑坡、崩塌、蠕变、潜在失稳块体等共计 16 项选项卡给工程地质人员，用以综合解析成果。

其中，地层岩性、构造分段、风化、卸荷这 4 项选项卡与原始资料、初步解析中的单因素综合描述相似，但着眼点不同，此处的综合描述是针对整个工程区（或整个模型）进行的更宏观的总体描述。滑坡、泥石流、蠕变、潜在失稳块体、地下水分段等物理地质作用的选项卡也用于更宏观、更整体的描述，是对原始资料中分散点描述的总结和概括。土体分层、岩体分类选项卡用于根据单因素生成整个工程区（或整个模型）岩土体分层分类结果。岩、土体建议参数和界线选项卡用于综合说明整个工程区的岩、土体性质及地质界面。

如图 6.5-2 所示，构造分段选项卡内，可填写结构面发育程度、岩体完整程度、结构面发育组数、张开度、充填情况、间距、延伸长度、起伏粗糙状况、地质体描述等地质人员编录构造面需记录的信息点等。根据这些内容，通过计算机自动统计解析，可得到优

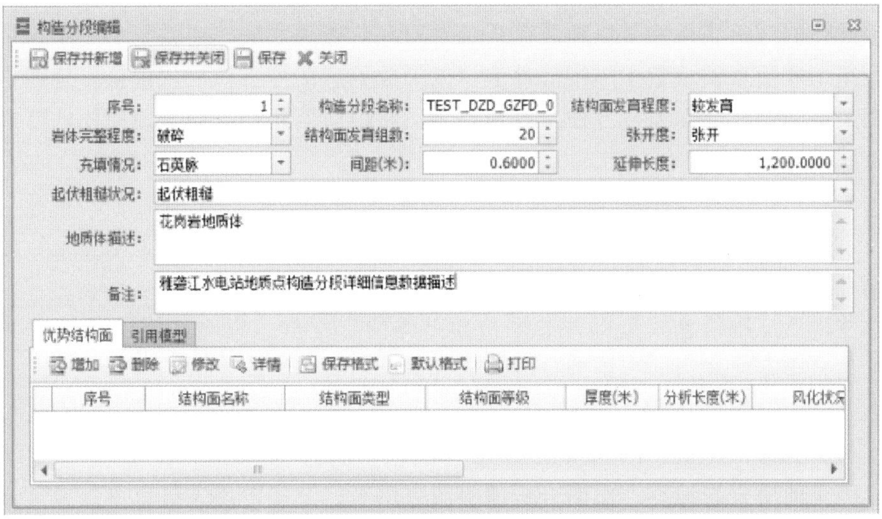

图 6.5-2　地质综合描述——构造

势结构面。

如图6.5-3所示，在滑坡选项卡内，可填写滑坡成因类型、滑坡滑面特征、滑坡力学特征、滑坡稳定状态、滑坡滑体厚度、滑坡体积、平均厚度、最大厚度、顺坡长度、横坡宽度、滑坡地面坡度、前后缘高差、前缘高程、后缘高程、描述、地形特征、物质组成、变形特征、滑动面特征、地下水状态、评价与分析等，全面涵盖了分析滑坡工程性能所需的内容，并由这些内容得到其工程地质评价。

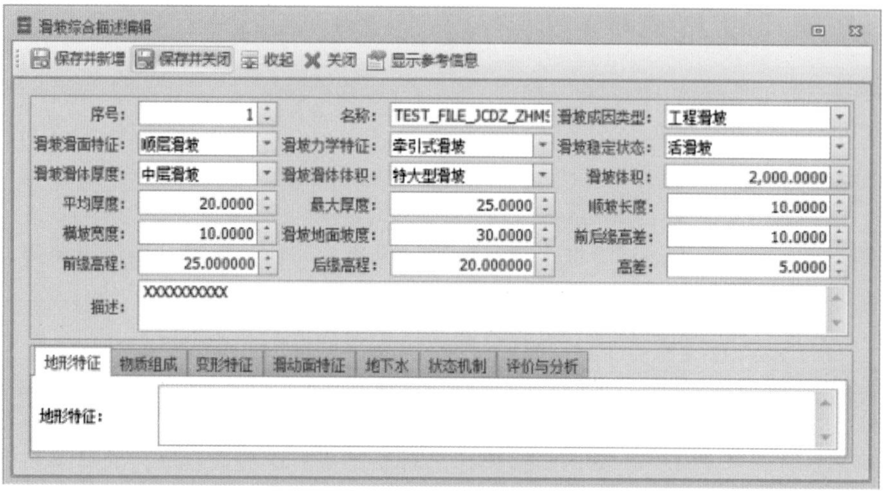

图6.5-3　地质综合描述——滑坡

其他的各选项卡所提供的功能与此项基本类似，概括而言即是内容丰富全面，可以由填写的内容得到该地质体或地质现象的工程地质评价。由这些选项卡得到的解析成果，可以上传到云端服务器，以便于工程设计人员查阅、参考，并引用于地质简报或报告的编写。

6.5.2　模型部件

各地质体的解析成果除了以地质分析、地质评价体现之外，还需要与三维地质部件相关联，使得地质信息被承载于三维部件上，以形成信息部件。该模块提供了地质信息与三维部件相关联的操作界面，以方便工程地质人员将地质信息加载到各地质体的三维模型部件之上（图6.5-4）。

如图6.5-5所示，各覆盖层内部分层、基岩覆盖层界线、基岩地层分界等，在三维模型中通常显示为地质曲面；滑坡、地表径流、断层、裂隙等，通常显示为地质体。这些地质曲面和地质体，均可以在该模块中建立与信息的关联。

由这些地质三维信息模型部件共同构建整体的工程信息模型，使得三维模型不但直观，并且信息丰富，成为“三维信息模型”。同时，由三维模型得到的二维图，也可以关联到数据库当中（图6.5-6）。

上述的模型部件、整体的三维模型和二维图，通过关联地质信息成为了三维信息模型，可以用于地质报告编写、出图分析和附图引用等；工程地质人员也可以通过该模块把一一关联的信息上传到云端服务器，以服务于相关的工程设计人员。

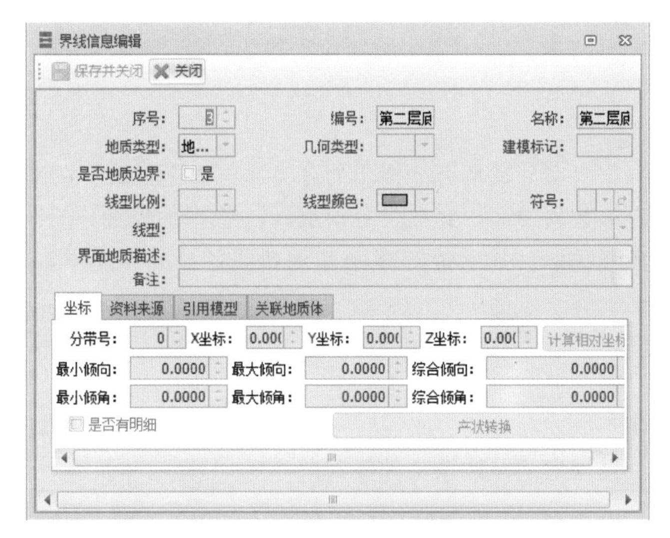

图 6.5-4　模型部件信息描述

图 6.5-5　解析成果——模型部件列表

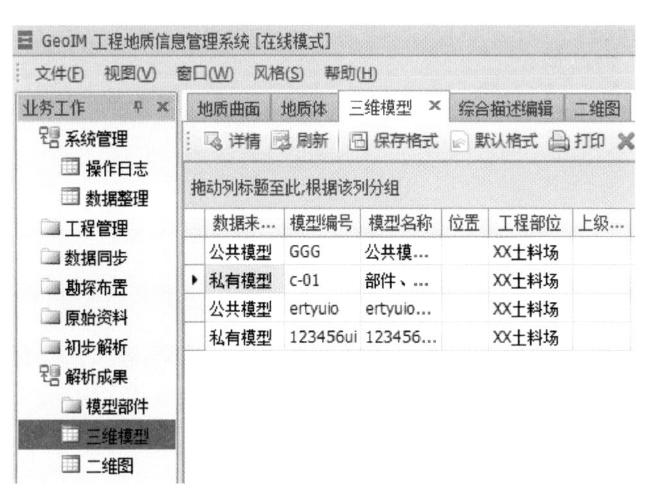

图 6.5-6　解析成果——模型列表

6.6 附件管理

附件是工程设计全生命周期都可能产生的各类非结构化文档。在该系统中，非结构化文档以附件的形式存入数据中心，并提供分层级统一管理的界面，且与相关的工程项目、勘探手段、地质对象强关联。该功能存在于其他功能各自的界面中，均可无碍上传、查找、使用相关附件。

6.6.1 工程附件

工程附件是指用于描述项目任务来源、项目总体计划等与项目层级相关的非结构化文档，如任务委托书、勘探大纲、体系文件等（图 6.6-1）。

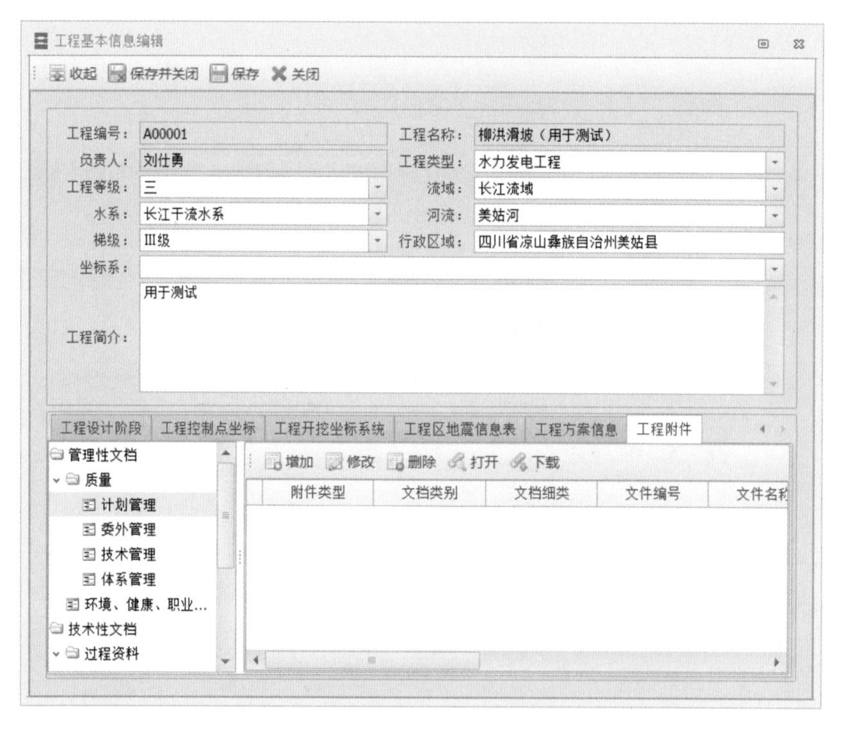

图 6.6-1 工程附件管理

6.6.2 勘探附件

该类附件存在于各类勘探手段的录入界面中，主要保存诸如钻孔任务书、AB 表、鉴定记录表、变更记录等针对某一钻孔、平洞等的相关附件（图 6.6-2）。

6.6.3 地质对象附件

地质对象附件是指某一观察点上，与地质对象相关的影像、素描等的附件（图 6.6-3）。

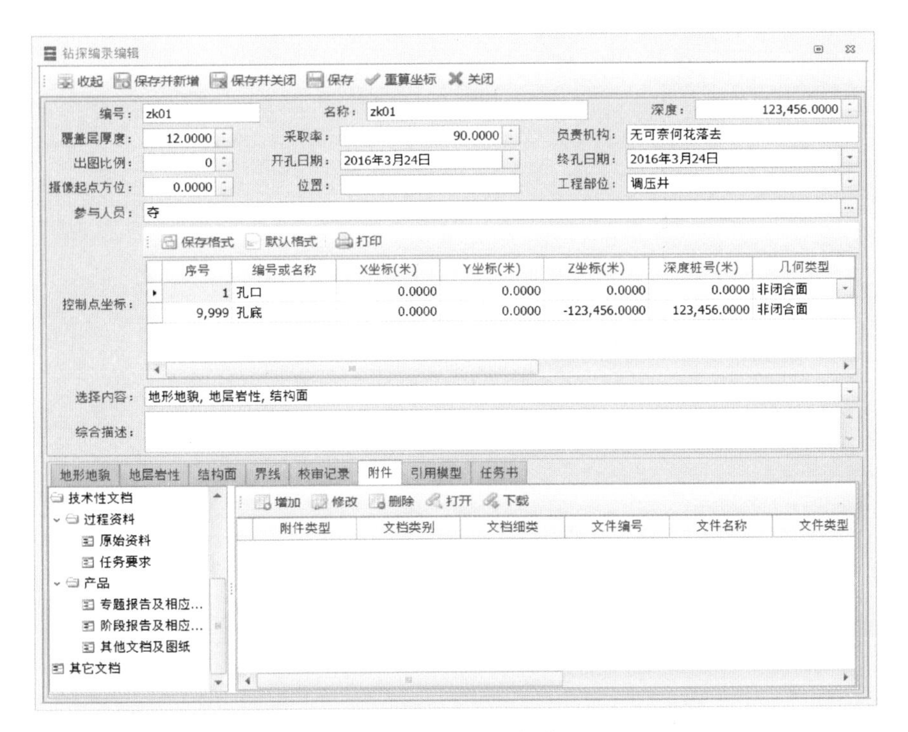

图 6.6-2　勘探附件管理

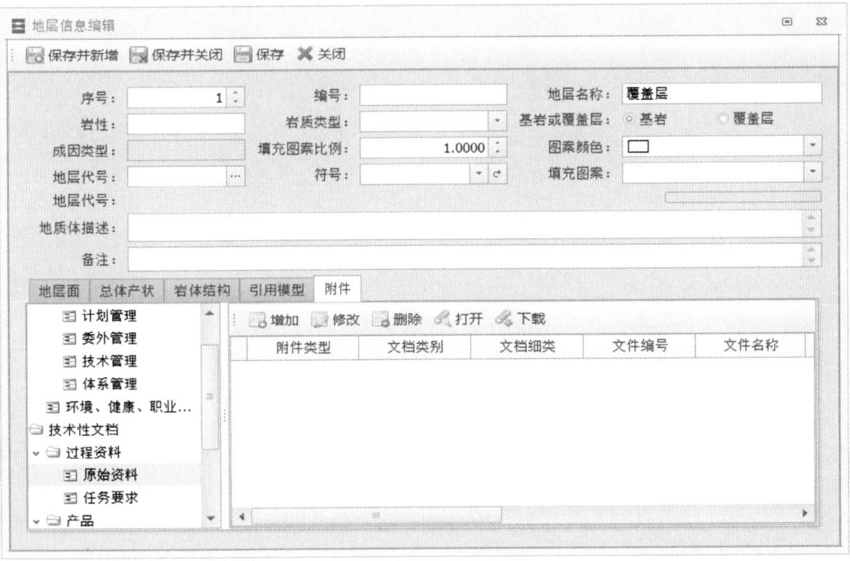

图 6.6-3　地质对象附件管理

第 7 章

水电工程地质信息应用

系统信息应用贯穿了工程项目的全生命周期，本质上是信息动态流转过程。在此过程中地质内容大多可用三维地质几何体和与之相应的地质属性进行表达，这种表达包括了过程中的统计、计算、分析等手段，也包括了地质成果的随时输出。由此可见，地质几何体随生产过程的变迁和地质属性的认识动态深化，并由此延伸到工程应用的各环节、各阶段的过程，就是工程的生命周期，同时也是信息应用的过程。

7.1 三维解析

7.1.1 流程与数据服务

7.1.1.1 基本流程

系统采用三维正向设计流程，与生产过程相吻合，与原始资料及分析数据强关联，并可实时将三维分析成果返回到数据中心，具有实时交互特点。因此，该平台的三维分析功能不局限于简单的三维建模，包括了地质对象三维空间展布分析、地质属性三维数字化分析、工程地质问题分析。

三维分析流程如图 7.1-1 所示。

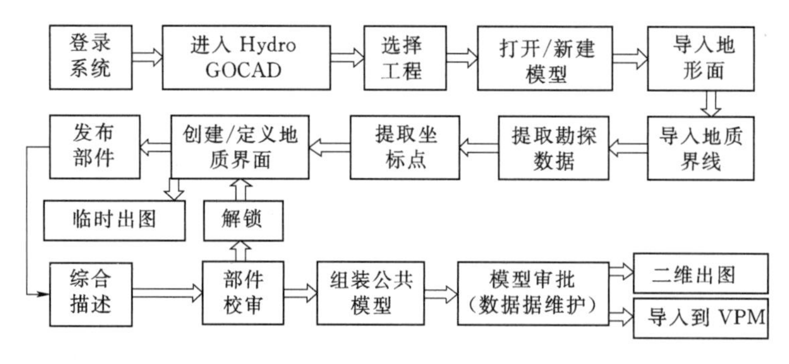

图 7.1-1 三维分析流程图

上述流程中，所有的过程数据、成果数据均存入数据中心，信息交互通过内置接口直接与数据中心实时通信实现。

7.1.1.2 数据中心提供的基本服务

对于地质三维信息化设计而言，仅仅建立视觉上的三维几何模型是不够的，只有将三维模型与工程地质信息相关联以后，才可称为信息化三维模型。在该系统内，三维地质模型与数据库信息通过“数据联动”实现了地质建模与数据分析一体化（图 7.1-2）。

通过水电工程地质建模工具，可完成三维模型与工程地质信息中心的关联，实现信息化三维模型的编辑、保存和云端同步（图 7.1-3）。

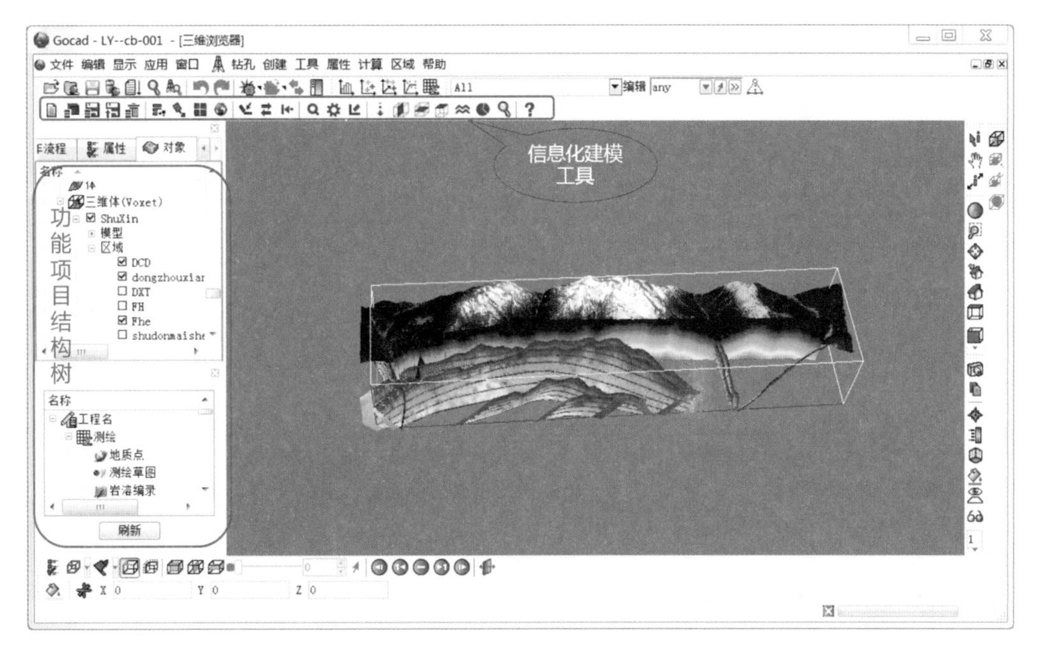

图 7.1-2　GOCAD 中的联动界面

打开或新建模型

打开　增加　校审　删除　添加部件引用　关闭

私有模型　公共模型　待审核模型　待审核部件　待修改部件【1】条

模型名称	编号	设计阶段	文件名称
拉月模拟场景模型	LY-004	踏勘	LY004.prj
孜拉山隧道初始模型	ZL-001	踏勘	ZL-001.prj
迎金山隧道初始模型	YJ-001	踏勘	YJ-001.prj
芒康山隧道	MK-001	踏勘	MK-001.prj
拉月隧道模型组装	LY003	踏勘	LaYuezhuzhuang.

图 7.1-3　服务器中的模型

系统支持在线远程提取数据中心内的地质数据，包括坐标点、地质属性参数、工程地质信息等（图 7.1-4）。

可从数据库提取地质体的三维空间展布信息和地质体的地质属性参数进行三维空间数字化分析（图 7.1-5）。

通过系统直接在线完成生产各环节控制，从原始资料收集到最终成果输出，所有的资料、信息、过程等均已纳入系统在线管理中，并将这些信息发布到数据中心（图 7.1-6），用户可根据需要随时调用。

可在线实时生成剖面图、平切面图，实现二、三维图互校等（图 7.1-7）。

此外，在系统内，还提供了功能项目结构树（图 7.1-8），包括模型中已经定义的信

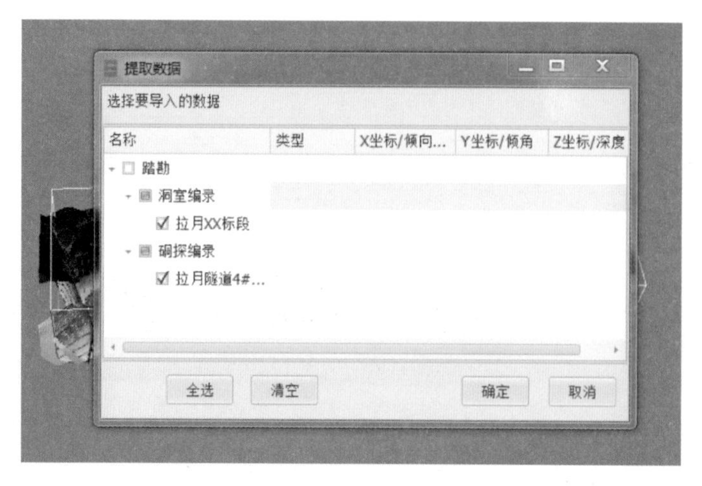

图 7.1-4　在线远程提取数据建模

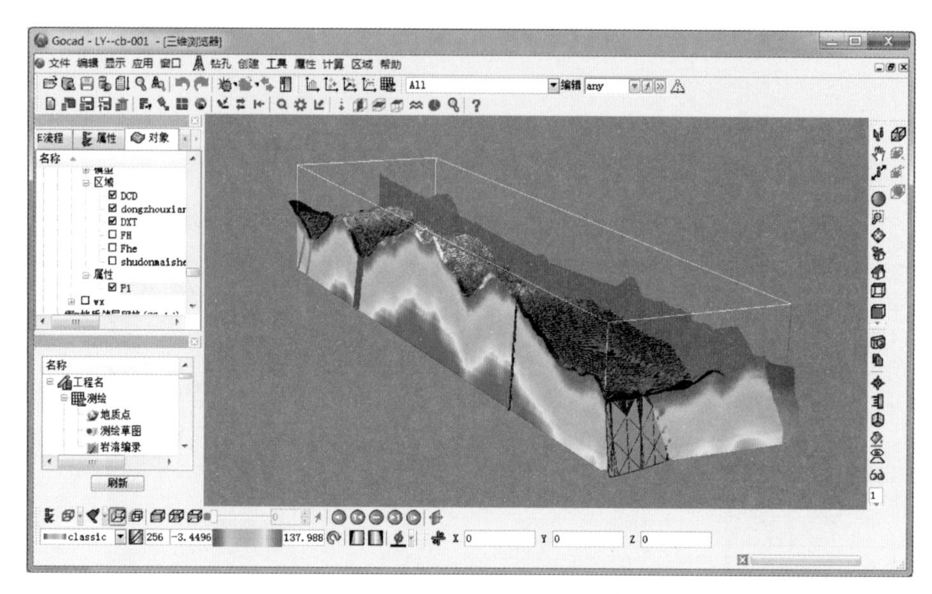

图 7.1-5　在线提取地质属性参数分析

图 7.1-6　地质部件发布

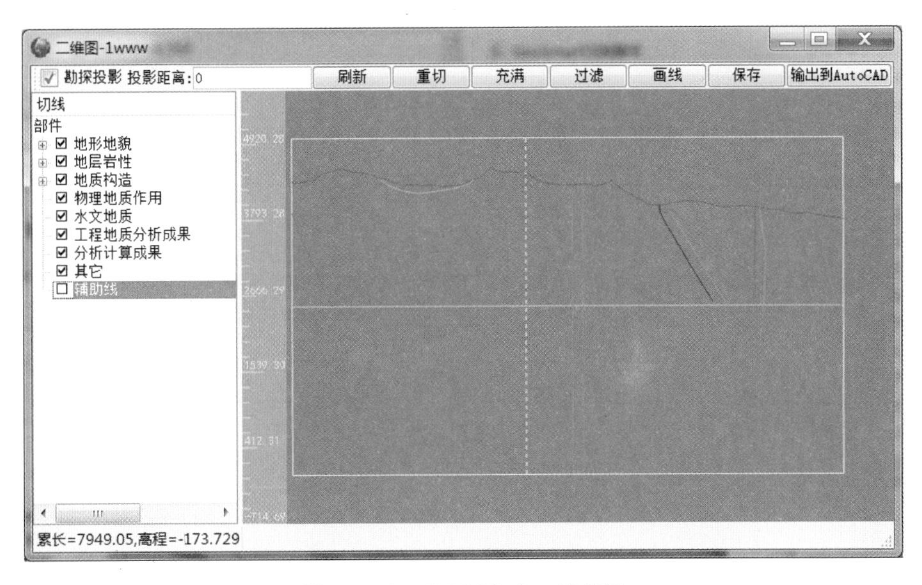

图 7.1-7　GOCAD 中二维切图

息点、信息线、信息面、信息体等，均可在该系统内对其进行快速查询、编辑。

工程人员使用信息化三维模型开展工程地质分析应用时，不但能够直观地观察到各地质体的三维形态，它们之间的相互空间关系以及它们与建筑物、地形之间的相互空间关系，还可以直接在模型上通过关联数据读取它们的相关信息，这些信息既包括基本地质信息，也包括工程地质信息，从而使得设计资料更加全面、丰富，设计过程更加便捷、高效。

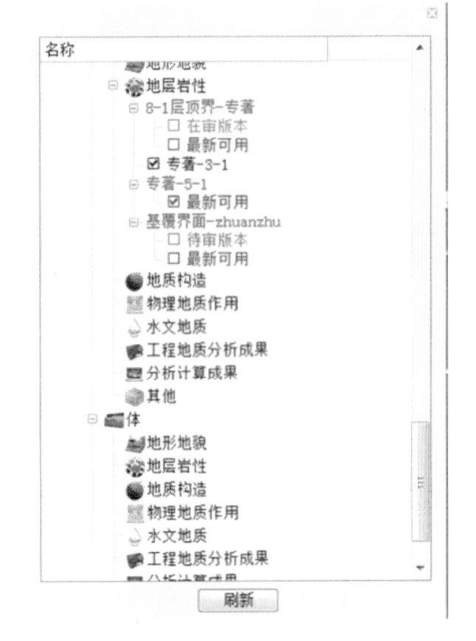

图 7.1-8　GOCAD 中部件状态信息

7.1.2　地质建模

7.1.2.1　正向建模

系统利用数据中心提供地质信息支撑，将地质三维分析过程信息纳入到信息管理中，以渐近明细的方式，按地质生产过程建立、丰富、完善工程地质三维模型的过程，称为“正向建模”。由此生成的模型由地质体和相关信息组成，地质体包括点、线、面、体；信息包括地质体的身份信息、几何信息、属性信息。该系统采用向导式建模，可分为以下几个环节。

1. 提取数据

该功能是将数据中心的地质点数据、勘探数据等读取、载入到模型当中（图 7.1-9、图 7.1-10）。数据库中的信息数据以列表形式展现，工程人员在此勾选需提取的数据来使用。

图 7.1-9 提取数据

图 7.1-10 对象搜索

2. 创建地质曲面

地质曲面包括覆盖层内界面、基岩与覆盖层界面、地层界面、断层面、裂隙面、风化面、卸荷面、地下水水位面等各类地质界面。系统提供了通过提取的地质标志点（包括地表地质点，钻孔、平洞、坑槽揭示的界面点）、二维剖切面形态等信息定义的点集来创建各类地质界面的功能。该功能采用的是向导式半自动建模，结合地质工程师经验创建符合地质规律的地质界面（图7.1-11）。

图7.1-11　利用地质标志点创建界面

系统还提供声波、RQD、标贯、渗透参数、力学参数、渗透特性等不同地质参数的空间分布创建包络地质界面的功能，以提供地质体不同特性区间。其基本步骤如下：

提取地质参数（地质体单项和多项属性）—创建空间六面体—属性赋值—属性插值—创建属性区间包络面（图7.1-12）。

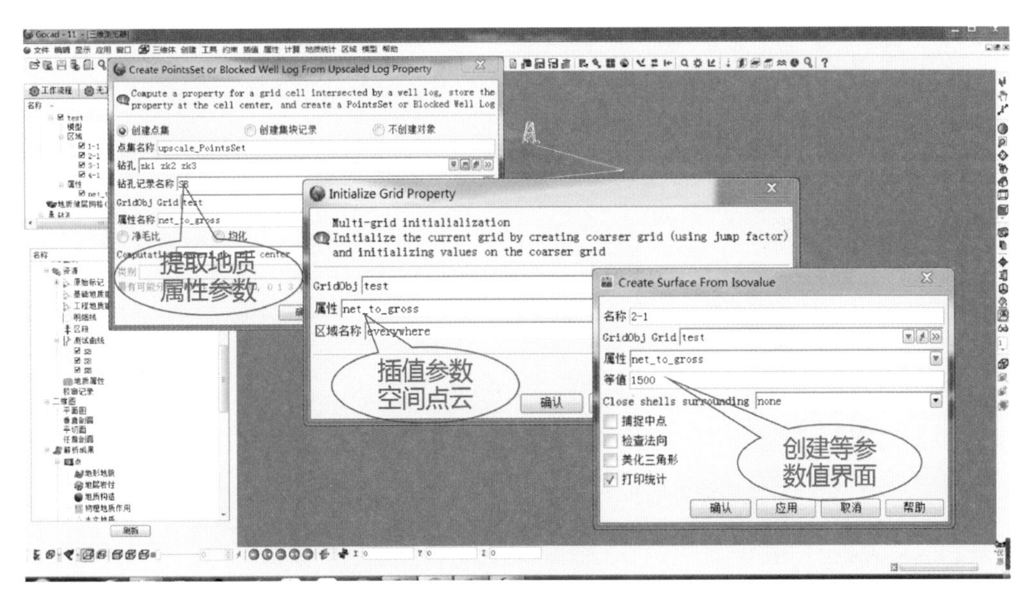

图7.1-12　利用地质等参数值创建界面

完成地质界面的初步创建后，工程设计人员可根据“二、三维互动”进一步调整地质界面（图 7.1-13）。

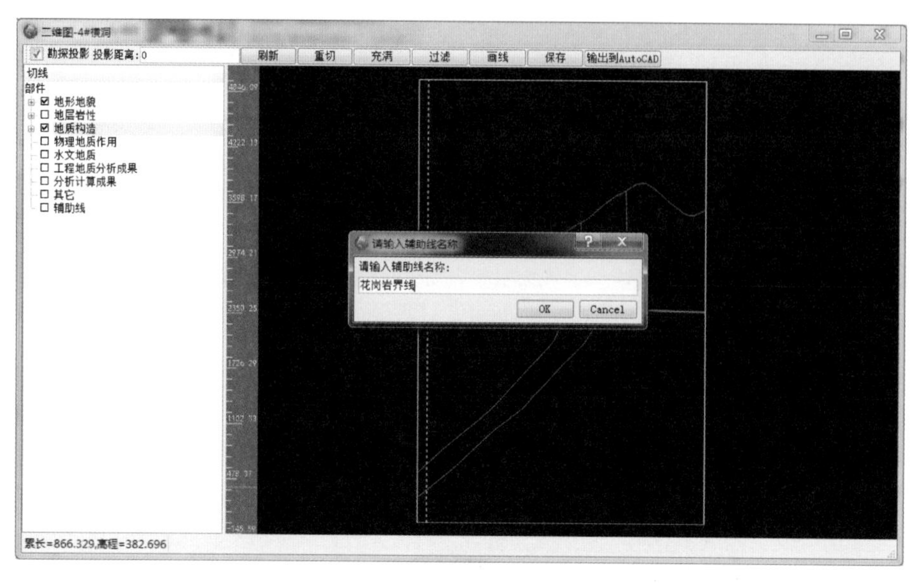

图 7.1-13　通过“二、三维互动”调整地质界面

7.1.2.2　模型逆向关联

在实际工作中，有时会出现工程设计人员先创建了三维曲面，而后再把地质信息关联到曲面的情况，即“逆向关联”。该系统也提供了将数据库中的地质信息关联到已有的地质曲面的功能。

1. 定义地质属性

工程人员可以在该系统中给三维曲面定义其地质属性（图 7.1-14）。

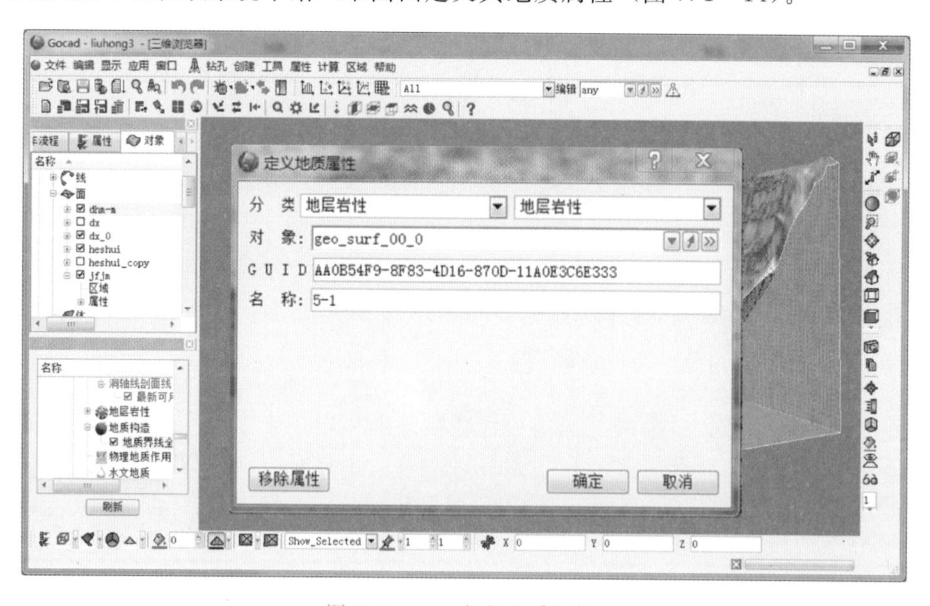

图 7.1-14　定义地质属性

2. 编辑关联关系

完成地质属性定义以后，可将手动添加的地质对象与数据库中的地质信息关联，系统提供数据库中的标志点等地质信息列表（图 7.1－15），工程设计人员在此勾选相应的地质信息与三维模型部件关联。

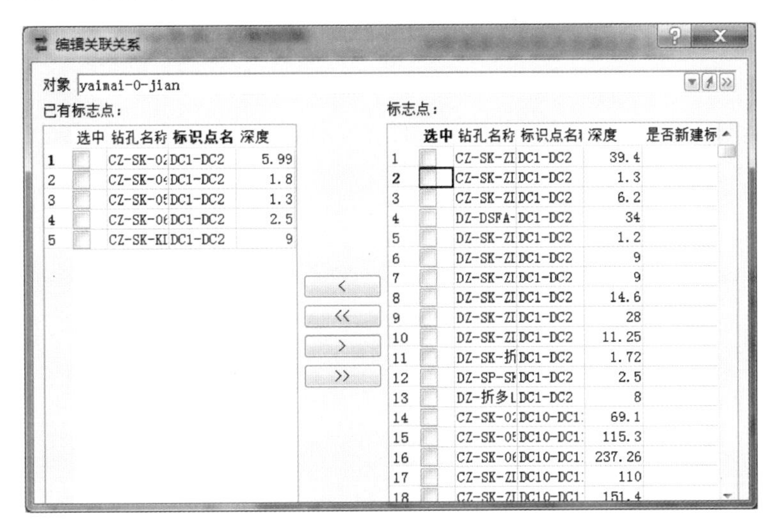

图 7.1－15 编辑关联关系

7.1.2.3 二、三维图互动编辑与出图

工程设计人员建立了工程地质三维地质模型以后，可使用该系统从三维信息模型中快速、批量导出二维图，并可通过 GeoSmart 系统相应的插件在 AutoCAD 中进行二、三维图互动等工作，此时，在二维软件中不是单纯地“画图”，系统插件将二维图件也作为“数据”关联存储到了云端数据库，成为信息的一环。

在使用三维模型生成二维图件以后，可以使用二维图件反向校验三维模型，修改三维模型中不合理的部分。借助该系统提供的 AutoCAD 插件，在二维图上对图形的修改，会由系统自动关联到数据库，并自动在三维模型上进行相应的调整（图 7.1－16）。

此外，也可以在二维图中添加任意多段线，如切线等。通过插件，在二维图件上添加的切线（图 7.1－17），在添加填写其信息后（图 7.1－18），将自动添加到三维模型当中，并关联到数据库（图 7.1－19），以供相关人员查阅。

系统支持在三维模型上快速二维剖切（图 7.1－20），自动生成剖面图、平切面图的预览版本，并可以将图件输出到 AutoCAD 中显示（图 7.1－21），生成二维图文件（图 7.1－22）。

该系统提供了在 AutoCAD 设计界面上使用的插件，实现了将图件关联到数据库记录存储功能（图 7.1－23）。

保存后的图件作为“工程信息”之一，被关联存储到 GeoIM 数据库，可以在系统中查看其工程部位、图件类型、显示高程、出图比例尺以及图件综合描述等信息（图 7.1－24）。由此，设计图件产品不仅仅是单纯的几何图形，也成为了装载信息的信息化综合设计产品。

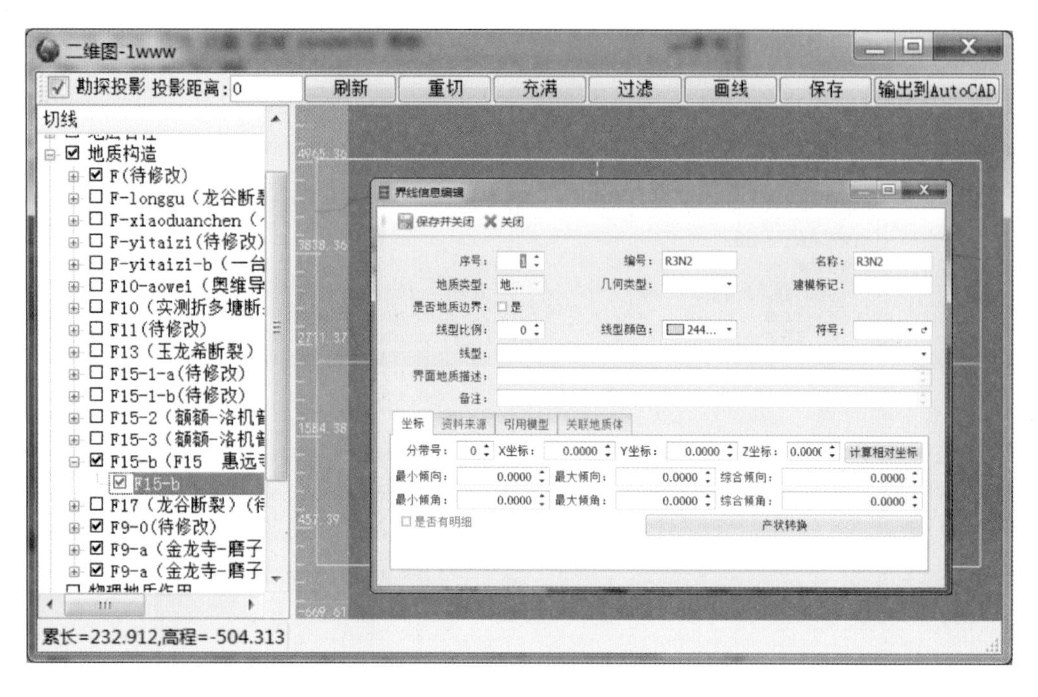

图 7.1-16　界线信息编辑

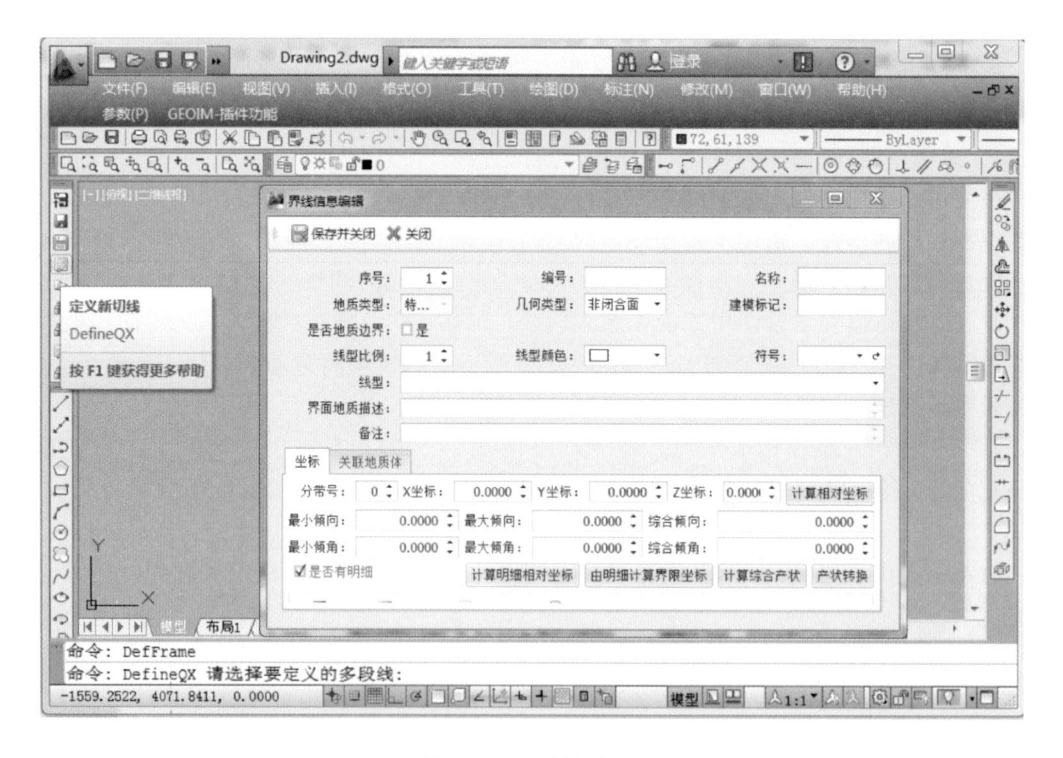

图 7.1-17　添加切线

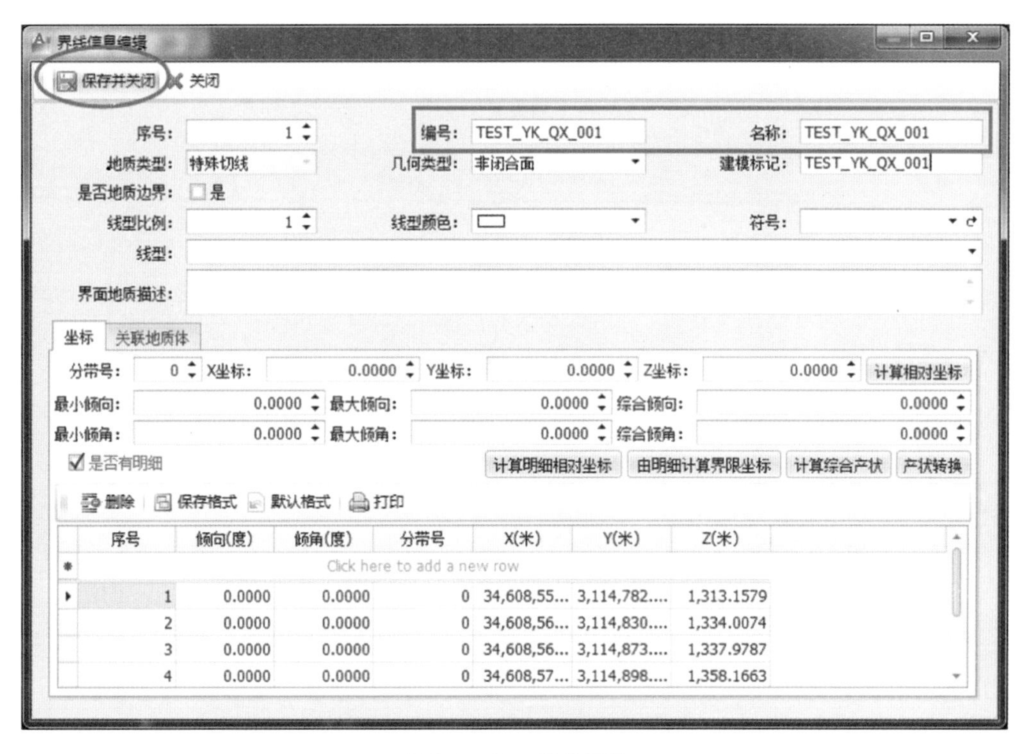

图 7.1-18　保存切线

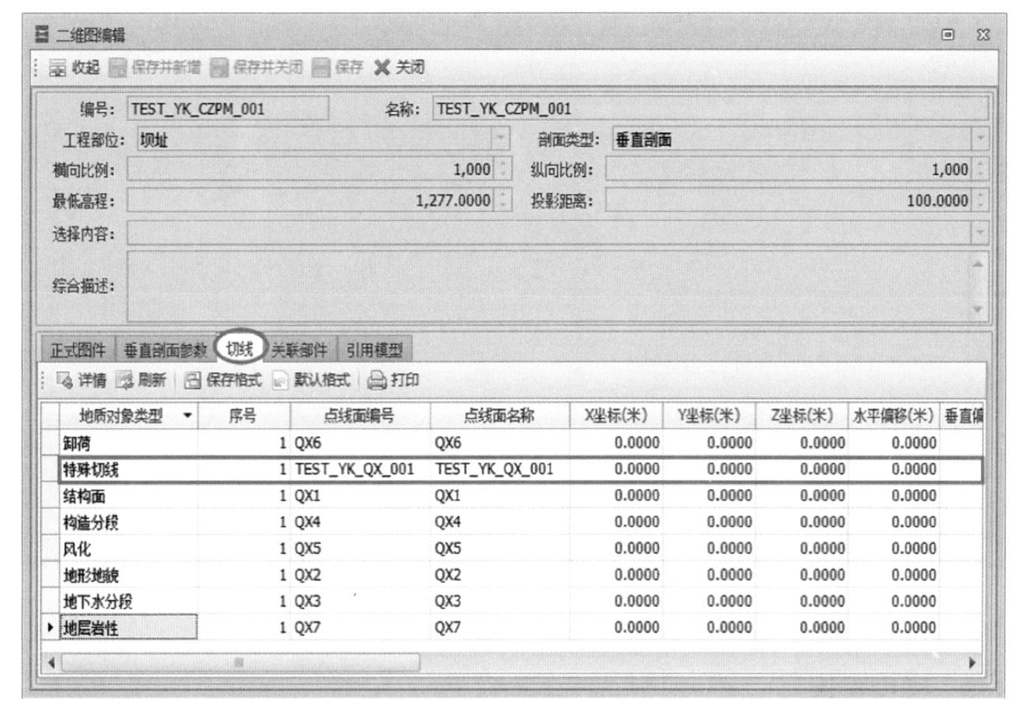

图 7.1-19　查询切线信息

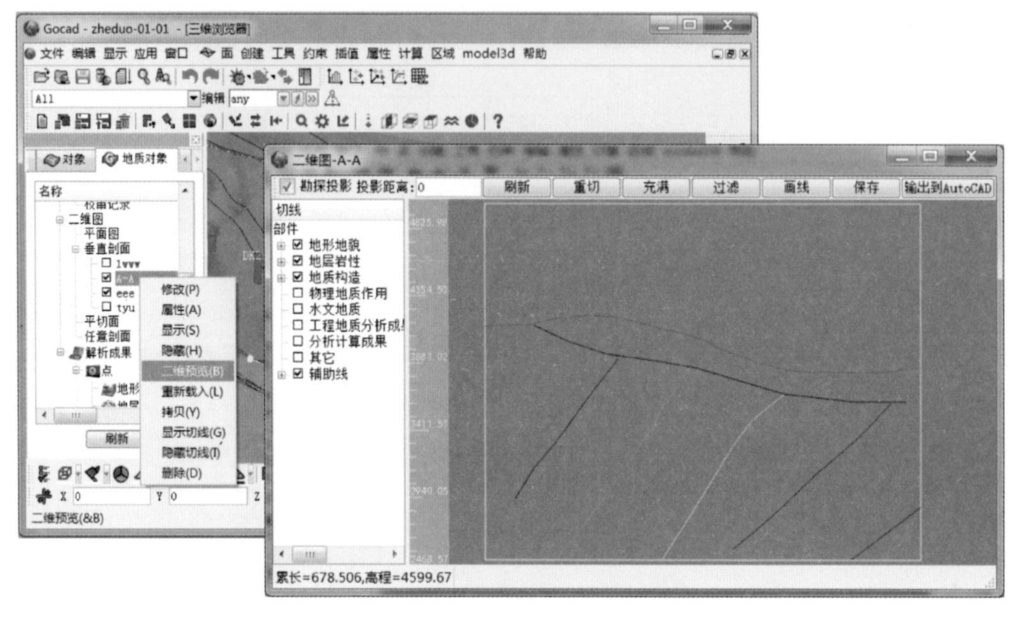

图 7.1-20　GOCAD 中剖切图预览

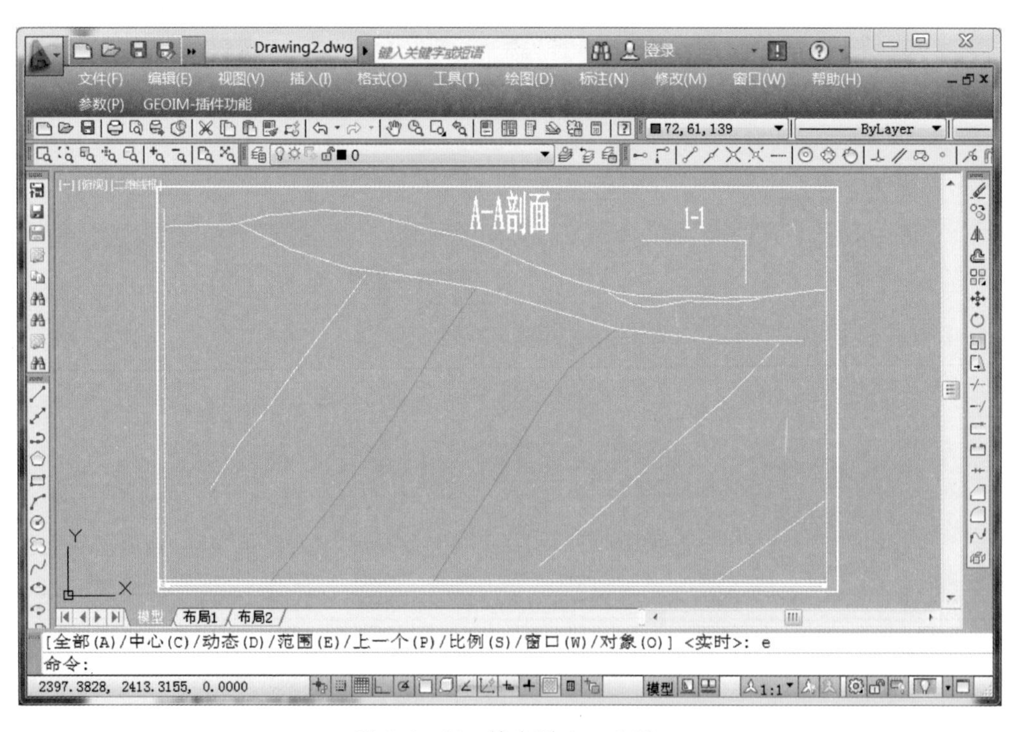

图 7.1-21　输出到 AutoCAD

7.1.3　模型管理

在三维设计中，同一个地质对象总是随设计进程不断地完善、更新。未经发布的地质

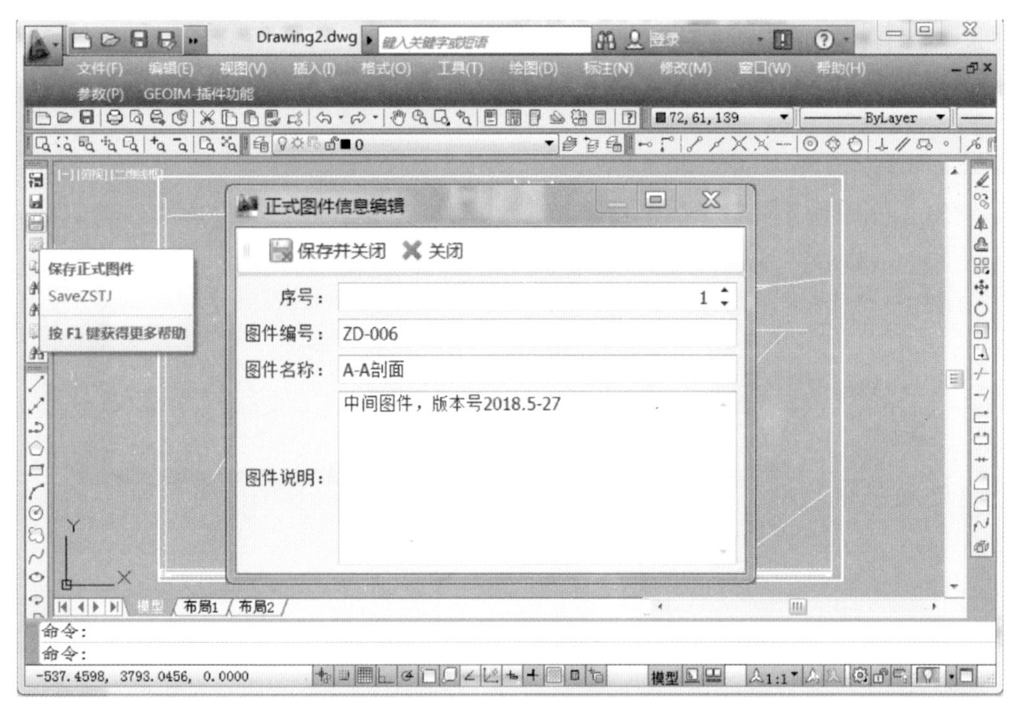

图 7.1-22　AutoCAD保存正式图件到数据中心

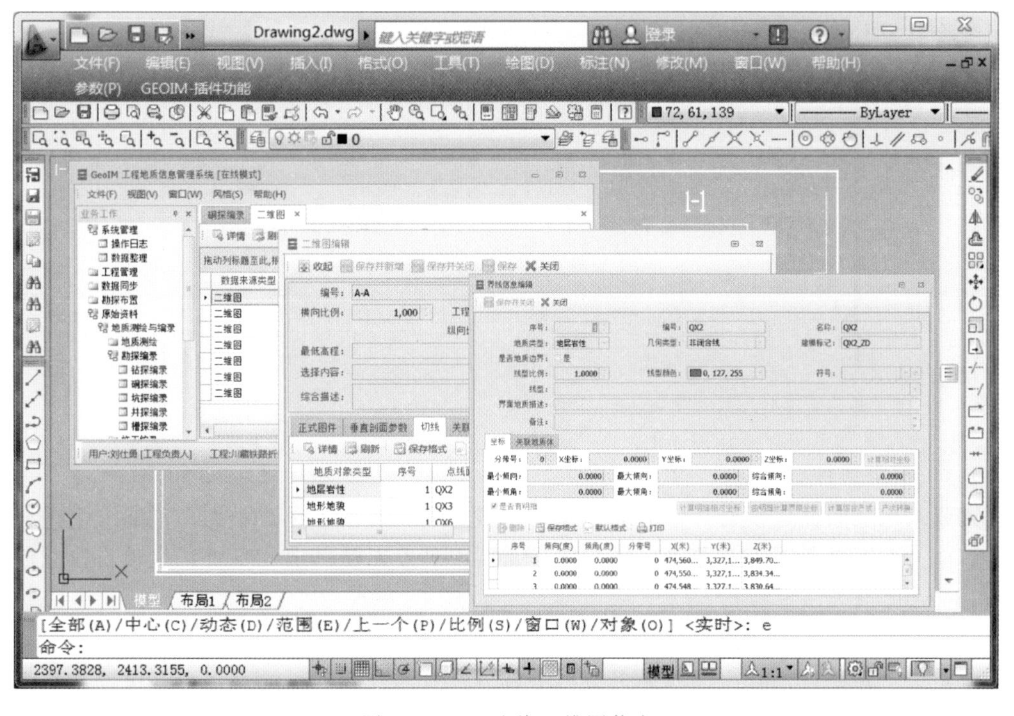

图 7.1-23　查询二维图信息

图 7.1-24　发布为新部件

体称为地质对象，发布后的地质体称为部件。部件内包含版本，同一地质体每一次更新产生一个新的版本，通过部件和部件版本的形式，固化不同阶段的成果，并保存在数据库中，以部件的形式供协同使用。

系统整合了地质对象的发布与校审功能，工程设计人员构建完成地质对象后，直接在该系统将其发布为三维模型部件，并将部件版本提交校审（图 7.1-25）。

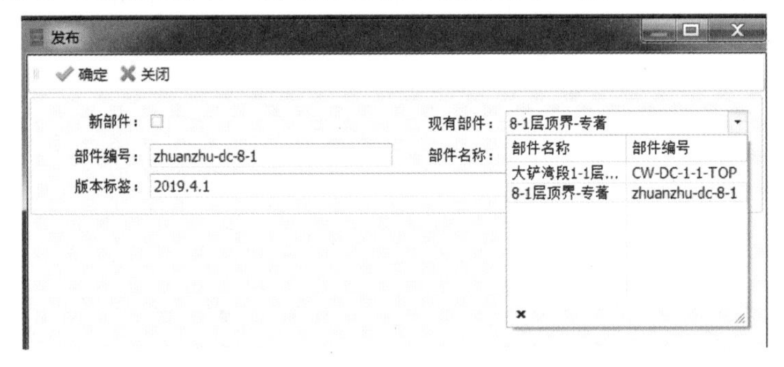

图 7.1-25　发布到已有部件

7.1.3.1　模型部件

完成某地质曲面建模后，该曲面只是建模者个人所有的“私有模型”中的一个组成部分，其他人并不具备对该对象的应用权限，需要将其发布使其成为部件以供项目协同使用（图 7.1-26、图 7.1-27）。

地质对象可发布为“新部件”和“已有部件”的新版本。

发布为“新部件”时，该对象形成一个部件，且已存在一个尚未通过校审的“待审版本”，“待审版本”仅本人可见，一个可引用部件至少包含一个完成校审流程的版本；发布为“已有部件”时，该部件新增加一个“待审版本”。

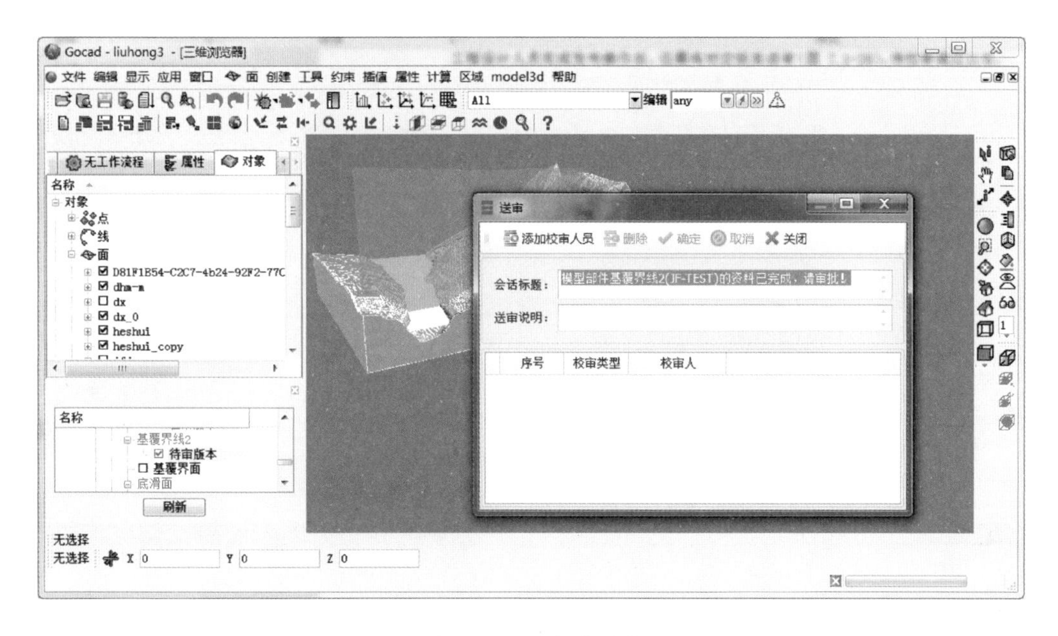

图 7.1-26　部件送审

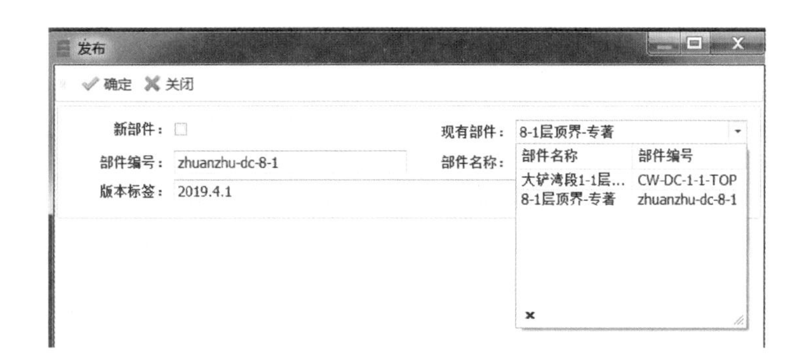

图 7.1-27　发布到已有部件

7.1.3.2　部件版本

工程设计人员完成发布操作后，还需将对应版本送审（图 7.1-28），待校审通过以后，该部件将形成一个关联信息的最新可用的正式版本。

完成送审后，在“地质对象树”中的对应部件中，对应版本状态显示为“在审版本”，即指定的审批人正在审查过程中。

部件版本送审后，被指定的审批人登录该系统，即会收到校审申请，此时审批人可通过待审部件列表选择需审批的部件进行校审（图 7.1-29、图 7.1-30）。

选定后，系统即自动载入需审核的部件，并提供了校审意见添加界面，用以填写校审意见，需选择是否同意通过。不同意通过时，亦可在载入部件中填写需要修改的理由和范围。

填写完成后，可选择保存，此时系统将校审意见保存在数据库中，但并未提交，可随

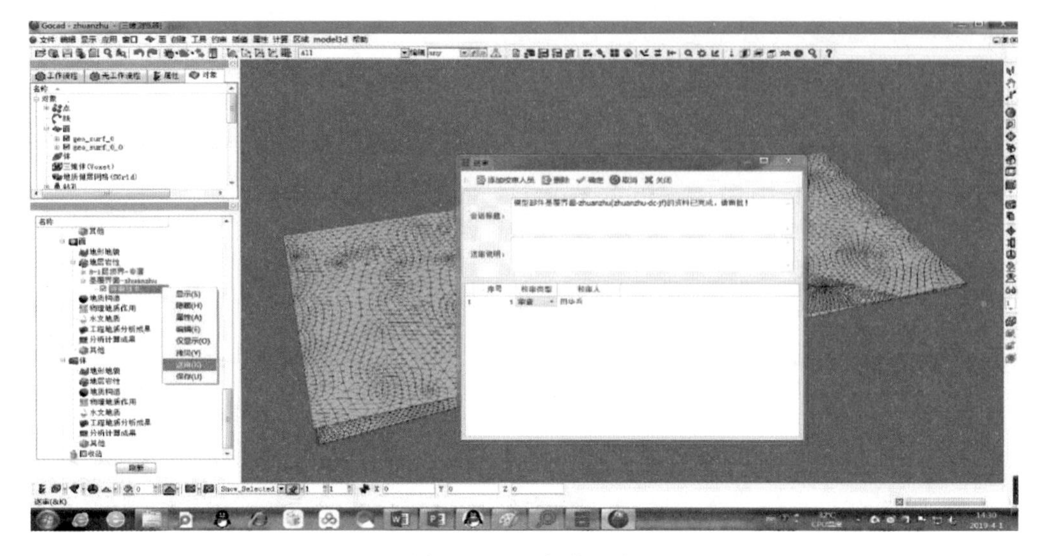

图 7.1-28　部件送审

送审列表

审核　关闭

送审模型列表　送审部件列表

	全选	序号	会话标题	发起人	数据来源
	☐	1	地质对象：000已完成,请审批！df...	石伟明	模型部件
	☐	1	地质对象：006已完成,请审批！006	石伟明	模型部件
I	☑	1	地质对象：XXXXXXX已完成,请审...	石伟明	模型部件
	☐	1	地质对象：002已完成,请审批！002	石伟明	模型部件

图 7.1-29　待审列表

校核审查记录编辑

保存并关闭　保存　确认　关闭　显示校审对象

数据来源类型：模型部件　数据来源编号：XXXXXXXXX　数据来源名称：XXXXXXXXX

序号：1　会话发起人：石伟明

送审说明：地质对象：XXXXXXX已完成,请审批！

校审类型：校核　是否同意 ☐　校审时间：2008/6/30

校审意见：XXXXXXXXXXXXXX

校审记录：

序号	校审类型	校审人	校审时间	校审意见	是否同意

图 7.1-30　填写校审意见

时对校审意见进行修改。

当确定不需要修改时，可选择“确认”，提交校审意见，完成校审。

7.1.3.3　部件安全

任一版本完成校审后，部件将被锁定，所有的修改将不能被保存。地质体需要随生产进度更新时，工程责任人需要对部件进行解锁，将其恢复到可编辑状态。

部件解锁有以下两种方式：

(1) 在三维可视化界面下，在需要解锁的部件的右键菜单上选择解锁，填写解锁意见，选择授权修改人，即可完成操作（图7.1-31）。

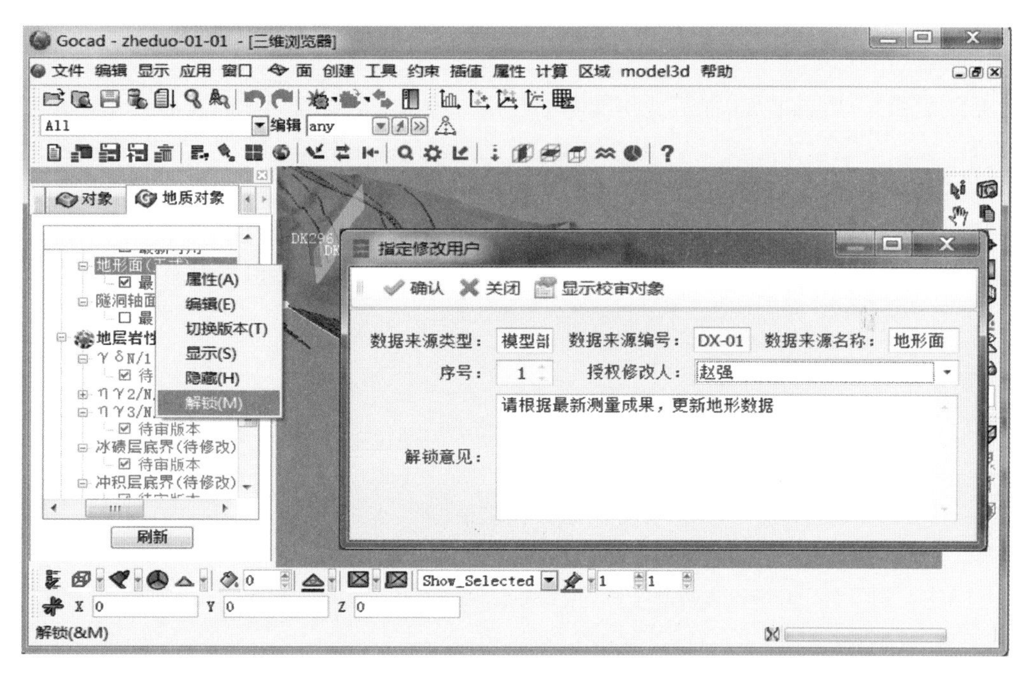

图7.1-31　三维界面解锁

(2) 在数据库的“数据维护”界面上，找到需要解锁的部件，选择授权修改人，并正确填写解锁意见（图7.1-32）。

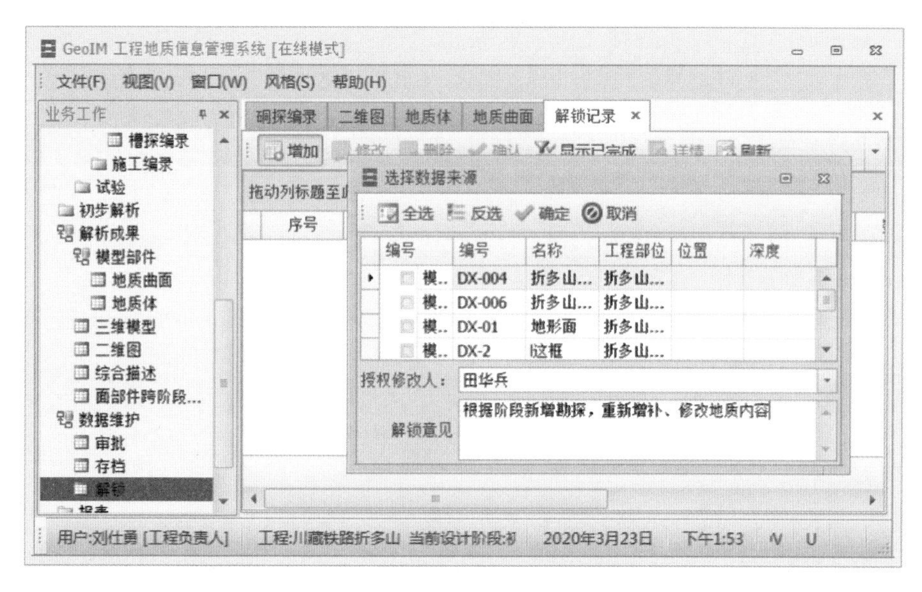

图7.1-32　数据库解锁

在完成解锁操作后，该部件能且只能由授权修改人进行编辑操作。其他人无任何权限编辑该部件，部件状态显示为“修改中”。

7.2 协同设计

系统提供了“协同”功能。此功能实际上是一种基于数据接口的跨平台应用，利用设计软件—接口—数据中心模式，通过数据中心链接了 AutoCAD 和 GOCAD 两种不同的二、三维设计平台，实现了不同专业与不同平台间的实时协同。

通过此功能，设计人员进入系统后，可以直接在系统数据库的工程列表选择相应的工程设计阶段（图 7.2－1），调用某工程的三维模型，设计专业布置所需剖面（图 7.2－2）。

图 7.2－1　选择工程

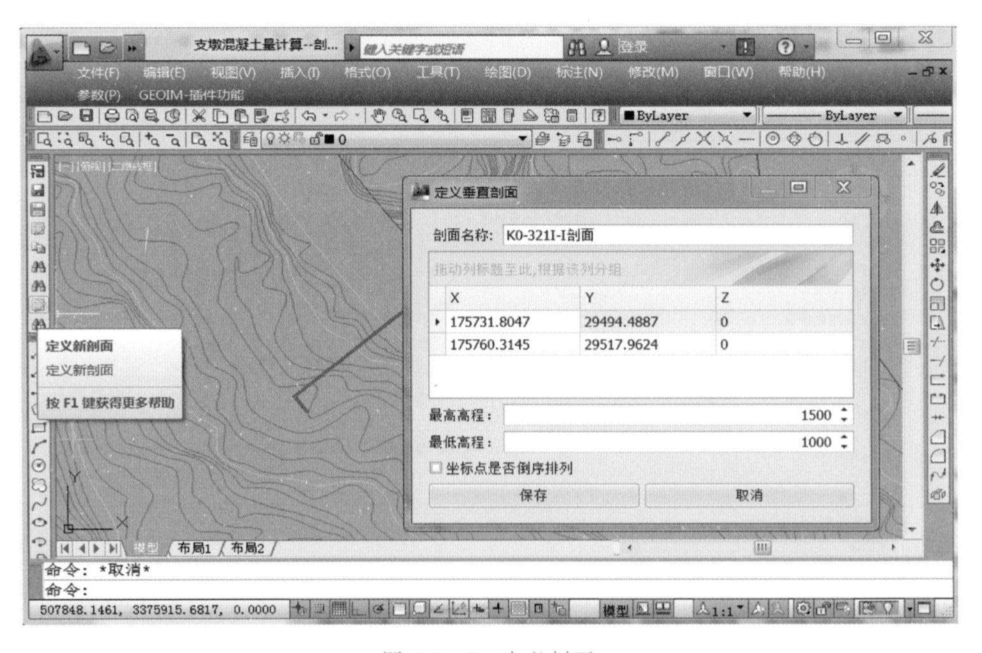

图 7.2－2　定义剖面

设计人员在二维图上布置剖面或提交其他需求以后，系统即自动将剖面需求发送给相应的工程地质人员。工程地质人员在系统内收到剖面需求后，可以进入系统内的三维设计环境，在三维信息模型上剖切，自动生成二维图剖面，检查图件是否满足设计要求，可将生成的剖面输出到二维 AutoCAD 中完善图面，保存为正式图件时系统将自动把地质信息与剖面关联一并保存在数据库内，同时系统会自动实时通知设计人员所需剖面已经生成。相关设计人员可登录系统内查看需求剖面及其地质信息，并可以下载、打印出图。全过程由于系统的深度参与和高度自动化，快速便捷。

特别值得说明的是，基于系统的数据联动功能，任何时候地质人员在系统内对三维信息模型、二维剖面等的修改，设计人员亦可以实时了解设计动态，依据地质人员的修改，实时调整设计（图 7.2-3）。

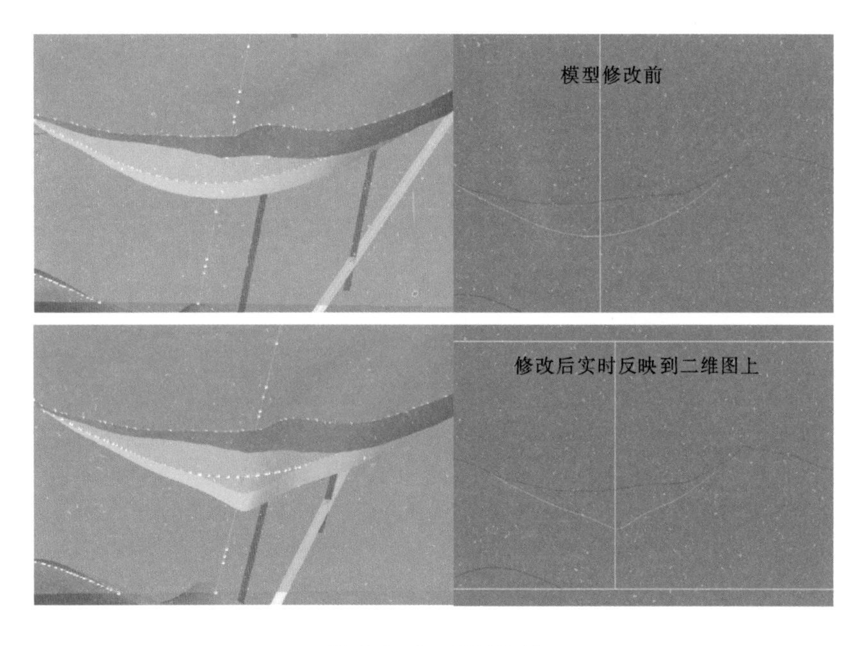

图 7.2-3　实时协同

7.3　生产过程管理

生产过程管理信息化是未来必然的发展方向，并且将深入管理到生产过程的各个细节。该系统在设计之初就考虑到了管理需求。它涵盖了生产全过程，在包含基础资料、分析过程和地质成果信息的同时，也记录了信息产生流转的各环节记录，相关记录也可与 MartixOne（达索公司项目管理系统）对接，将管理系统与信息化生产系统整合到一起，充分发挥生产管理和质量控制作用，从而让生产设计信息化从概念走向实际应用的设计、管理全面信息化（图 7.3-1）。

具体方法如下：

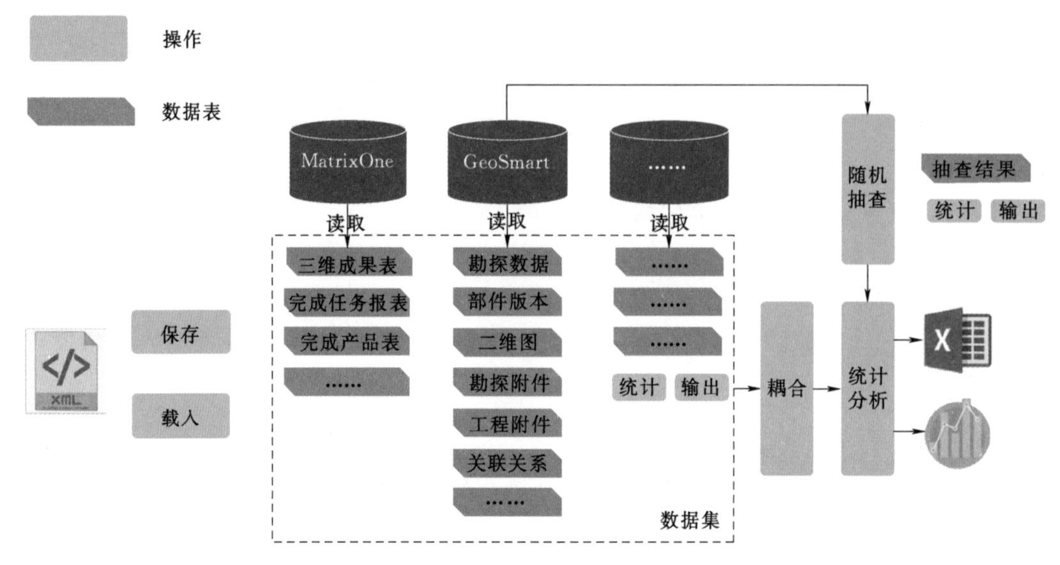

图 7.3-1 生产过程-管理过程数据架构

（1）利用该系统中的功能，分别提取 MartixOne、GeoSmart 及季报中的数据（图 7.3-2～图 7.3-5）。

（2）利用得到的数据，按项目、生产室、责任人等分级统计汇总，形成各类报表（图 7.3-6）。

（3）检查与评价。根据需检查的详细程度确定是全面检查还是质量抽查（图 7.3-7、图 7.3-8）。耦合 MatrixOne、GeoSmart、季报数据，查询到所有工程项目的原始资料信息、过程资料信息、成果资料信息，以及与其相关的人员完成情况、进度等相关信息，从而实现从生产到管理的全面信息化。

图 7.3-2 数据获取主界面

M1成果汇总

三维成果报表 | 期间实际完成任务报表 | 期间实际完成产品报表

读数据 | 删除行 | 清空数据 | 显示网页 | 加载网页

拖动列标题至此，根据该列分组

生产室	项目	任务名	WBS	任务状态	责任人	任务开...	付	付	付	项.
雅砻江上游室	St.JohnFal...	地质专业报...	2	完成	余志平	2016-05...	...	...	...	
雅砻江上游室	St.JohnFal...	三维剖面	6.3	完成	余志平	2016-05...	...	...	...	
雅砻江上游室	St.JohnFal...	StJohnFalls书	6.1	完成	余志平	2016-05...	...	...	...	
大渡河中游室	长河坝水...	库区地质复...	24.5.4	完成	胡金山	2016-03...	...	...	...	
大渡河中游室	长河坝水...	电站枢纽工...	24.5.2	完成	胡金山	2016-03...	...	...	...	
大渡河中游室	长河坝水...	电站枢纽工...	24.5.1	完成	胡金山	2016-03...	...	...	...	
大渡河中游室	长河坝水...	2016电站大...	24.5.5.1	完成	胡金山	2016-05...	...	...	...	
雅砻江中游室	绰斯甲水...	地质	54.3	完成	覃仁龙	2015-12...	...	...	...	
大渡河下游室	大岗山水...	大坝工程验...	2.28.9	完成	李思嘉	2015-01...	...	...	...	

图 7.3-3 MatrixOne 中的数据

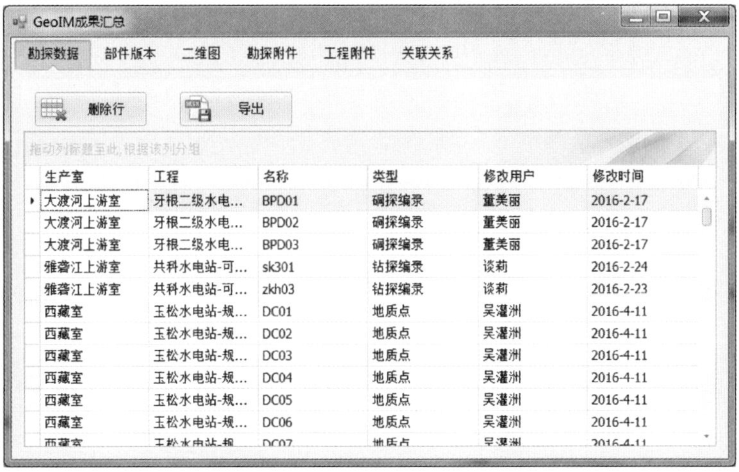

GeoIM成果汇总

勘探数据 | 部件版本 | 二维图 | 勘探附件 | 工程附件 | 关联关系

删除行 | 导出

拖动列标题至此，根据该列分组

生产室	工程	名称	类型	修改用户	修改时间
大渡河上游室	牙根二级水电...	BPD01	硐探编录	董美丽	2016-2-17
大渡河上游室	牙根二级水电...	BPD02	硐探编录	董美丽	2016-2-17
大渡河上游室	牙根二级水电...	BPD03	硐探编录	董美丽	2016-2-17
雅砻江上游室	共科水电站-可...	sk301	钻探编录	谈莉	2016-2-24
雅砻江上游室	共科水电站-可...	zkh03	钻探编录	谈莉	2016-2-23
西藏室	玉松水电站-规...	DC01	地质点	吴灌洲	2016-4-11
西藏室	玉松水电站-规...	DC02	地质点	吴灌洲	2016-4-11
西藏室	玉松水电站-规...	DC03	地质点	吴灌洲	2016-4-11
西藏室	玉松水电站-规...	DC04	地质点	吴灌洲	2016-4-11
西藏室	玉松水电站-规...	DC05	地质点	吴灌洲	2016-4-11
西藏室	玉松水电站-规...	DC06	地质点	吴灌洲	2016-4-11

图 7.3-4 GeoSmart 中的数据（勘探）

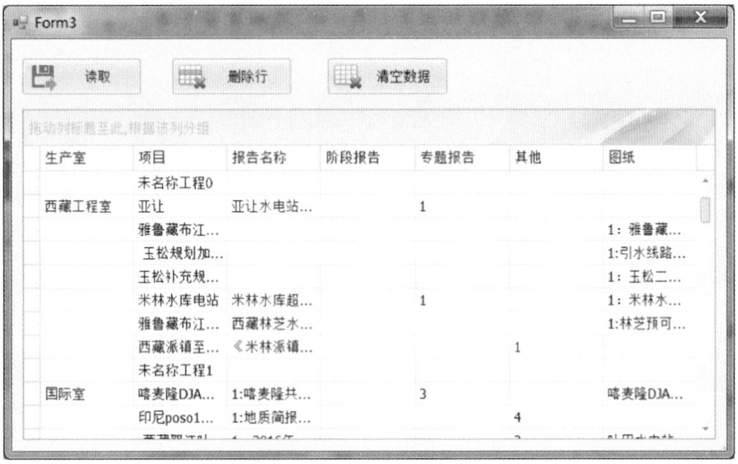

Form3

读取 | 删除行 | 清空数据

拖动列标题至此，根据该列分组

生产室	项目	报告名称	阶段报告	专题报告	其他	图纸
	未名称工程0					
西藏工程室	亚让	亚让水电站...		1		
	雅鲁藏布江...					1：雅鲁藏...
	玉松规划加...					1:引水线路...
	玉松补充规...					1：玉松二...
	米林水库电站	米林水库超...		1		1：米林水...
	雅鲁藏布江...	西藏林芝水...				1:林芝预可...
	西藏派镇至...	《米林派镇...			1	
	未名称工程1					
国际室	喀麦隆DJA...	1:喀麦隆共...		3		喀麦隆DJA...
	印尼poso1...	1:地质简报...			4	

图 7.3-5 季报数据

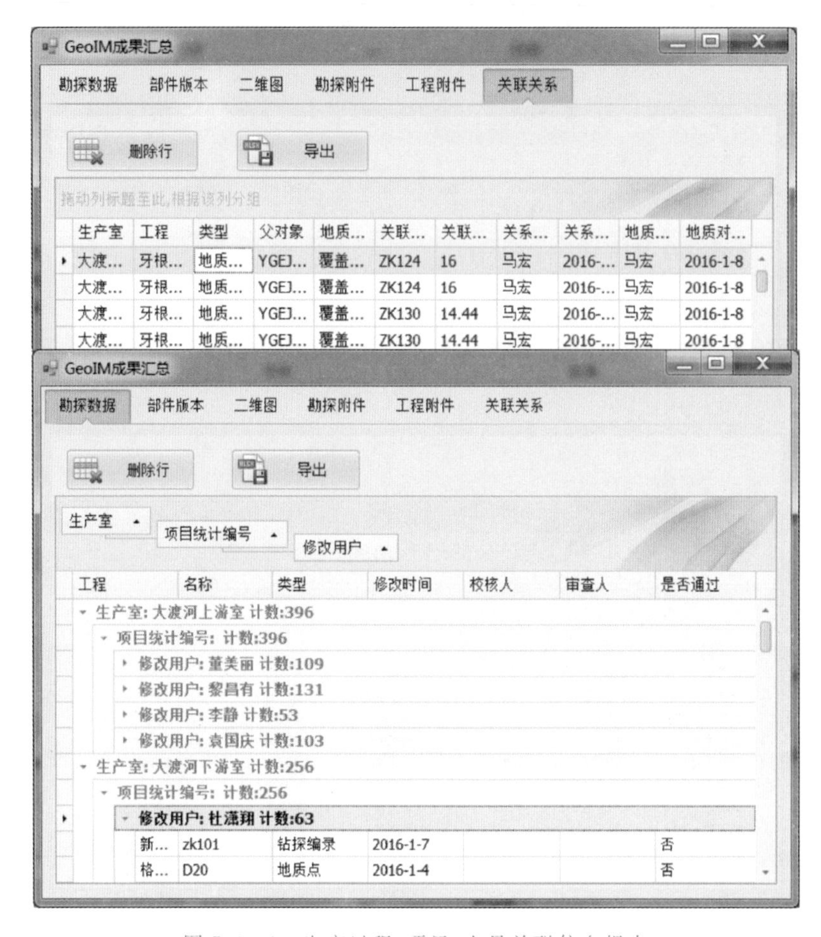

图 7.3-6 生产过程-项目-人员关联信息报表

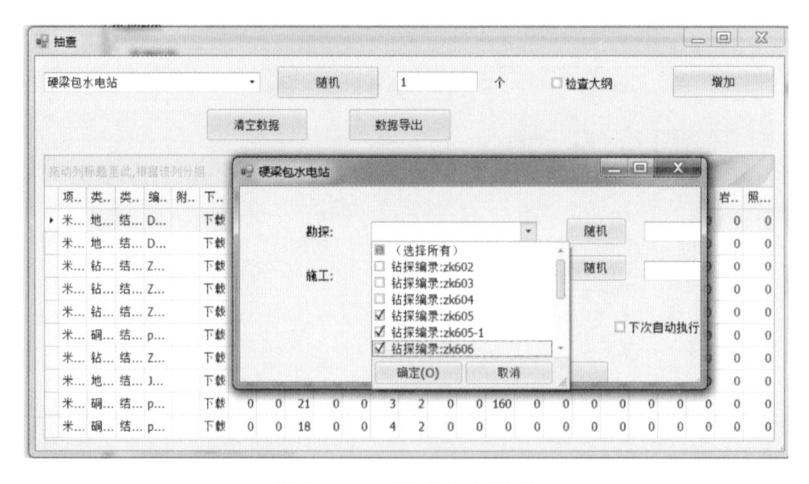

图 7.3-7 质量检查界面

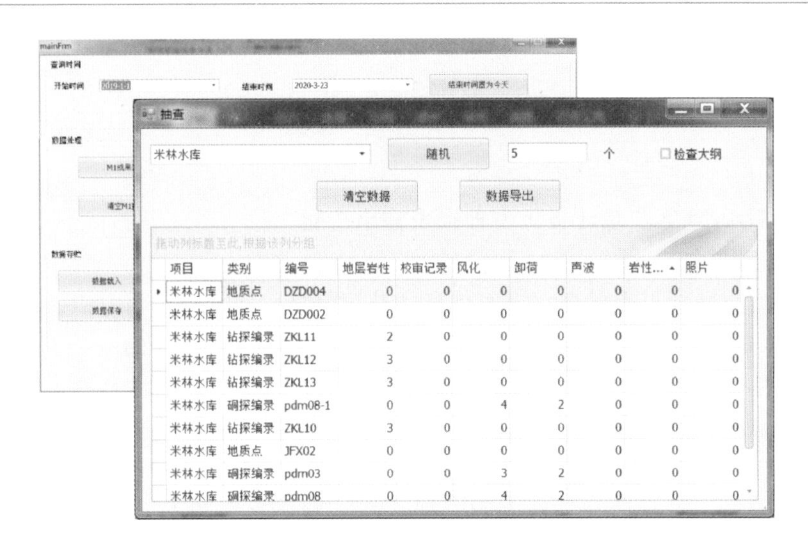

图 7.3-8　项目抽查结果

7.4　Web 查询

该系统除提供客户端应用外，还提供 Web 模式的信息查看与数据下载，可通过互联网、移动网络、移动终端等方式进行，方便进行远程管理和应用。

Web 网页登录后，用户可根据权限查阅相应项目的信息（图 7.4-1）：

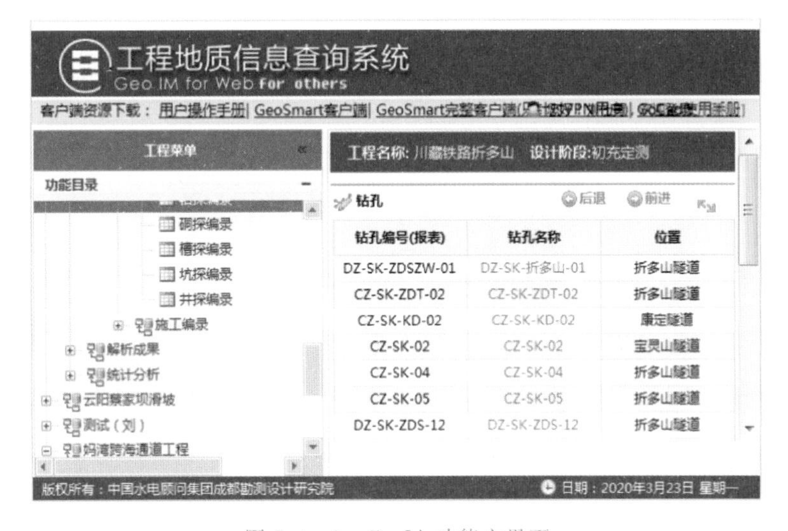

图 7.4-1　GeoIA 功能主界面

（1）可查看地质信息入库进度、三维建模进度、二维出图情况和设、校、审流程完成情况。

（2）可查看详细的地质信息，包括不同孔、洞、坑、槽、施工编录的地质情况和与之相对应的地质勘探、试验、测试成果数据和影像、图形资料（如素描图、照片等）。

（3）可以查看或下载不同时期的过程资料，例如不同阶段的报告、二维图、三维模型和部件的不同版本等。

7.5 报表输出

该系统的 GeoIM 客户端还提供多种报表输出功能。

1. 工程报表

工程报表模块包括工程信息、方案信息、勘探信息、施工编录信息以及试验信息等五个窗格的内容，是某工程的总体信息和该工程相关的工程地质工作的一个汇总概览。

报表上半部是工程信息窗格（图 7.5-1），包含工程编号、工程名称、工程类型、负责人、河流、梯级、行政区域、工程简介等项。工程方案信息窗格包含方案名称、控制流域面积、总库容、正常蓄水位、机组台数、总装机、多年平均发电量、开发方式、引水线路长度、引用流量、引水洞径、最大坝（闸）高、坝（闸）顶长、坝（闸）顶宽、总水头、厂房形式、厂房长度等信息。

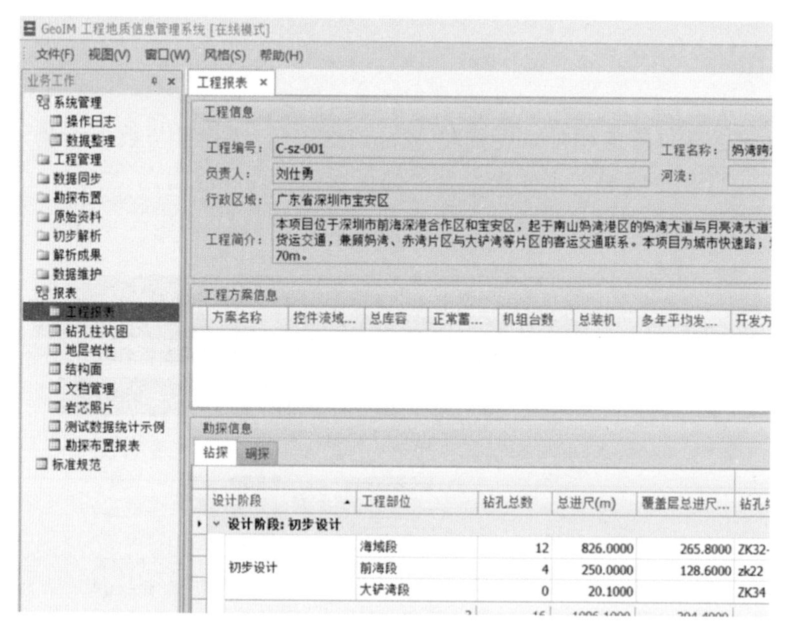

图 7.5-1　工程信息报表

系统根据设计阶段、工程部位来分类统计，在工程报表下半部形成勘探、试验等工作量分类汇总报表（图 7.5-2）。

2. 钻孔柱状图

系统除能提供数据信息外，还将钻孔成果配合 AutoCAD 以钻孔柱状图的方式作为报表输出的一部分，地质工程师进入“钻孔柱状图”模块后，选定需要输出的钻孔后点击“导出”按钮，即可自动生成所选钻孔的柱状图（图 7.5-3）。

3. 地层岩性和结构面统计

该模块可方便地对地质信息如“地层岩性”“结构面”等进行分类统计。工程地质人

勘探信息

钻探 硐探

设计阶段	工程...	钻孔总数	总进尺(m)	覆盖层总进尺(m)	最大孔深		覆盖层最	
					钻孔...	孔深(m)	钻孔...	覆盖
设计阶段：规划阶段								
规划...	坝址区	3	1275.61...	98.7900	zk05-...	1161.4651	zk05...	6
	堆筑料场	3	249.0000	33.4500	x11-C...	89.0000	x11-...	1
	混凝土...	2	135.7110	23.0000	12-Co...	90.0000	12-C...	2
	上坝址	4	700.5700	116.2400	17777	200.0000	17777	5
	未指定...	163	10526.2...	3941.7300	szk46...	200.3500	sgzk...	10
	下坝址	2	220.7100	201.8800	zk730	130.8500	zk730	12
	6	177	13107....	4415.0900		1871.6...		38
设计阶段：可行性研究阶段								
可行...	坝址区	4	1276.61...	98.7900	zk05	1161.4651	zk05	6
	厂址区	2	180.0000	60.0000	111	90.0000	111	3
	堆筑料场	1	89.0000	13.4500	x11	89.0000	x11	1
	混凝土...	2	135.7110	23.0000	12	90.0000	12	2

图 7.5-2 信息分类汇总报表

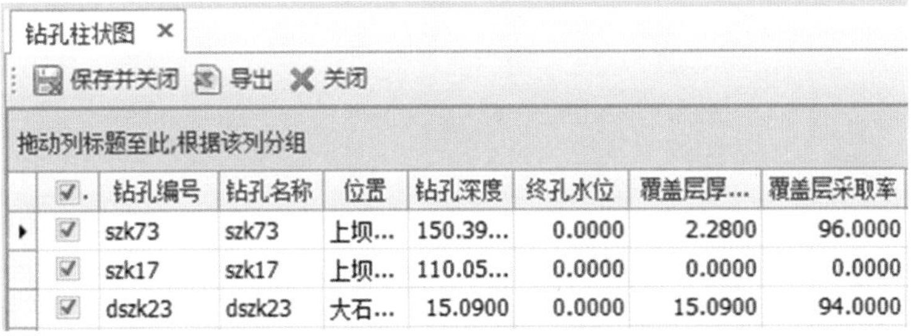

钻孔柱状图 ×

保存并关闭 导出 关闭

拖动列标题至此，根据该列分组

☑.	钻孔编号	钻孔名称	位置	钻孔深度	终孔水位	覆盖层厚...	覆盖层采取率
☑	szk73	szk73	上坝...	150.39...	0.0000	2.2800	96.0000
☑	szk17	szk17	上坝...	110.05...	0.0000	0.0000	0.0000
☑	dszk23	dszk23	大石...	15.0900	0.0000	15.0900	94.0000

图 7.5-3 批量输出钻孔柱状图

员可以关键字（如以“工程部位”）进行排序，并可用多个关键字输出分类报表。

4. 文档管理及岩芯照片

这个模块用于管理上传到系统中的“附件”等非结构化数据，如各种原始扫描件、各种现场照片、带红章的批文扫描件等所有以附件形式上传的文件。该模块提供了快速查询功能和预览功能，使得工程人员能够依据多种形式的“关键字”迅速查找到相关的附件信息在线浏览或下载使用（图 7.5-4）。

5. 测试数据查询

系统提供试验、测试数据分类统计功能。可根据需求，按设计阶段、工程部位、勘探类型等对声波（V_p）、RQD、吕荣值（Lu）、风化卸荷程度等进行统计，并输出相应报表（图 7.5-5）。

6. 定制查询

该系统还为开发者设计了查询子系统作为扩展接口，采用 B/S 构架（图 7.5-6）。

该方式具有明确的系统层次，使视图、业务功能分离，便于功能扩展，针对报表业务，可通过建立视图等方式，由 B/S 系统直接发起数据库连接，完成数据读取，提高效率，同时避免日后因系统业务拆分，影响已有报表功能。

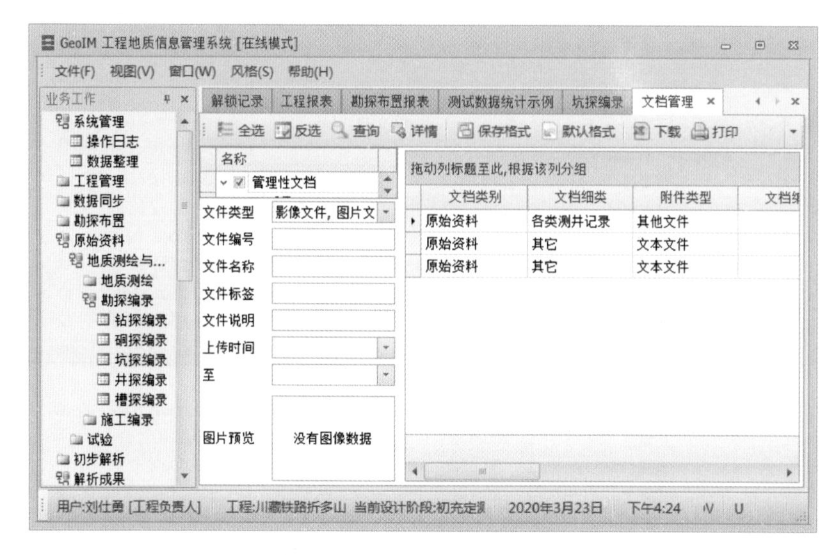

图 7.5-4　非结构化文件查询

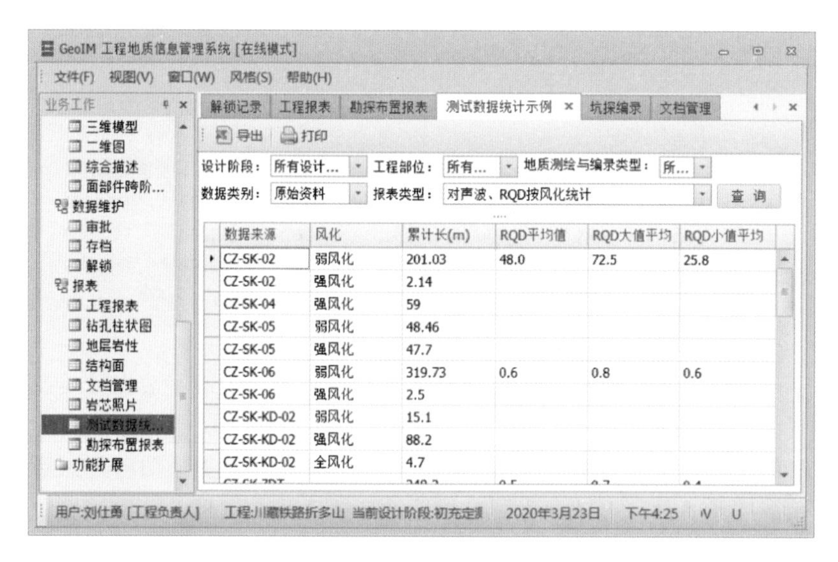

图 7.5-5　测试数据查询

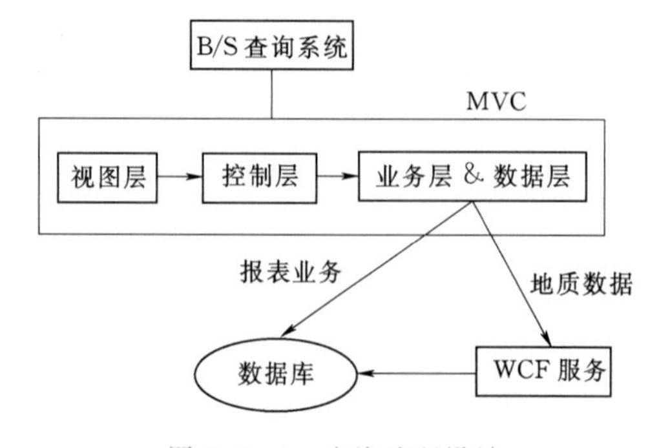

图 7.5-6　查询流程设计

该功能实现了对GeoSmart数据库的全面数据检索，包含地质属性查询、测试数据查询、试验点查询等各类数据的查询，并提供灵活的检索条件及数据筛选功能，可以让用户方便地定位到需要的数据。查询应用流程如图7.5-7所示。

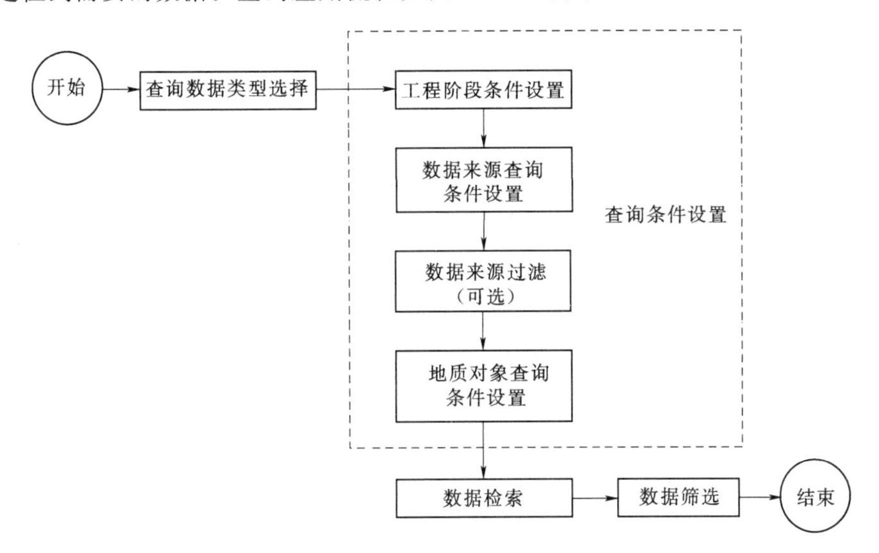

图7.5-7　查询应用流程

第 8 章

工程应用案例

自 2014 年 4 月系统上线至 2019 年 12 月，利用该系统进行工程地质信息化设计的工程共计有 100 余个，库内各种信息共计 200 余万条（图 8.0－1）。

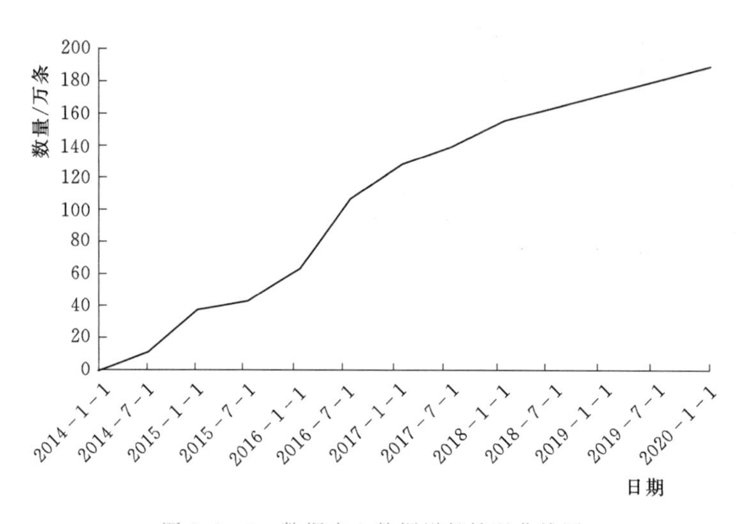

图 8.0－1　数据中心数据增长情况曲线图

8.1　叶巴滩水电站

1. 工程概况

叶巴滩水电站是金沙江上游 13 级开发方案中的第 7 级，坝址位于四川白玉县与西藏贡觉县交界的金沙江干流上。电站枢纽建筑物由混凝土双曲拱坝、泄洪消能建筑物及引水发电三大系统组成，混凝土双曲拱坝坝高 217m，正常蓄水位 2889.00m，装机容量 224 万 kW。该工程利用 GeoSmart 系统进行了全数字化正向三维设计。

2. 基础资料录入及校审

依托工程地质信息管理系统（GeoIM）进行工程信息基本设置，主要包括创建项目并指定负责人、分配人员权限、设置工程字典等（图 8.1－1 和图 8.1－2）；随工程勘测进度，将工程区地形、地质点、钻探、洞探、坑井、物探、试验等资料录入 GeoIM，入库（图 8.1－3～图 8.1－9）完成后，对入库的基础资料进行校审（图 8.1－6）。

试验分为两类：原位试验如抽、压水试验，动力触探等，随所属勘探成果同时录入到数据库中；室内试验如岩土体物性、力学试验，可附着于勘探，也可为独立存在的试验点，从原始描述到试验成果均直接录入数据中心（图 8.1－7）。

叶巴滩工程已完成的 66 个平洞、126 个钻孔及相关物探、试验资料均全部入库。

图 8.1-1 创建项目指定负责人、分配人员权限

3. 三维解析及发布

将数据中心的勘探试验信息载入工程地质三维解析系统（Hydro GOCAD），表达为勘探几何对象（图 8.1-10）；利用勘探对象的属性及几何特征快速构建叶巴滩工程所涉及的覆盖层、断层以及风化卸荷等地质体图（图 8.1-11 和图 8.1-12）。

将构建完成的单个地质对象发布进入校审环节，校审完成后，形成正式地质对象部件，不同的地质部件，可根据需求组装形成三维地质模型（图 8.1-13 和图 8.1-14）。

随着地质认识的深化，正式地质部件也可再次被引入并修改，经过校审流程后形成该部件的最新版本，实现动态设计（图 8.1-15 和图 8.1-16）。

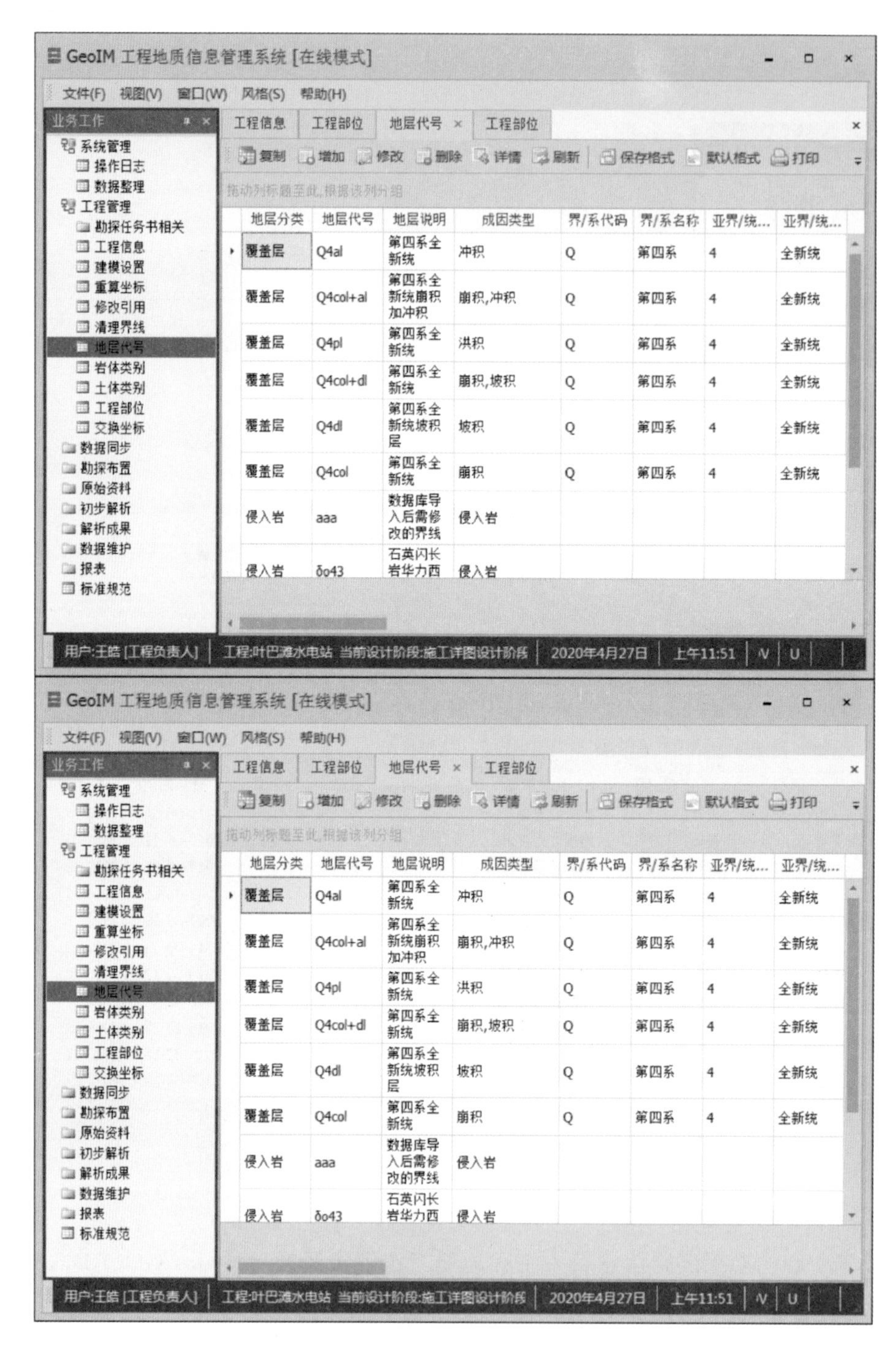

图 8.1-2　设置工程字典

4. 地质成果

最后形成两部分成果：一是规范化存储的地勘多专业、生产全过程的数据信息；二是属性信息和几何信息深度关联的三维模型。两部分内容通过数据中心进行追溯和调用。

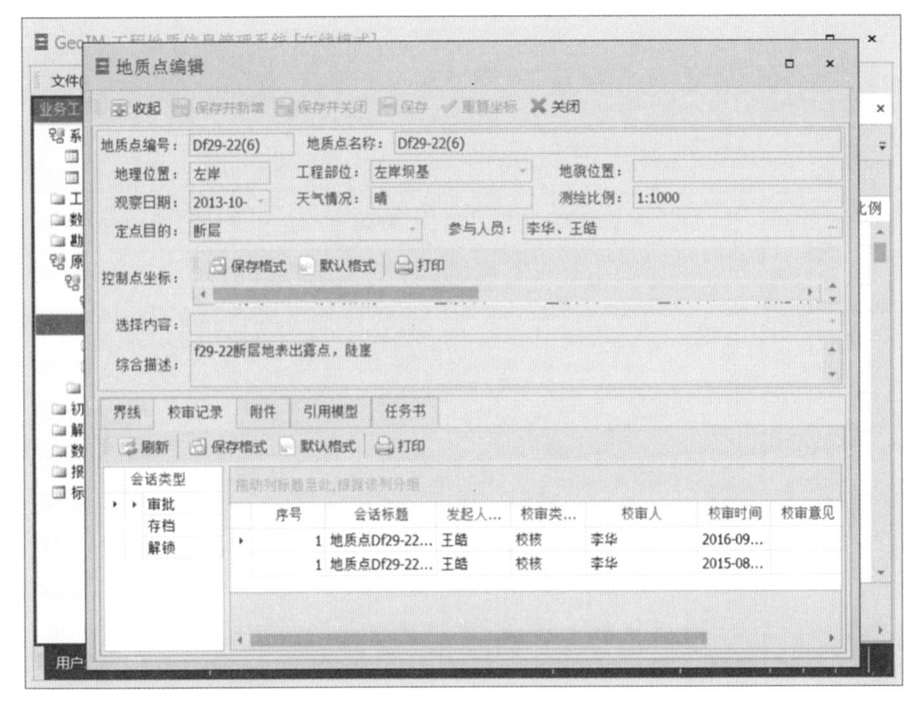

图8.1-3　地质点录入

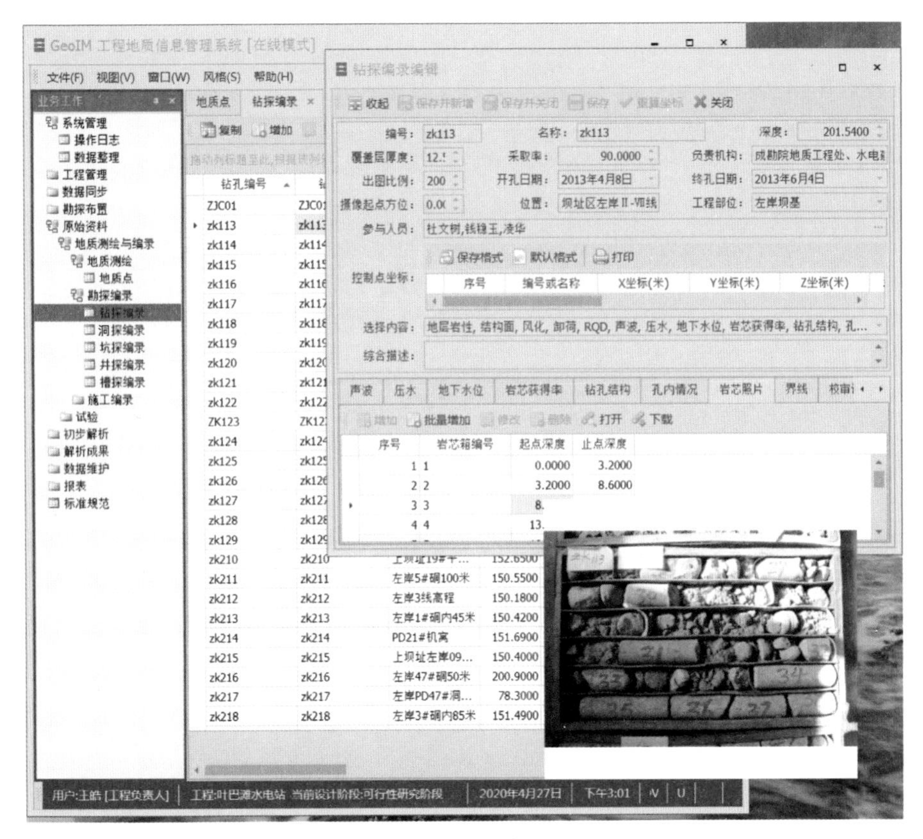

图8.1-4　钻孔资料录入

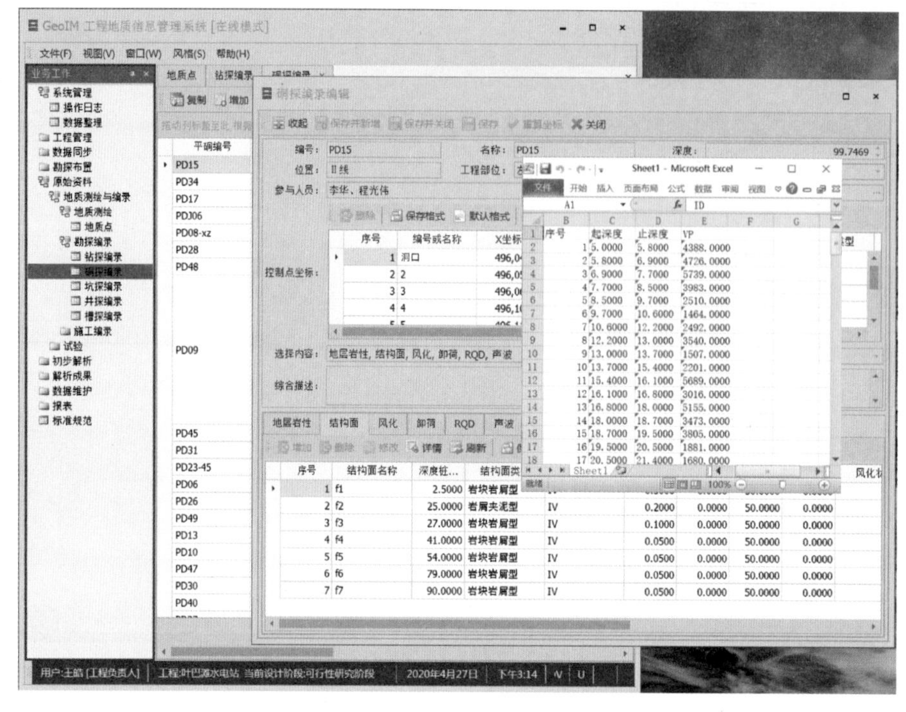

图 8.1-5 平洞资料录入

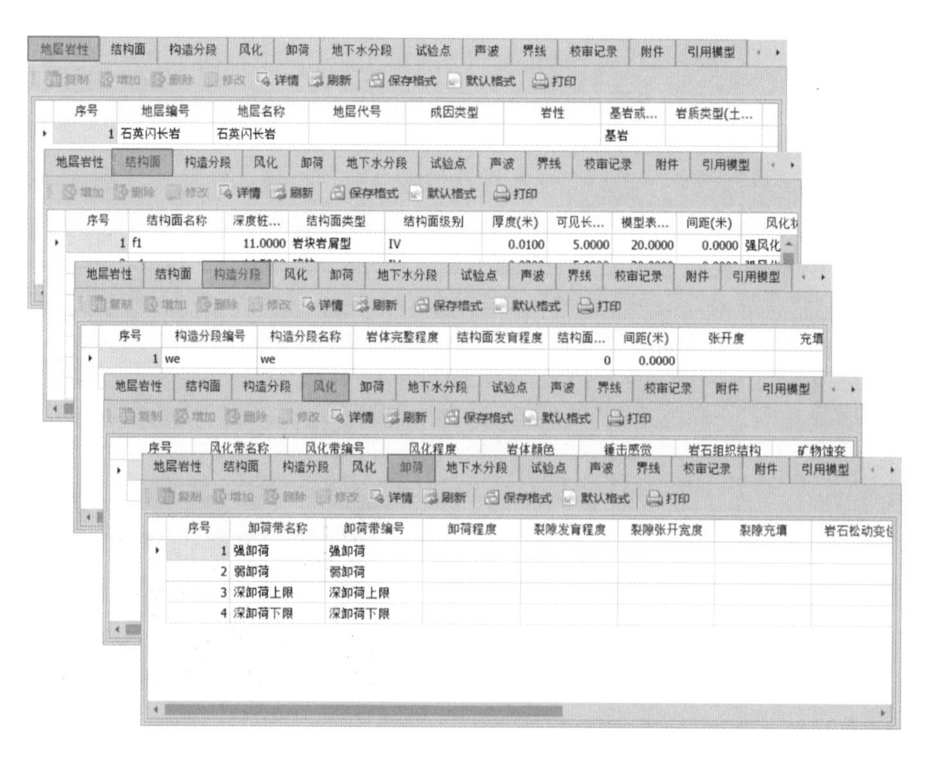

图 8.1-6 勘探资料按地质属性分类储存

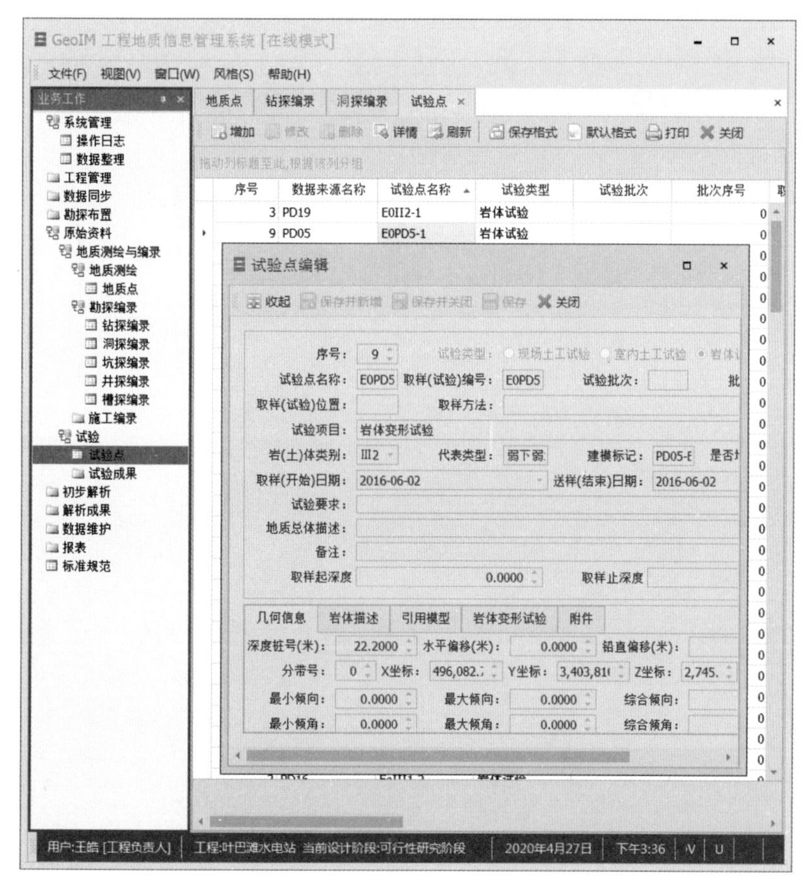

图 8.1-7　现场试验点描述

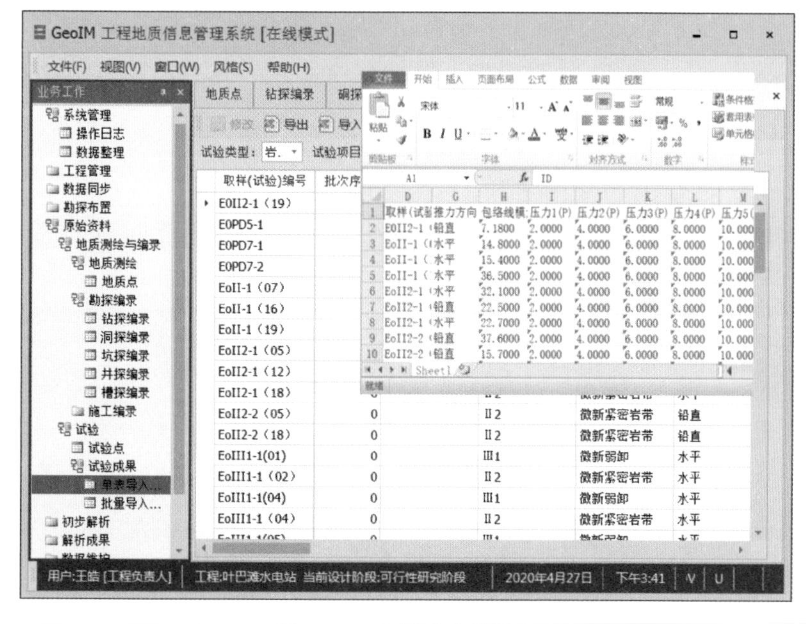

图 8.1-8　试验成果导入

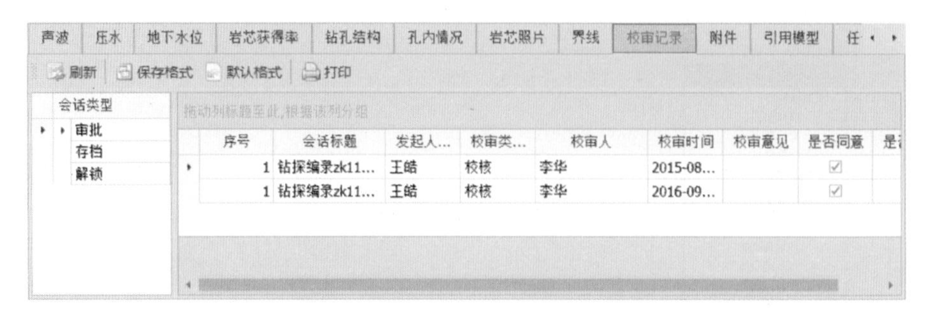

图 8.1-9 资料校审

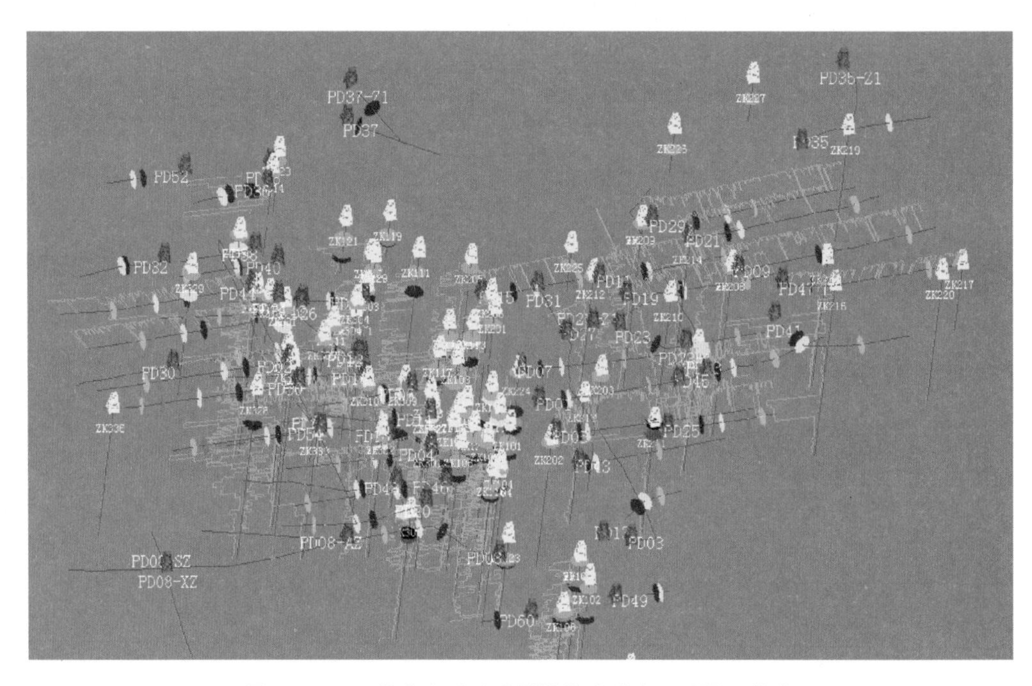

图 8.1-10 带有多重地质属性的地质点、平洞、钻孔

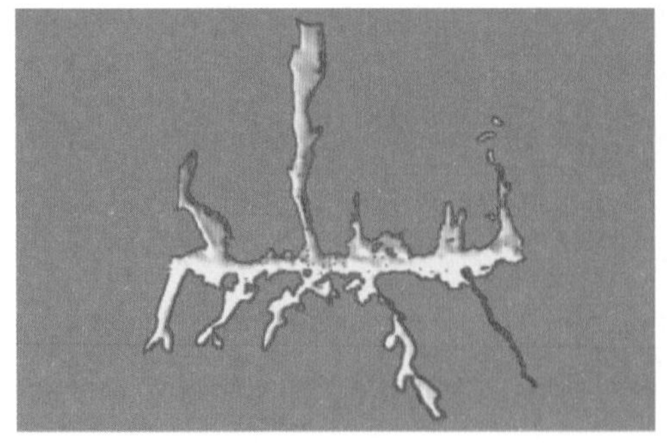

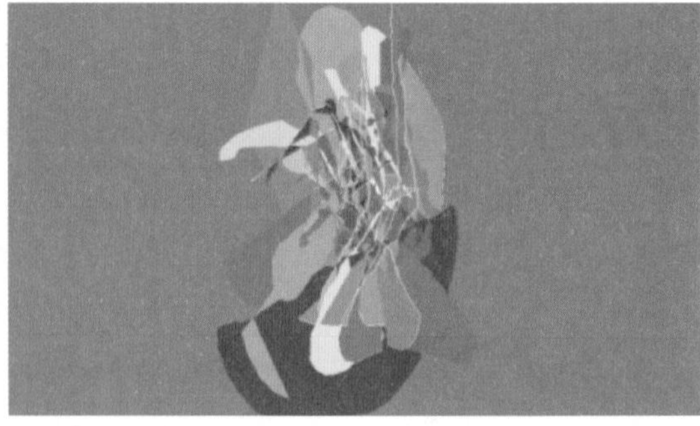

图 8.1-11 覆盖层与断层面

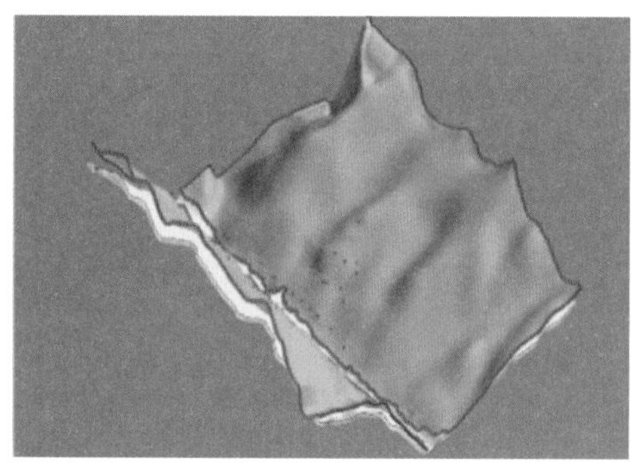
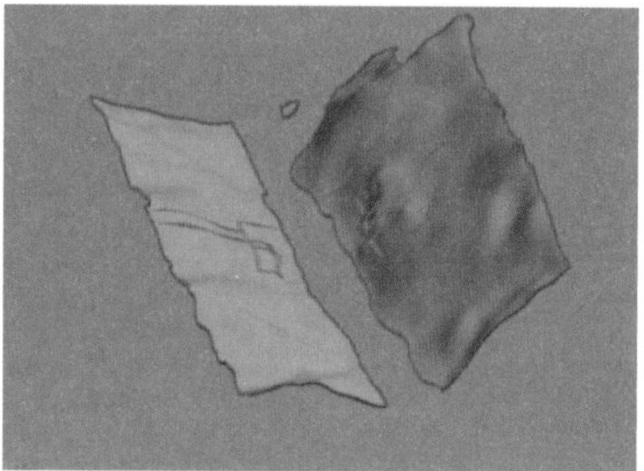

图 8.1-12　风化卸荷面、深卸荷面

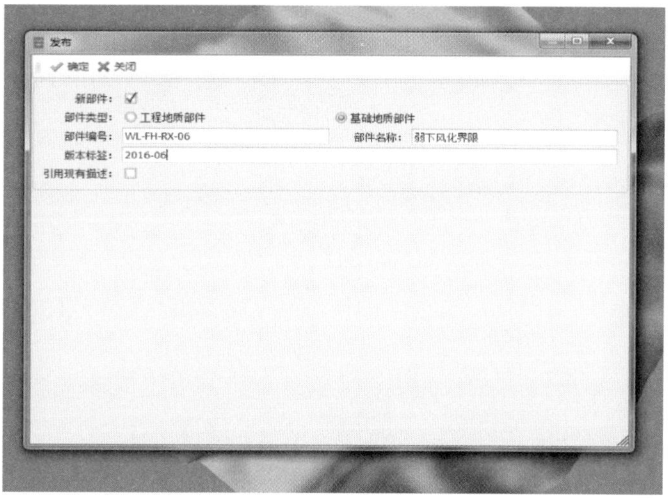

图 8.1-13　地质对象发布

图 8.1-14　地质对象送审

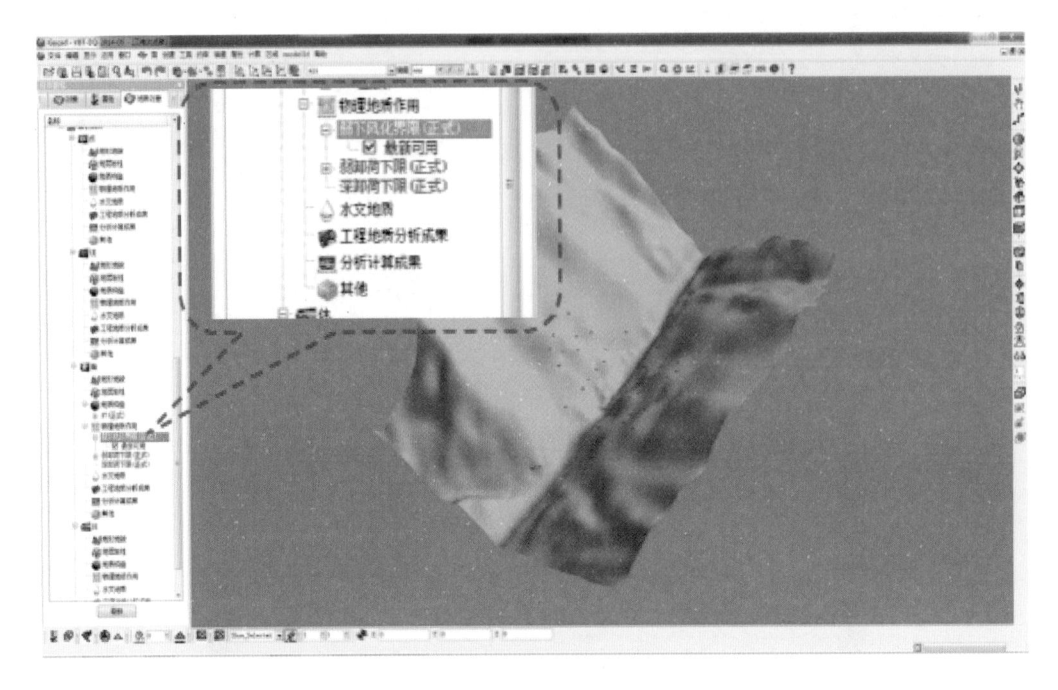

图 8.1-15　部件的最新可用版本

图 8.1-16　组装部件形成地质模型

工作过程中，可随时查看正式地质对象的任一个版本构建的过程信息，包括依据的测绘、勘探资料，本身的地质描述，版本历史等信息（图 8.1-17）。

5. 分析应用和协同设计

三维地质设计成果可深入应用于勘测设计全过程、全生命周期。在叶巴滩水电站主要应用于坝区深卸荷面空间分布规律及程度分区、大坝建基面选择、坝基抗滑稳定空间分析、二维模块化出图、三维协同设计等（图 8.1-18～图 8.1-23）。

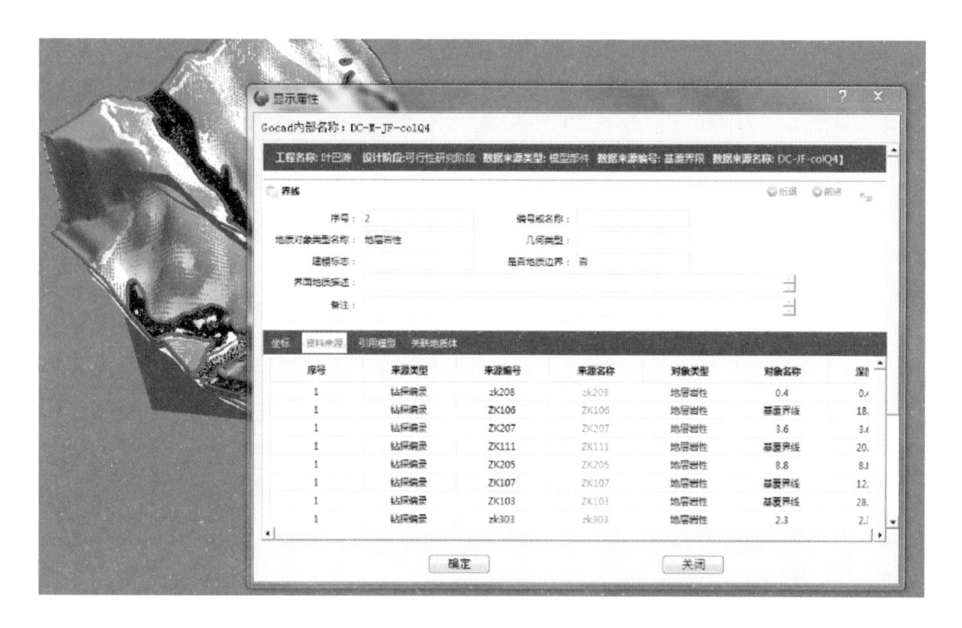

图 8.1－17　查看建模依据、追溯历史版本

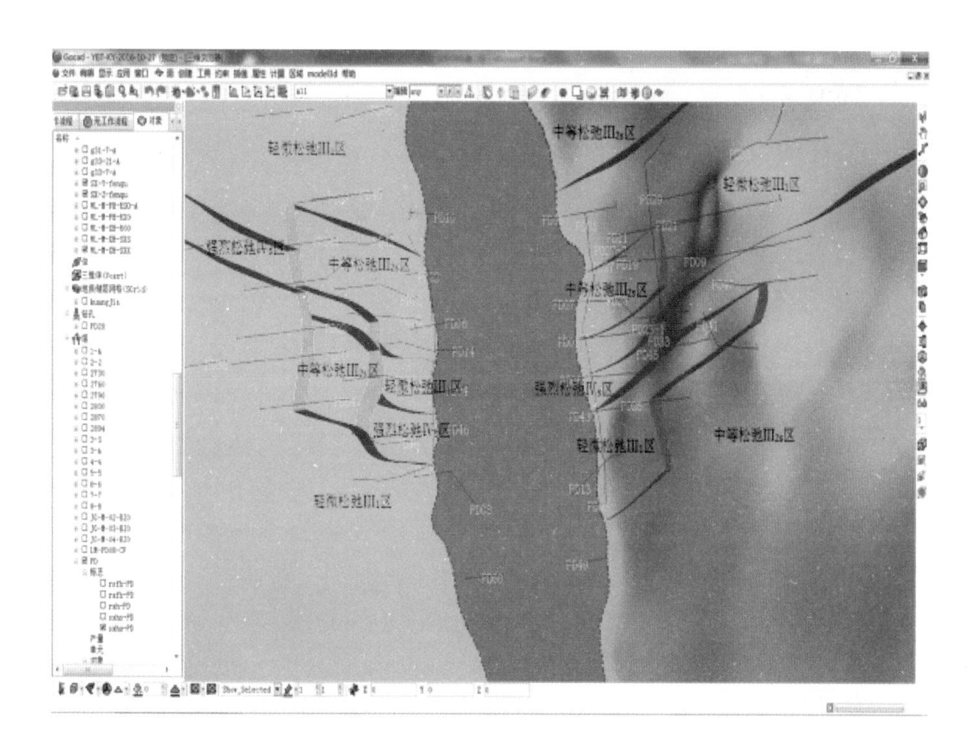

图 8.1－18　深卸荷面空间分布

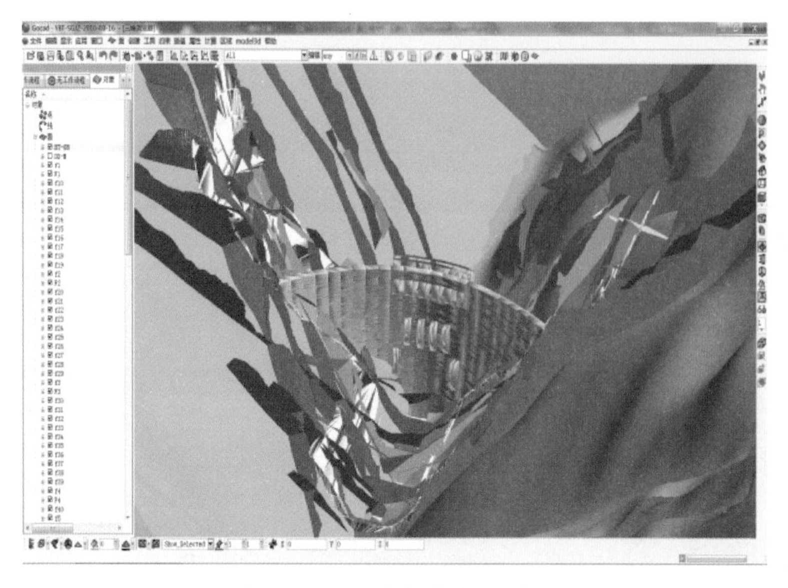

图 8.1-19　大坝建基面选择

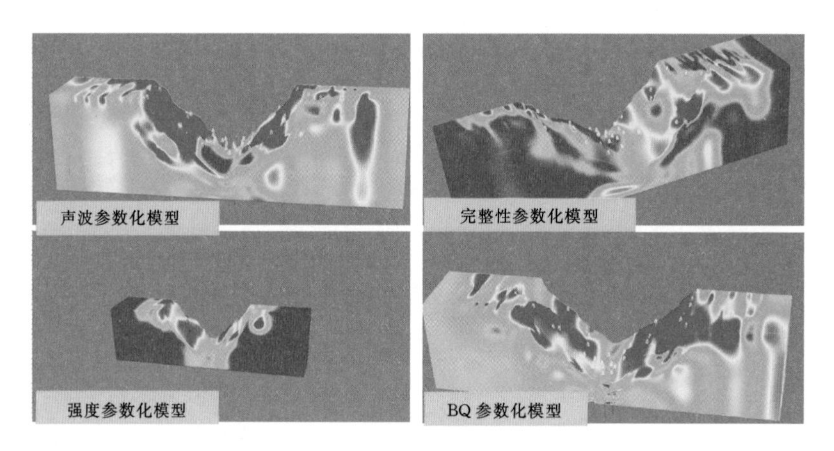

图 8.1-20　坝基岩体质量分析

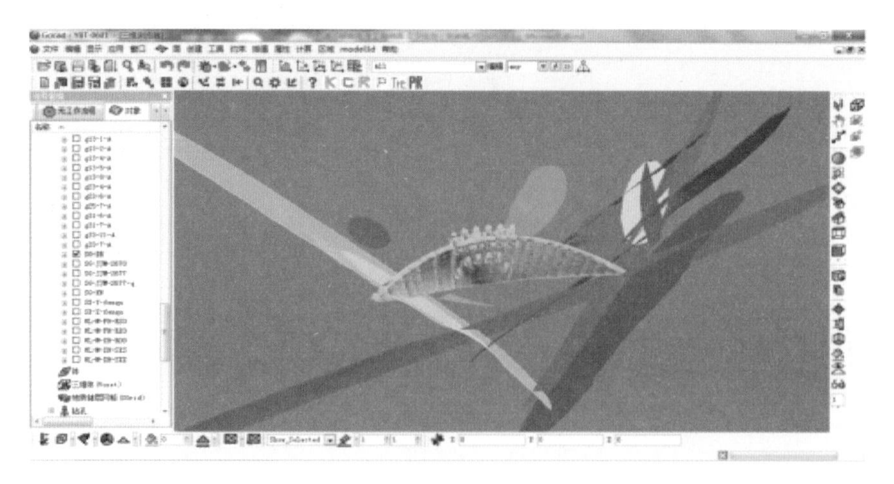

图 8.1-21　坝基抗滑稳定空间分析

图 8.1-22 模块化出图

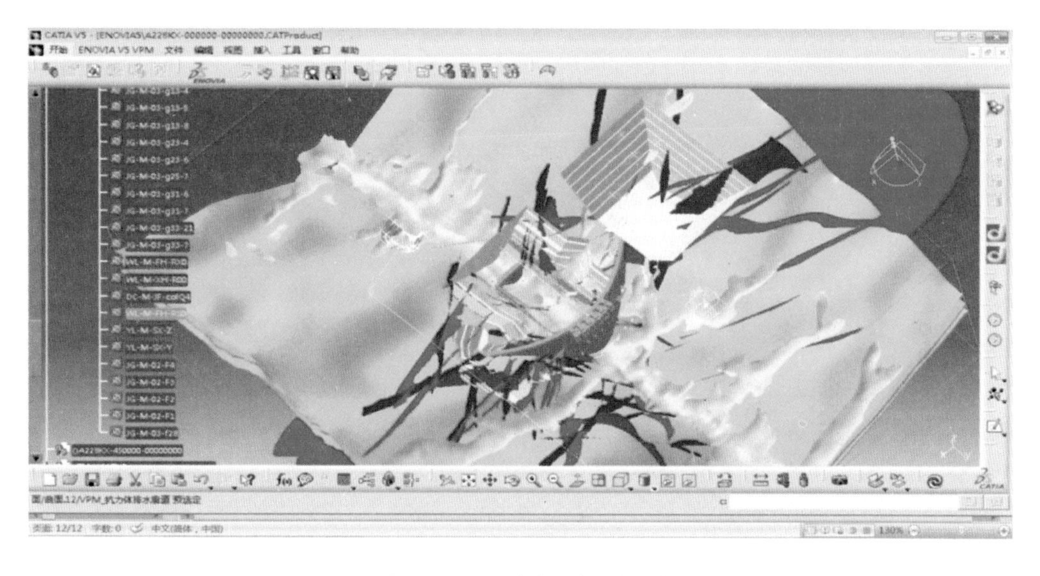

图 8.1-23 多专业协同设计

8.2 孟加拉恒河水利枢纽工程

1. 工程概况

孟加拉恒河水利枢纽工程包括恒河主坝及3个分水建筑物等工程。恒河主坝轴线长2.1km，从左到右依次由78孔泄洪闸、船闸、18孔冲砂闸、厂房等组成（图8.2-1）。

图8.2-1 枢纽建筑三维效果图

2. 工程特点

河床基础100m深范围内主要为细砂、中砂、粉土，砂层液化问题突出。为查明枢纽区砂层液化情况，共完成钻孔23个，孔深100m，标贯试验1400段（图8.2-2）。

3. 三维数字化设计应用

将钻孔资料录入工程地质信息管理系统（GeoIM），在工程地质三维解析系统（Hydro GOCAD）中载入数据库中的钻孔

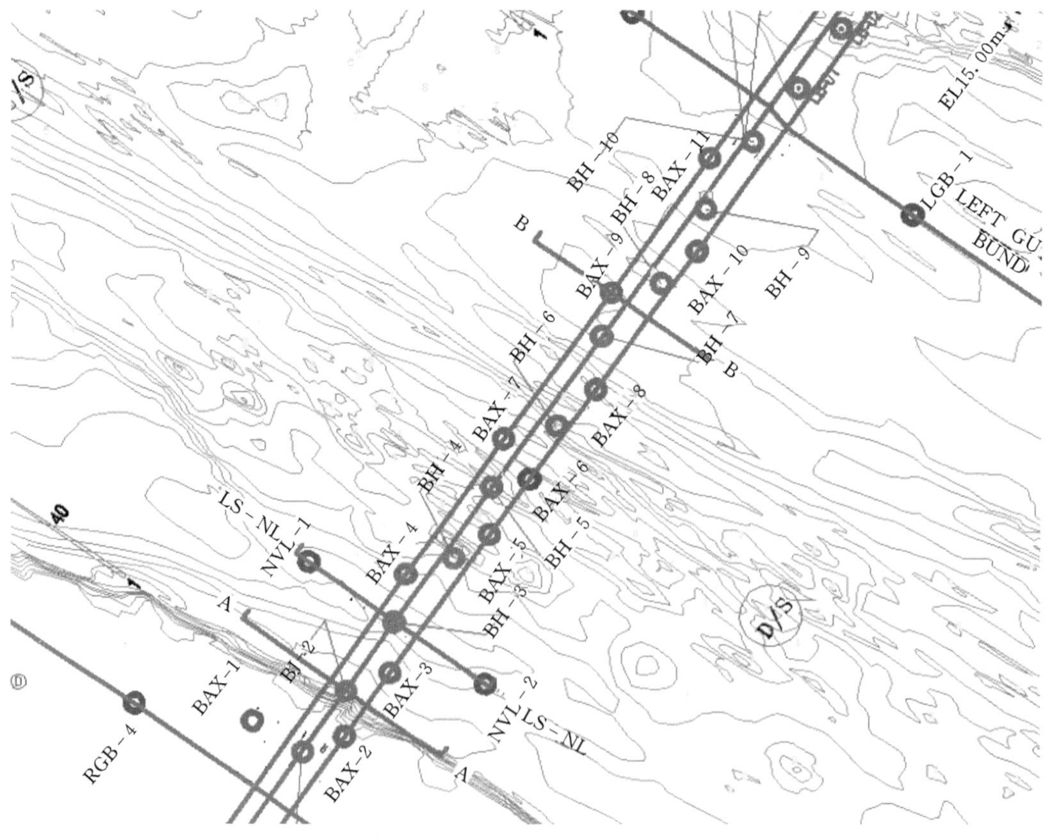

图8.2-2 枢纽工程地质平面图

数据，生成标贯击数（N）数值曲线，进行网格节点划分、节点赋值、插值计算、渲染，生成三维空间标贯击数（N）数据云图，以深度5m为间隔，根据标贯击数（N）数据云图生成闸基下不同深度标贯击数（N）等值线图（图8.2-3），按相关规范标准，对软基建坝可能出现的砂土液化工程地质问题进行空间分析（图8.2-4）。

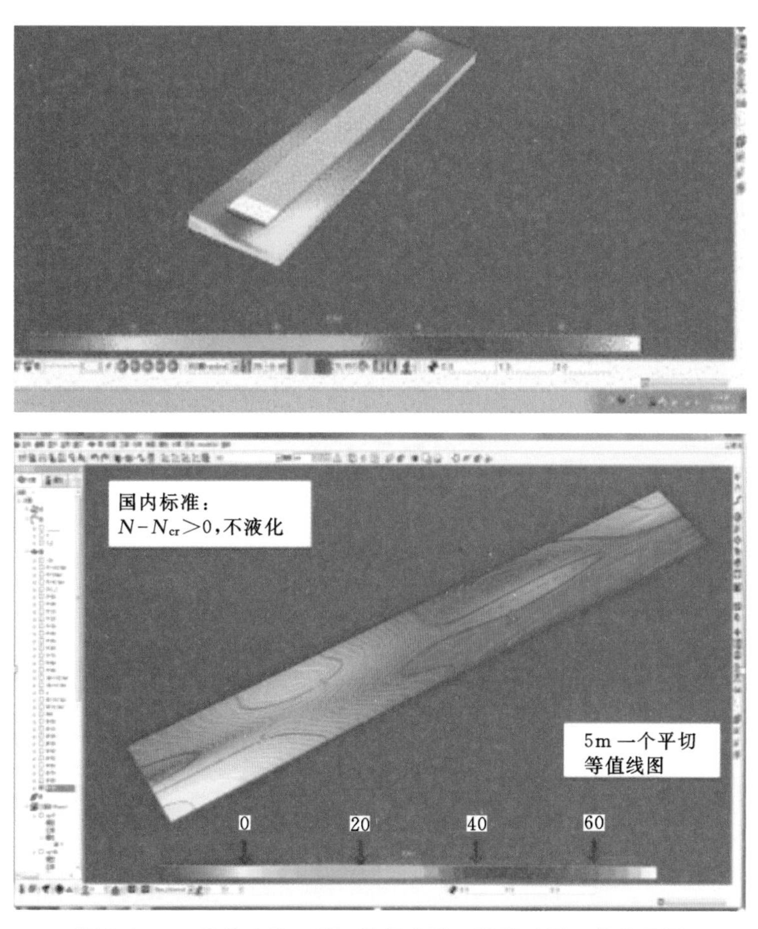

图8.2-3　标贯击数（N）数值曲线、数据云图、等值线图

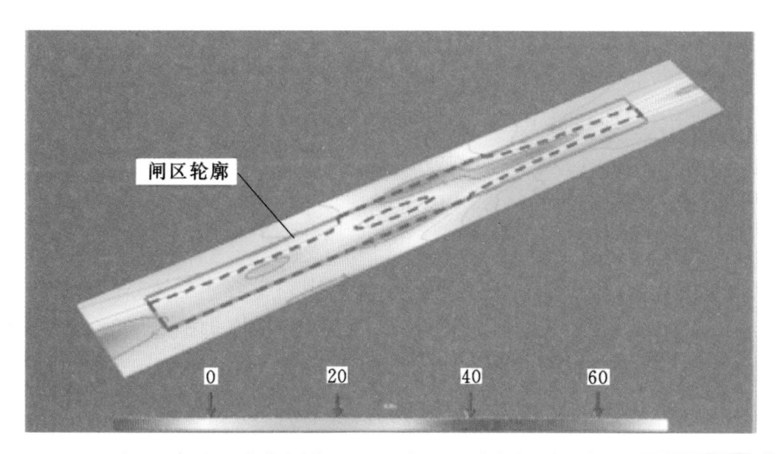

图8.2-4（一）　闸区建基面液化评价、厂区建基面液化评价、枢纽区液化处理深度分析

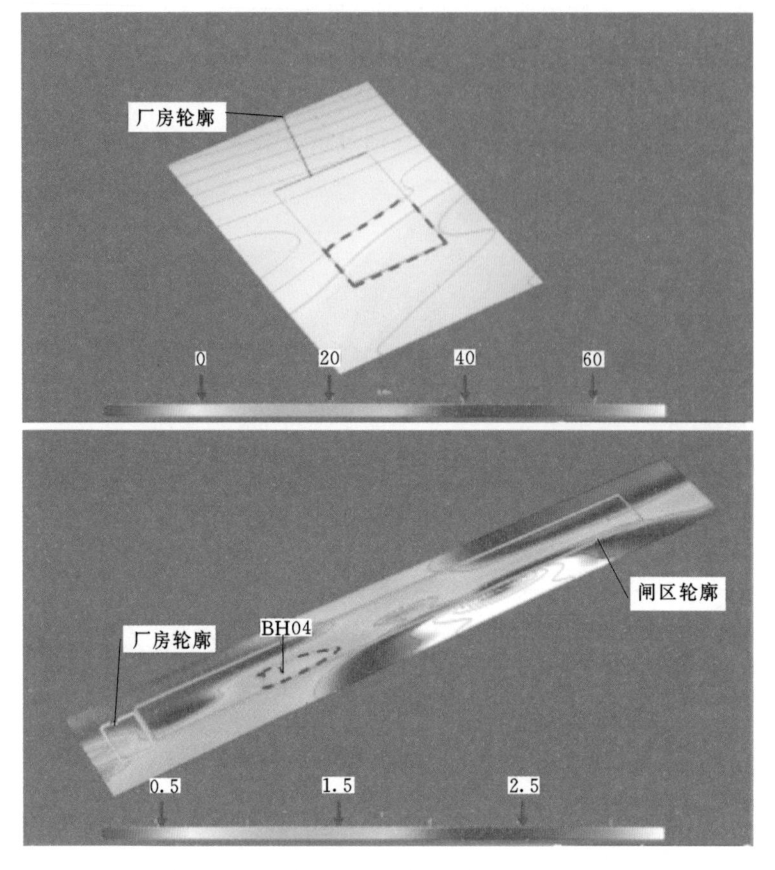

图 8.2-4（二） 闸区建基面液化评价、厂区建基面液化评价、枢组区液化处理深度分析

8.3 两河口水电站料场动态开挖

1. 工程概况

两河口水电站属雅砻江中游 6 级开发方案中的第 1 个梯级，坝址位于四川省甘孜州雅江县境内雅砻江干流与支流庆大河的汇河口下游，坝高 295m，正常蓄水位 2865.00m，装机容量 300 万 kW。

根据坝体分区设计，坝料的利用及施工开采强度和两河口石料场需联动。

两河口石料场为一条形山脊，三面临空，风化卸荷强烈，出露地层为两河口组浅变质的砂岩及板岩，岩性组合复杂，分为两层及四个亚层，料场赋存的环境条件复杂（图 8.3-1）。

2. 三维数字化设计应用

根据勘探情况，结合现场定期开展开挖平台有用料鉴定并实时反馈资料，采用工程地质三维解析系统（Hydro GOCAD）建立两河口石料场三维地质模型，了解两河口料场料源分布情况。弱下风化 、弱卸荷的砂板岩为可利用料，弱上风化 、强卸荷砂板岩和覆盖层需剥离（图 8.3-2）。通过 10—11 月现场剥离和原来剥离对比情况（图 8.3-3）、现场分区开采情况（图 8.3-4），对有用料进行三维统计，得出填筑料Ⅰ区（砂岩）71 万 m^3，

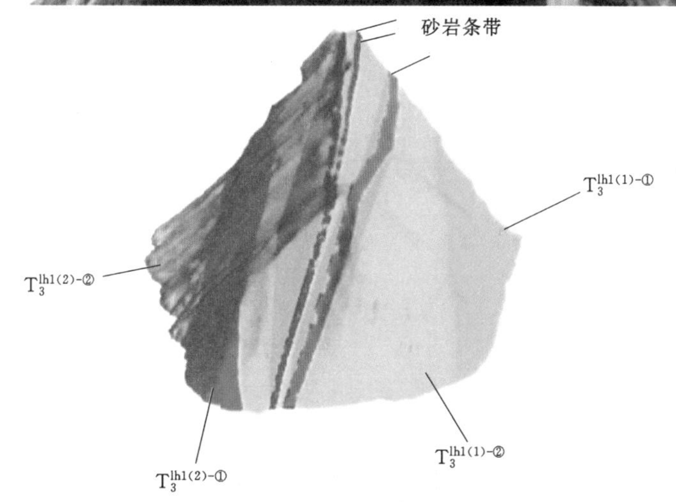

图 8.3-1 料场实景、料场岩性分布

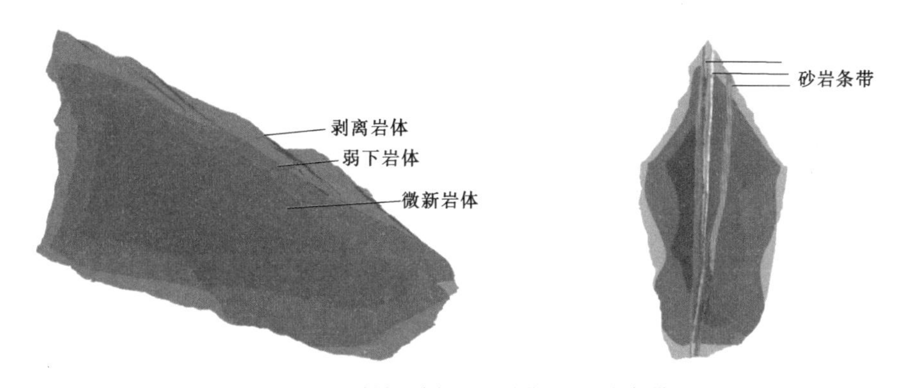

图 8.3-2 料场剥离区（风化）、砂岩条带

填筑料Ⅱ区（板岩）87 万 m^3（图 8.3-5）。通过三维数字化设计，实现了石料开采全过程的动态信息化，将坝体分区与两河口石料场料源相对应的关系、料源的可追溯性、料源的动态控制和调整、现场料源发生变化后的情况都及时地反馈给各方。

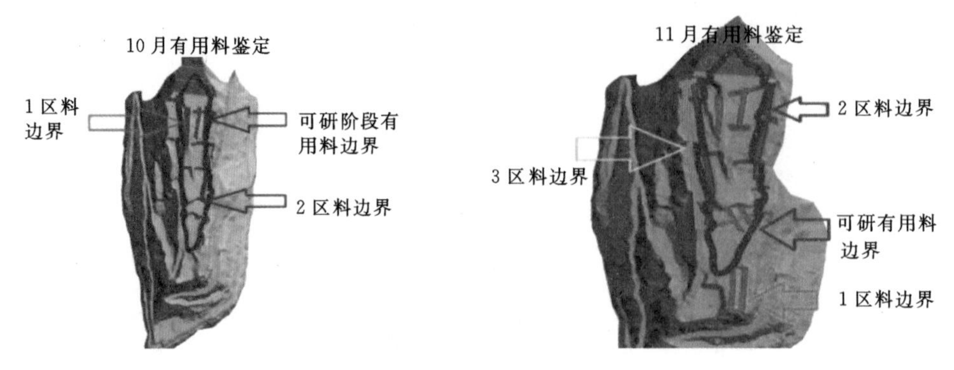

图8.3-3　石料场10—11月剥离情况

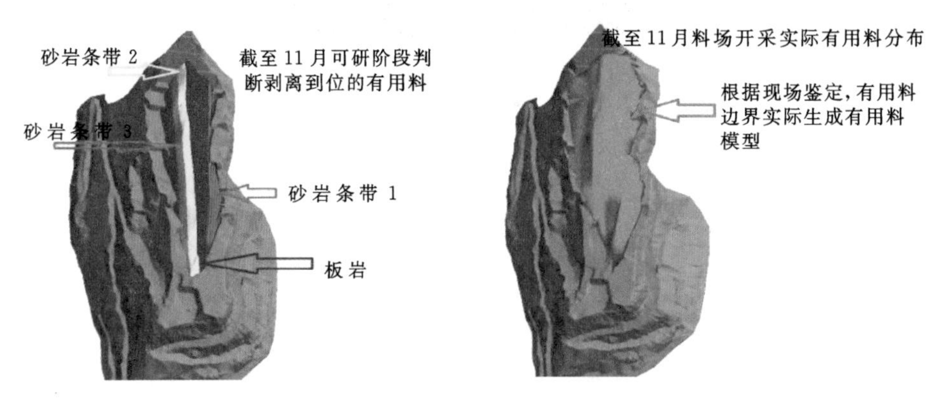

图8.3-4　石料场10—11月实际剥离情况

图8.3-5　上游坝面Ⅰ区料填筑、下游坝面Ⅱ区料填筑

8.4　玉瓦水电站

1. 工程概况

玉瓦水电站引水隧洞长，投资占比高达61%。隧洞区岩体结构以薄层状为主，岩层

走向与洞轴线夹角较小，顺层发育的构造和富水带等不良地质现象会对隧洞施工造成较大影响。工程采用 TRT 进行施工地质预报，能够提供丰富的地质三维数据。数据的正负反映了被测试岩体相对于背景场的好坏，当被测试岩体的条件好于背景场时，数据为正；反之则为负。同时，TRT 测试可提供地震波波速图，其可反映被测试岩体的总体质量水平。

2. 三维数字化设计应用

根据隧洞布置情况、前期勘测成果，开挖揭示的地质条件、地下水及岩性分界等地质信息，采用工程地质三维解析系统（Hydro GOCAD）创建隧洞区三维地质模型（图 8.4-1）。

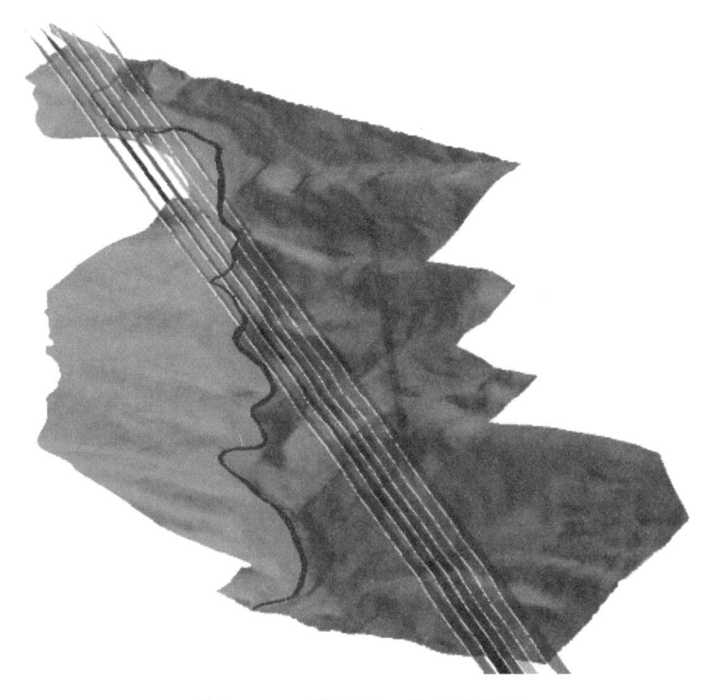

图 8.4-1 隧洞区三维地质模型

将 TRT 测试数据导入模型的相应部位，生成三维体（图 8.4-2），并分别生成隧洞俯视图、侧视图和轴视图（图 8.4-3），将 TRT 测试的地震波波速图分别与开挖揭示的构

图 8.4-2 TRT 测试数据生成的三维体

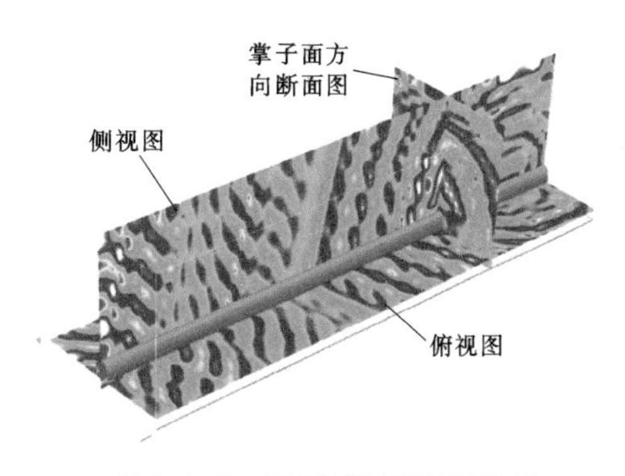

图 8.4-3 TRT 俯视图和侧视图

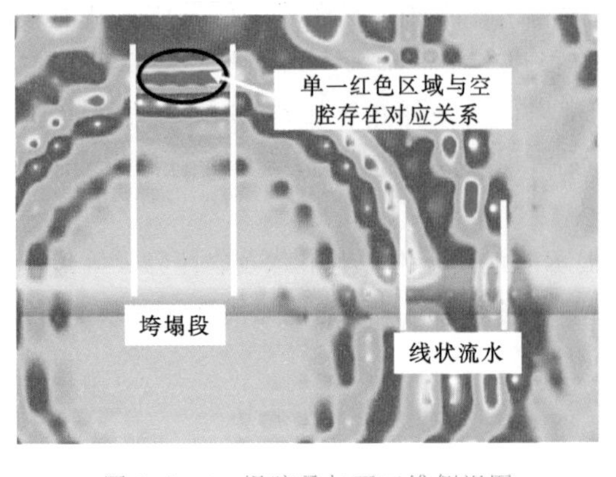

图 8.4-4 塌腔叠加至三维侧视图

造、地下水、岩体完整性叠加至三维侧视图内（图 8.4-4～图 8.4-7），对比发现，TRT 同色条带的错段与构造的走向之间存在一定的对应关系；红色（即负反射强烈）所对应区域往往存在丰富的地下水或空腔，其中，近似连通的红色所对应的区域往往地下水丰富，而局部存在的单一红色所对应的区域则更可能为空腔；地震波波速变化趋势与岩体完整程度变化趋势表现出了高度的一致性，波速迅速下降段所对应的岩体完整程度明显变差。因此，根据剖面图排除了其他影响因素的情况下，可依据波速变化趋势对某种特定因素的变化趋势作出总体判断。

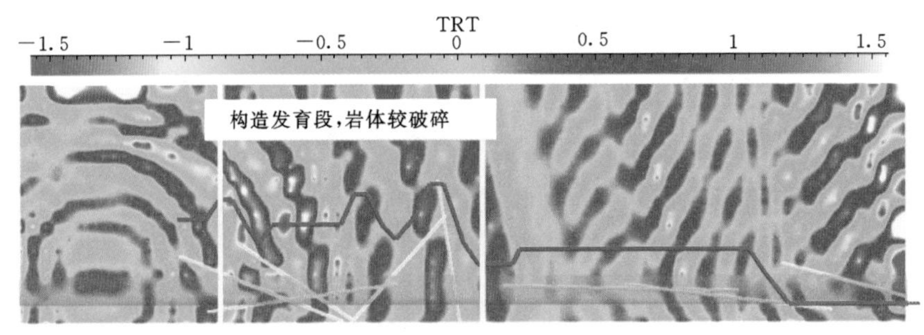

图 8.4-5 构造叠加至三维侧视图

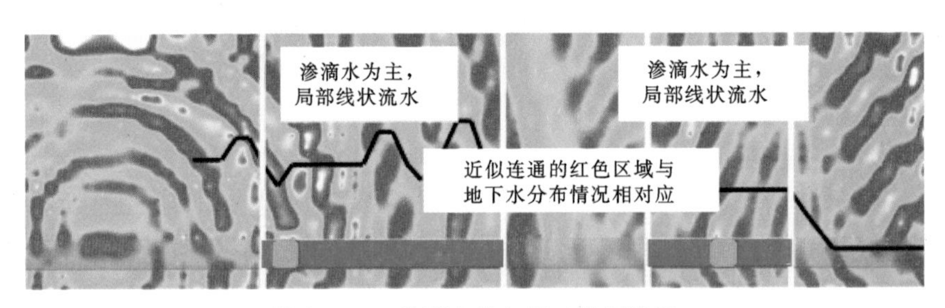

图 8.4-6 地下水叠加至三维侧视图

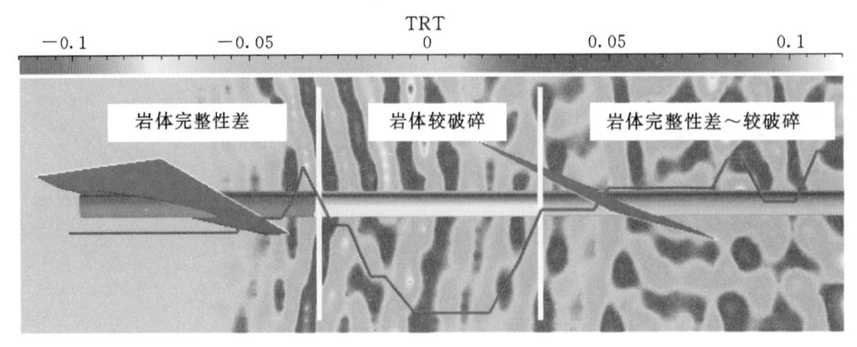

图 8.4-7 岩体完整性叠加至三维侧视图

根据上述三维地质分析，TRT 测试可提供地震波波速图，设计洞线前方可能存在顺层构造发育带，地下水丰富，岩体完整性较差。根据判断结果，及时调整了洞轴线方向。开挖揭示情况表明，原洞线前方确实存在顺层构造发育、地下水丰富洞段，由于洞轴线调整使得岩层走向与洞轴线之间的夹角增大，最终使得隧洞快速穿越了不良地质段，不仅大大降低了施工风险，同时也节省了工期和投资（图 8.4-8）。

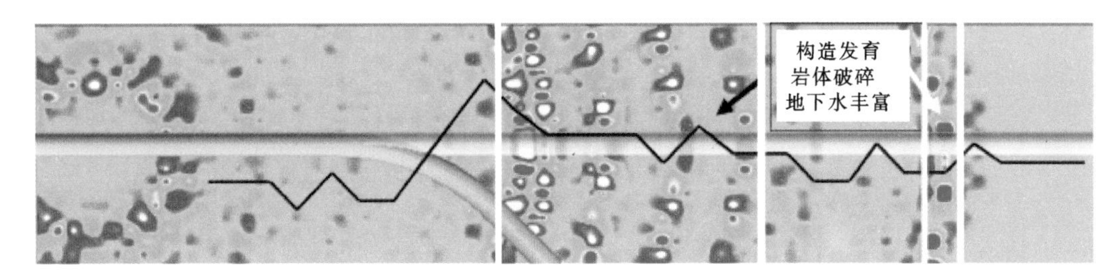

图 8.4-8　洞轴线调整依据

8.5　猴子岩水电站业主营地岩溶分析

1. 工程概况

研究区位于猴子岩水电站坝址下游（约 7km）大渡河右岸，共两个区域：对外交通道路区和业主营地区。研究区范围内主要分布有黄店子组（Pt*h*）片理化凝灰质斑状流纹岩、陡山沱组（Zb*d*）中厚层状灰岩夹炭质千枚岩、灯影组（Zb*dn*）厚层状白云质灰岩夹少量炭质千枚岩，溶蚀作用仅发育在陡山沱组（Zb*d*）、灯影组（Zb*dn*）地层中。目前，完成钻孔 15 个、物探瞬变电磁剖面 9 条、高密度电法剖面 4 条（图 8.5-1）。

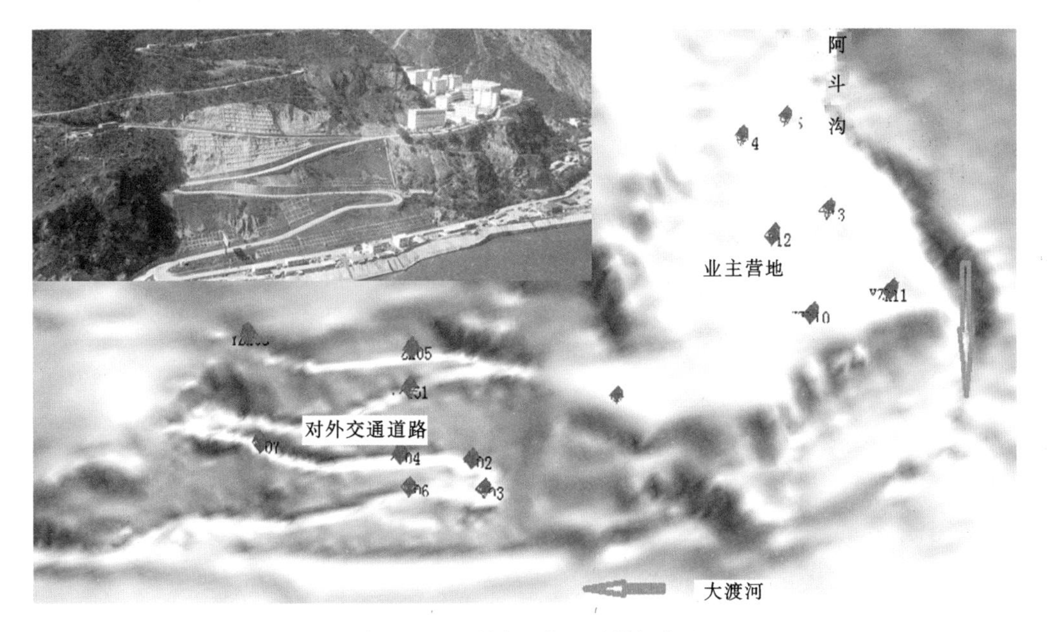

图 8.5-1　研究区位置及勘探布置

2. 三维数字化设计应用

将原始资料录入工程地质信息管理系统（GeoIM），在工程地质三维解析系统（Hydro GOCAD）中载入数据库中的钻孔数据，构建研究区三维地质模型。根据三维地质模型，查看研究区范围内基岩层溶洞空间分布特点（图 8.5 - 2），根据溶洞空间分布特征及勘探资料，分别生成研究区覆盖层厚度及溶洞分布高程等值线图（图 8.5 - 3～图 8.5 - 5），为溶洞处理设计提供依据。

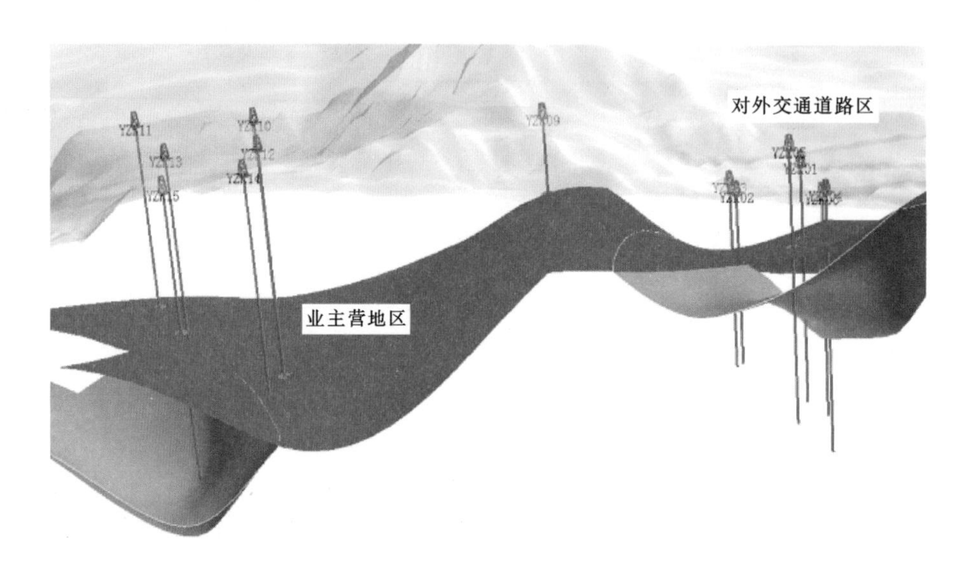

图 8.5 - 2　溶洞空间分布图

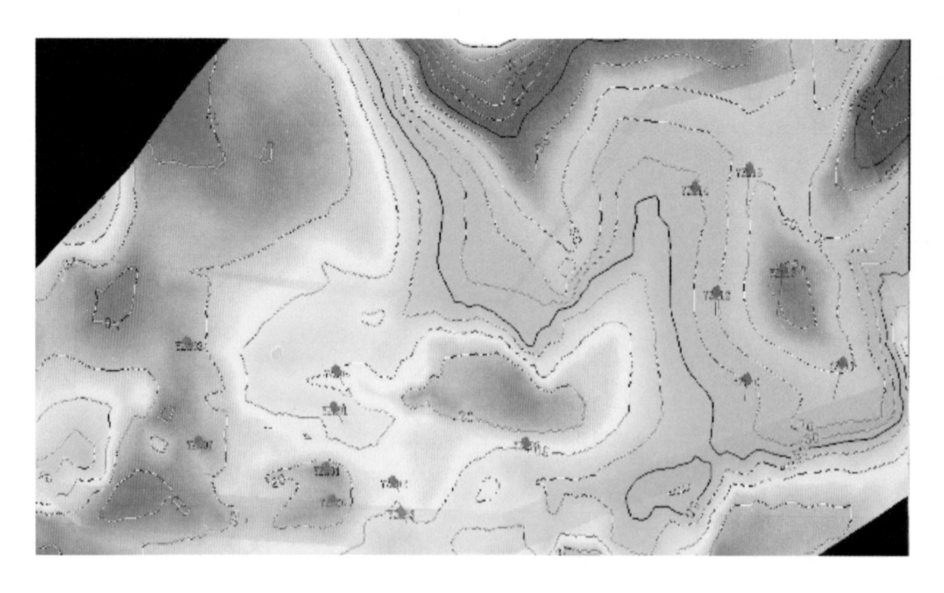

图 8.5 - 3　覆盖层厚度等值线图

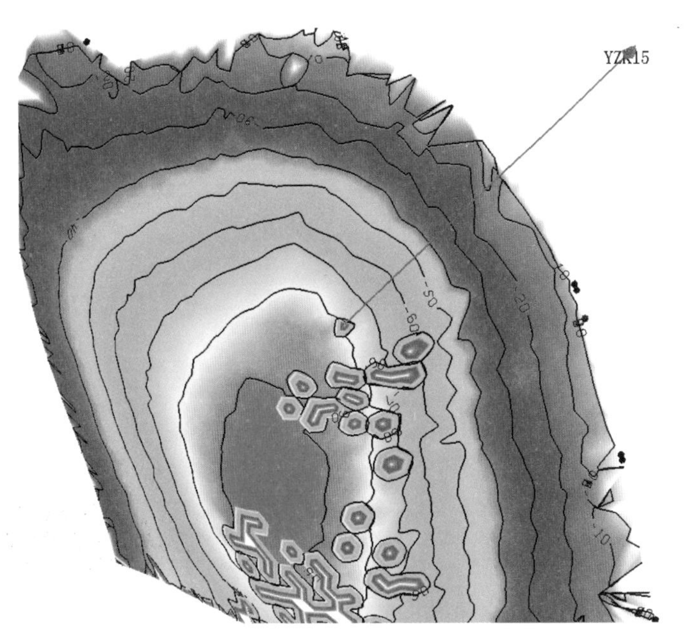

图 8.5-4　对外交通区溶洞分布高程等值线图

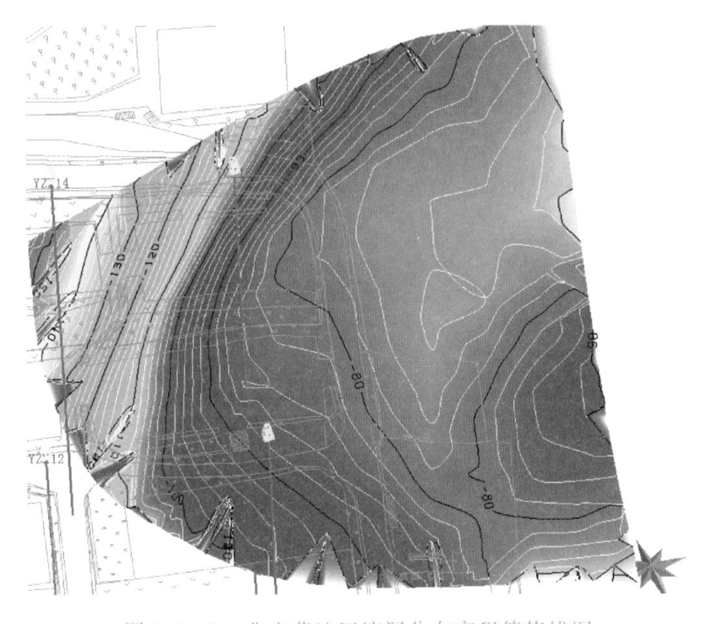

图 8.5-5　业主营地区溶洞分布高程等值线图

8.6　妈湾跨海工程

1. 工程概况

妈湾跨海通道位于深圳市前海深港合作区和宝安区，起于南山妈湾港区的妈湾大道与月亮湾大道交叉处，穿越前海湾，止于宝安区大铲湾港区，由桥梁、隧道及道路组成，其中隧道部分总长6250m，全线长约7.3km（图8.6-1）。

图8.6-1　妈湾跨海工程位置图

该工程场地勘察深度范围内主要岩土层情况：表部为人工填土，其下为第四系全新统海陆交互沉积层，有淤泥，黏土、中粗砂、泥质黏土、含淤泥细砂、粗砂、砂质黏性土等，可分为5个大层13个小层，层次结构复杂；基岩为蓟县系的混合花岗岩及混合岩。

深圳市勘察测绘院有限公司委托成都院进行GIM服务，与北京市市政工程设计研究总院有限公司合作，对工程进行全生命周期的GIM+BIM设计。

2. GIM+BIM设计过程

妈湾跨海工程GIM+BIM全生命周期信息化设计流程如图8.6-2所示。

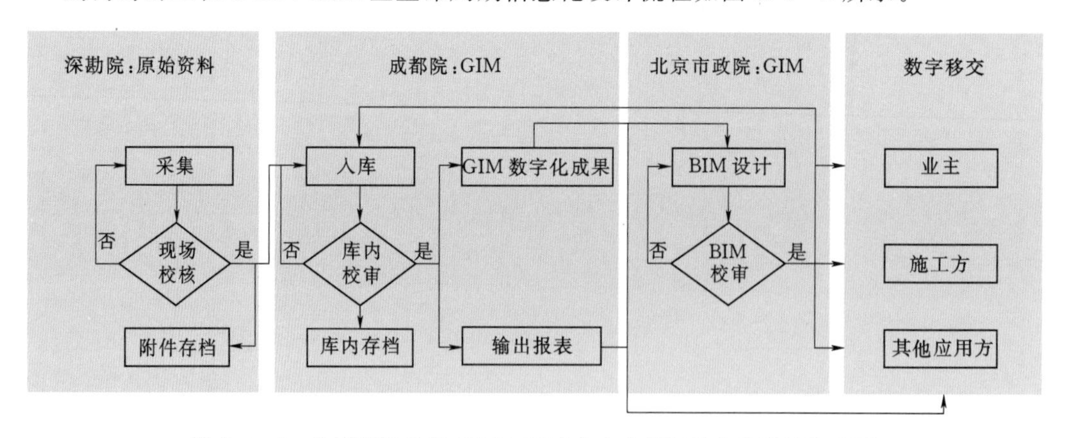

图8.6-2　妈湾跨海工程GIM+BIM全生命周期信息化设计流程图

3. GIM成果

该工程覆盖层层次复杂，各层物理力学特性不一，较为准确地表达各层的空间展布是进行桥基、隧道盾构设计的关键。成都院进行GIM设计时，将原始资料全面纳入数据中心进行综合分析（图8.6-3），构建了妈湾跨海工程海域段、大铲湾段等工程段的全信息化地层地质模型和展示模型（图 8.6－4），准确表达了复杂地层的空间展布和层次关系，并通过数据中心，远程在线提交给深圳市勘察测绘院有限公司、北京市市政工程设计研究总院有限公司等相关单位进行 BIM 设计（图 8.6－5）。

图 8.6－3　原始数据导入和分析

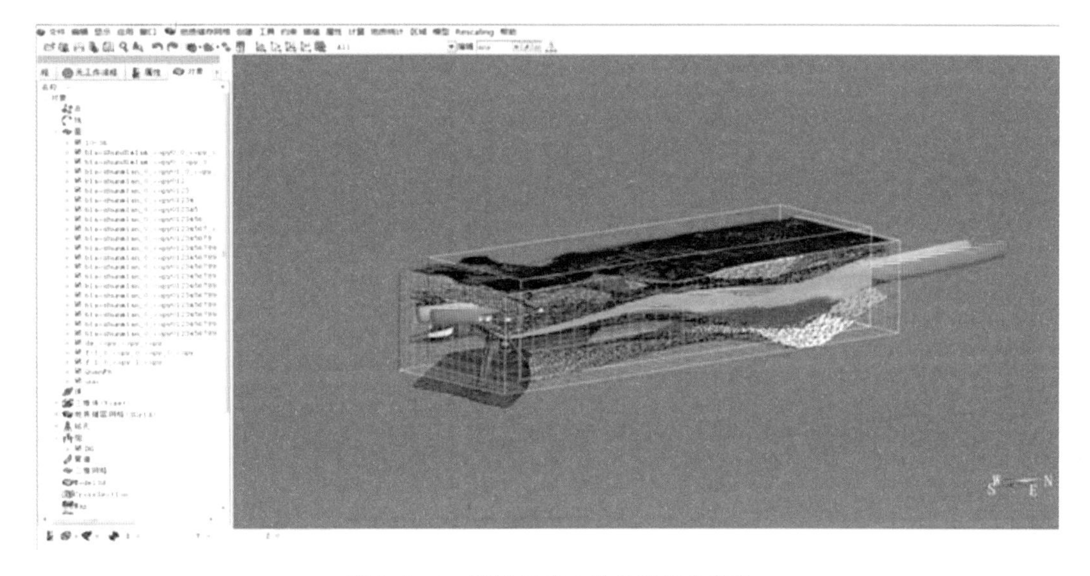

图 8.6－4　GIM 系统中的地质信息模型

在设计过程中，成都院通过动力触探成果等定量参数，构建了地质体特性参数模型，进行不同层次的物性分析（图 8.6－6）。

此次 GIM+BIM 信息化设计过程中，实现了批量导入理正软件中的勘察数据（图 8.6－7）；地质模型由钻探、动力触探、物探等数据构建，模型与各类数据关联，能快速动态查询、更新（图 8.6－8）；而 GIM 成果由数据中心支撑，成果不仅是模型，还涵盖了地质

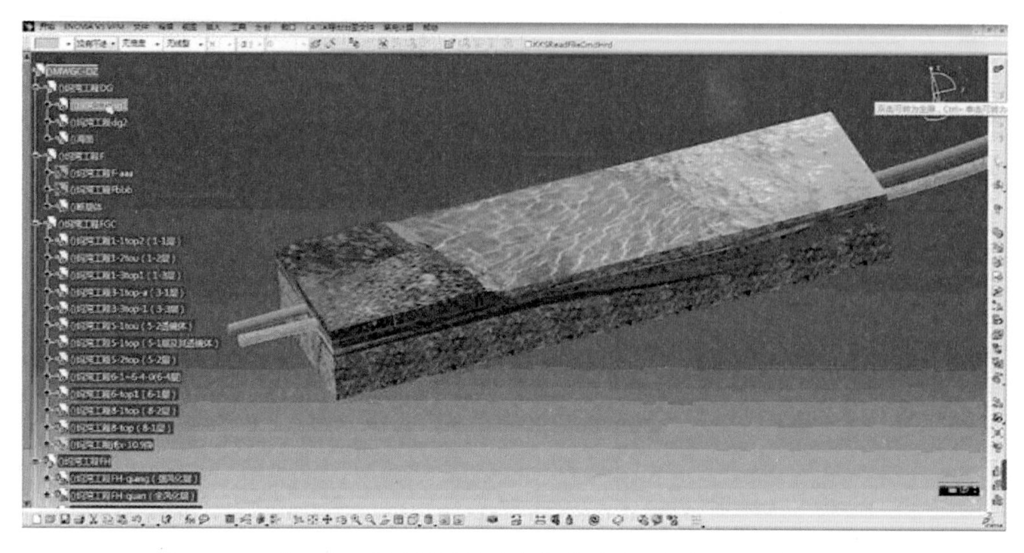

图 8.6-5　载入到BIM设计平台中与结构设计相结合的地质信息模型

图 8.6-6　妈湾跨海工程参数模型

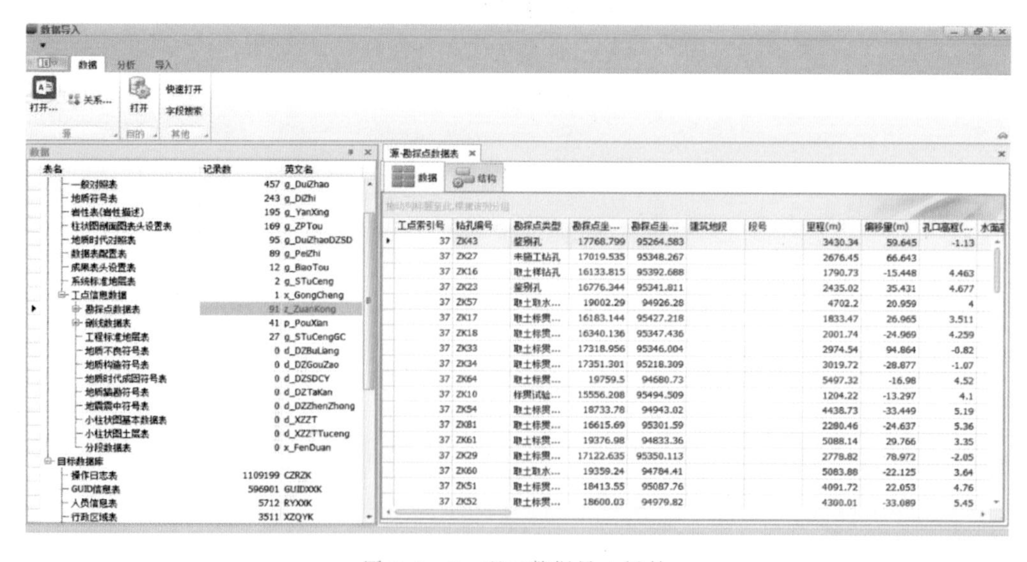

图 8.6-7　理正数据导入插件

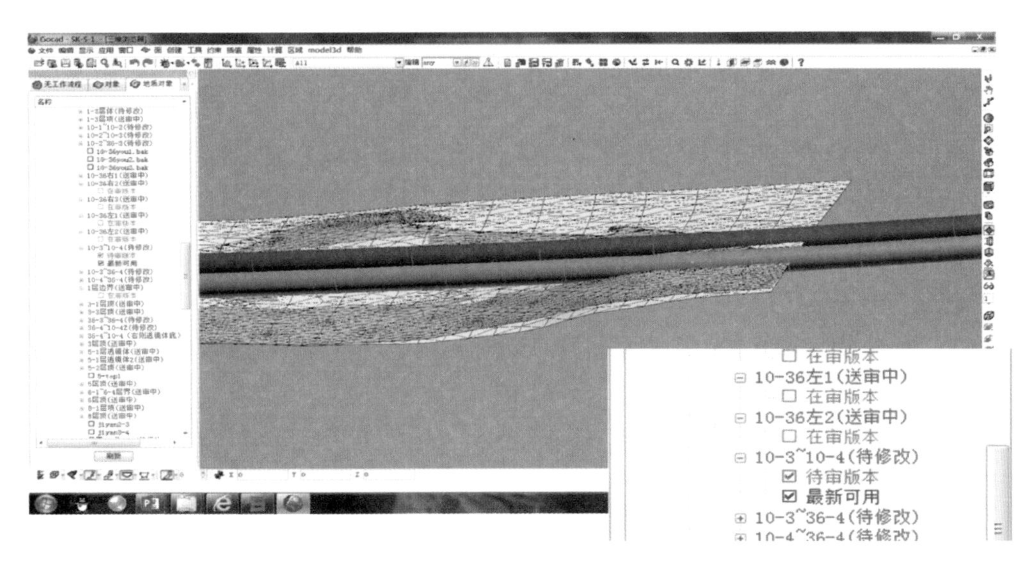

图 8.6-8 全过程数据关联与更新

特性、参数、过程信息等，进入设计平台后，可直接在设计平台中进行查询，应用于结构设计（图 8.6-9)。

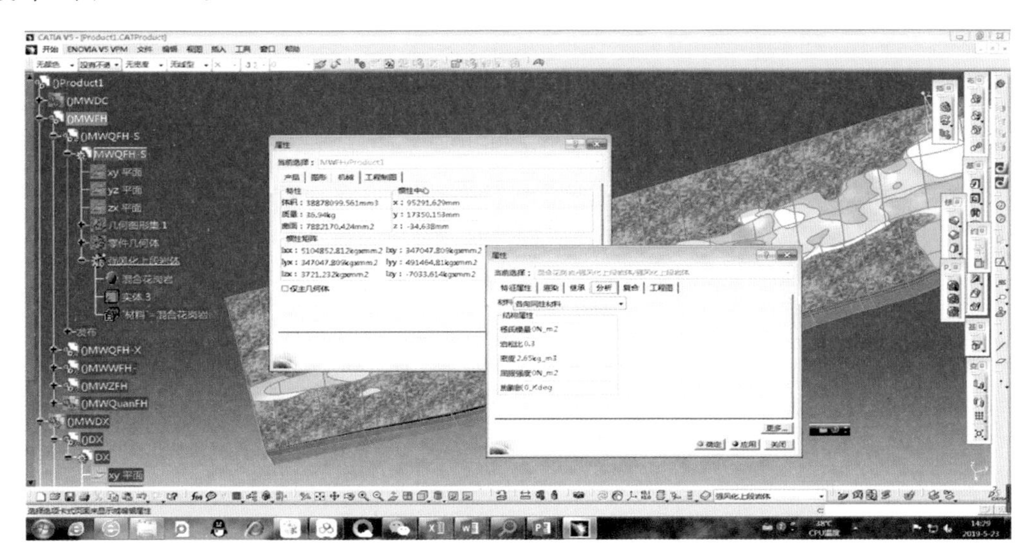

图 8.6-9 设计过程及信息查询

参 考 文 献

[1] 孙辉. BIM在岩土工程勘察成果三维可视化中的应用研究 [J]. 通讯世界，2018 (7)：474.

[2] 周建亮，吴跃星，鄢晓非. 美国BIM技术发展及其对我国建筑业转型升级的启示 [J]. 科技进步与对策，2014 (11)：30-33.

[3] 徐铮，陈俊. 大数据时代基于物联网和云计算的地质信息化研究 [J]. 通讯世界，2015 (8)：33-34.

[4] Wu Qiang, Xu Hua, Zou Xukai. An effective method for 3D geological modeling with multi-source data integration [J]. Computers & Geosciences, 2005, 31 (1): 35-43.

[5] 钟登华，李明超. 水利水电工程地质三维建模与分析理论及实践 [M]. 北京：中国水利水电出版社，2006.

[6] Ballagh L M, Raup B H, Duerr R E, et al. Representing scientific data sets in KML: methods and challenges [J]. Computers & Geosciences, 2011, 37 (1), 57-64.

[7] 崔莹. 多源地质空间数据挖掘方法及应用 [D]. 成都：电子科技大学，2011.

[8] Zhang Liqiang, Tan Yumin, Kang Zhizhong, et al. A methodology for 3D modeling and visualization of geological objects [J]. Science in China Series D: Earth Science, 2009, 52 (7): 1022-1029.

[9] Zhu Liangfeng, Wang Xifeng, Zhang Bing. Modeling and visualizing borehole information on virtual globes using KML [J]. Computers & Geosciences, 2014, 62 (1): 62-70.

[10] 肖乐斌，钟耳顺，刘纪远，等. GIS概念数据模型的研究 [J]. 武汉大学学报：信息科学版，2001 (5)：387-392.

[11] Frank A U, Buyong T B. Geometry for Three-Dimensional GIS in Geoscientific Applications [M] Three-Dimensional Modeling with Geoscientific Information Systems, 1992.

[12] Bartels-Rausch T, Huthwelker T, Jöri M, et al. Implementation of Elementary Geometric Database Operations for a 3d-Gis [C] //Proc of Int Symp on Spatial Data Handling, 1994.

[13] 朱英浩，张祖勋，张剑清. 基于MapInfo的城市3维可视化GIS [J]. 测绘通报，2000 (7)：1-3.

[14] 杨必胜，李清泉，梅宝燕. 3维城市模型的可视化研究 [J]. 测绘学报，2000，29 (2)：149-154.

[15] 常歌，钱曾波，黄野. 城区建筑物3D景观模型建立 [J]. 中国图像图形学报，2001，6 (6)：590-593.

[16] 朱庆，卢丹丹，张叶廷. GIS三维可视化在数字文化遗产中的应用 [J]. 测绘科学，2006，31 (1)：55-57.

[17] 刘军旗，吴冲龙，黄长青，等. 水利水电工程地质信息流研究思路及技术方法 [J]. 人民长江，2007，38 (8)：120-123，146.

索　引

《中国水电关键技术丛书》
编辑出版人员名单

总 责 任 编 辑：营幼峰

副总责任编辑：黄会明　王志媛　王照瑜

项 目 负 责 人：刘向杰　吴　娟

项 目 执 行 人：冯红春　宋　晓

项 目 组 成 员：王海琴　刘　巍　任书杰　张　晓　邹　静
　　李丽辉　夏　爽　郝　英　范冬阳　李　哲

《水电工程地质信息一体化》

责任编辑：王照瑜　刘向杰

文字编辑：王照瑜

审稿编辑：柯尊斌　孙春亮　刘向杰

索引制作：石伟明　刘向杰

封面设计：芦　博

版式设计：芦　博

责任校对：梁晓静　张伟娜

责任印制：崔志强　焦　岩　冯　强

排　　版：吴建军　孙　静　郭会东　丁英玲　聂彦环

Contents

of China.

As same as most developing countries in the world, China is faced with the challenges of the population growth and the unbalanced and inadequate economic and social development on the way of pursuing a better life. The influence of global climate change and extreme weather will further aggravate water shortage, natural disasters and the demand & supply gap. Under such circumstances, the dam and reservoir construction and hydropower development are necessary for both China and the world. It is an indispensable step for economic and social sustainable development.

The hydropower engineering technology is a treasure to both China and the world. I believe the publication of the *Series* will open a door to the experts and professionals of both China and the world to navigate deeper into the hydropower engineering technology of China. With the technology and management achievements shared in the *Series*, emerging countries can learn from the experience, avoid mistakes, and therefore accelerate hydropower development process with fewer risks and realize strategic advancement. The *Series*, hence, provides valuable reference not only to the current and future hydropower development in China but also world developing countries in their exploration of rivers.

As one of the participants in the cause of hydropower development in China, I have witnessed the vigorous development of hydropower industry and the remarkable progress of hydropower technology, and therefore I am truly delighted to see the publication of the *Series*. I hope that the *Series* will play an active role in the international exchanges and cooperation of hydropower engineering technology and contribute to the infrastructure construction of B&R countries. I hope the *Series* will further promote the progress of hydropower engineering and management technology. I would also like to express my sincere gratitude to the professionals dedicated to the development of Chinese hydropower technological development and the writers, reviewers and editors of the *Series*.

Ma Hongqi

Academician of Chinese Academy of Engineering

October, 2019

river cascades and water resources and hydropower potential. 3) To develop complete hydropower investment and construction management system with the aim of speeding up project development. 4) To persist in achieving technological breakthroughs and resolutions to construction challenges and project risks. 5) To involve and listen to the voices of different parties and balance their benefits by adequate resettlement and ecological protection.

With the support of H. E. Mr. Wang Shucheng and H. E. Mr. Zhang Jiyao, the former leaders of the Ministry of Water Resources, China Society for Hydropower Engineering, Chinese National Committee on Large Dams, China Renewable Energy Engineering Institute, and China Water & Power Press in 2016 jointly initiated preparation and publication of *China Hydropower Engineering Technology Series* (hereinafter referred to as "the *Series*"). This work was warmly supported by hundreds of experienced hydropower practitioners, discipline leaders, and directors in charge of technologies, dedicated their precious research and practice experience and completed the mission with great passion and unrelenting efforts. With meticulous topic selection, elaborate compilation, and careful reviews, the volumes of the *Series* was finally published one after another.

Entering 21st century, China continues to lead in world hydropower development. The hydropower engineering technology with Chinese characteristics will hold an outstanding position in the world. This is the reason for the preparation of the *Series*. The *Series* illustrates the achievements of hydropower development in China in the past 30 years and a large number of R&D results and projects practices, covering the latest technological progress. The *Series* has following characteristics. 1) It makes a complete and systematic summary of the technologies, providing not only historical comparisons but also international analysis. 2) It is concrete and practical, incorporating diverse disciplines and rich content from the theories, methods, and technical roadmaps and engineering measures. 3) It focuses on innovations, elaborating the key technological difficulties in an in-depth manner based on the specific project conditions and background and distinguishing the optimal technical options. 4) It lists out a number of hydropower project cases in China and relevant technical parameters, providing a remarkable reference. 5) It has distinctive Chinese characteristics, implementing scientific development outlook and offering most recent up-to-date development concepts and practices of hydropower technology

General Preface

China has witnessed remarkable development and world-known achievements in hydropower development over the past 70 years, especially the 4 decades after Reform and Opening-up. There were a number of high dams and large reservoirs put into operation, showcasing the new breakthroughs and progress of hydropower engineering technology. Many nations worldwide played important roles in the development of hydropower engineering technology, while China, emerging after Europe, America, and other developed western countries, has risen to become the leader of world hydropower engineering technology in the 21st century.

By the end of 2018, there were about 98,000 reservoirs in China, with a total storage volume of 900 billion m^3 and a total installed hydropower capacity of 350GW. China has the largest number of dams and also of high dams in the world. There are nearly 1000 dams with the height above 60m, 223 high dams above 100m, and 23 ultra high dams above 200m. There are also 4 mega-scale hydropower stations with an individual installed capacity above 10GW, such as Three Gorges Hydropower Station, which has an installed capacity of 22.5 GW, the largest in the world. Hydropower development in China has been endeavoring to support national economic development and social demand. It is guided by strategic planning and technological innovation and aims to promote project construction with the application of R&D achievements. A number of tough challenges have been conquered in project construction and management, realizing safe and green development. Hydropower projects in China have played an irreplaceable role in the governance of major rivers and flood control. They have brought tremendous social benefits and played an important role in energy security and eco-environmental protection.

Referring to the successful hydropower development experience of China, I think the following aspects are particularly worth mentioning. 1) To constantly coordinate the demand and the market with the view to serve the national and regional economic and social development. 2) To make sound planning of the

Informative Abstract

This monograph is one of the National Publishing Fund Project "*China Hydropower Engineering Technology Series*" . It is a systematic summary of hydropower engineering geological information exploration and practical experience during the recent 20 years. After the identification of some academicians and experts, the results of the monograph have reached the international leading level in the geological engineering survey.

The book consists of 8 chapters. Based on the analysis of the current status and problems about hydropower engineering geological informatization, it elaborates in detail the connotation and development trend, production and data circulation characteristics, the constraints and key technical issues of geological information integration, and the data center architecture and interface design, data center-based integration scheme, the development process of the geological information integration system. Many practical application methods and typical cases about hydropower and geotechnical projects are introduced. The whole book is well-printed with pictures, and the main points are prominent. It is in line with the actual geological production of hydropower engineering and has strong operability. It has a strong guiding role in information production and software development.

The monograph can be used as a reference book for engineering technicians, scientific researchers, and teachers and students of related majors in the fields of hydropower, water conservancy, transportation, national defense and other fields.

China Hydropower Engineering Technology Series

Geological Information Integration of Hydropower Engineering

Zhang Shishu Wang Gang Liu Shiyong Shi Weiming et al.

中国水利水电出版社
China Water & Power Press
· BeiJing ·